全国大学生城市规划社会调查获奖作品

2005

Selected Works of the 2005 National Design Competition of Urban Planning Students

高等学校城市规划专业指导委员会
天津大学建筑学院城市规划系
编

中国建筑工业出版社

图书在版编目(CIP)数据

全国大学生城市规划社会调查获奖作品(2005)／高等学校城市规划专业指导委员会，天津大学建筑学院城市规划系编. —北京：中国建筑工业出版社，2006
ISBN 7-112-08677-9

Ⅰ.全... Ⅱ.①高...②天... Ⅲ.城市规划－社会调查－调查报告－中国 Ⅳ.TU984.2

中国版本图书馆CIP数据核字(2006)第121037号

责任编辑：杨 虹
责任校对：关 健 孙 爽

全国大学生城市规划社会调查获奖作品(2005)
高等学校城市规划专业指导委员会
天津大学建筑学院城市规划系 编
*
中国建筑工业出版社出版、发行(北京西郊百万庄)
新 华 书 店 经 销
北京嘉泰利德公司制版
北京方嘉彩印公司印刷
*
开本：889×1194毫米 1/16 印张：10 字数：313千字
2006年10月第一版 2006年10月第一次印刷
印数：1-3,000册 定价：98.00元
ISBN 7-112-08677-9
(15341)

本社网址：http：//www.cabp.com.cn
网上书店：http：//www.china-building.com.cn

序　言

中国现代城市规划专业教育的创办可以追溯到20世纪40年代中后期，一批从欧美学成归国的学子们怀揣着为祖国复兴的抱负和理想，结合现代主义的规划理论实践着国家城市战后的复兴规划，开创着在国内知名学府城市规划专业教育的先河。六十度春秋荏苒、几代规划人不懈努力，为祖国城市建设规划自强不息，铸就了中国城市规划专业今天的辉煌。

城市规划专业近三十年来在中国发展迅速，从寥寥几所院校发展为百所院校，师资力量不断壮大，为祖国各地的城市建设发展输送了一批又一批的优秀人才。

然而，中国城市化进程已经进入了关键性阶段，全球化的发展趋势又不断提出新的课题。从事城市规划教育工作已二十多年，我深感中国的城市未来在于今日青年的培养，今日学生的理想与责任、道德与人格、理念与定位、知识与技能、修养与团队精神，决定着中国城乡人居环境规划专业的未来兴衰，也必将影响中国乃至世界的人居环境的未来走向和可持续的发展。

适逢金秋，又是收获的季节。全国城市规划专业学生的优秀作品能结集出版，欣慰之情自是难以言表。本册所搜集的学生调研报告为规划专业的优秀代表性作品。全国各个院校的资深教授、中青年教师及专家们为此投入了大量的精力，各所高等院校也为学生们能学到城市调研的扎实技能注入了精兵强将，这是中国城市规划教育历史的发展，也是城市现状调查历史的发展，全国优秀的城市规划专业院校大都参加了这次大规模的城市现状调研。

对于高年级的学生也包括研究生，这是一本手头必备的城市调研的参考手册，其调研方法、对象分类可以随时查阅；对于低年级学生，这是一本城市现实认识的导论，其对城市人群、城市运营的观察，可以让人通过众多的视角入木三分；对于各校城市规划的教师，这是一本难得的教学参考书，记录了中国今天城市规划教育各校师生在城市调研方面共同努力的结晶。而此书，对于城市的管理决策者，更是难得的参考书，在纷繁的会议事务之余，读一下此书，我相信会从中看到在官场看不到的真实的城市百姓的所思所想，会给决策以智慧。

为此，高等学校城市规划专业指导委员会增设了对学生调研报告的评优项目，并遴选出来这些优秀报告。它们凝聚着全国众多规划院校师生们的辛勤汗水，同时也饱含了高等学校城市规划专业指导委员会委员们的殷切期望。

诚挚感谢为中国城市规划教育付出所有的几代师长，衷心希望中国的城市规划专业能够更富创新精神，祝福世界的人居环境可持续地和谐发展。

高等学校城市规划专业指导委员会　主任委员

2006年10月

目　录

一等奖

Urban Planning

2005 调研报告

知然后行——四平街道东部政务公告栏使用情况调查暨改进建议

目　录

院校：同济大学建筑与城市规划学院城市规划系　　指导教师：孙施文　　学生：曾悦

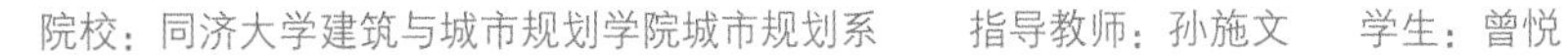

[摘要]：“政务信息公告栏”是上海市人民政府推进政务公开进程中要求各区必须设立的公共设施之一。通过对杨浦区四平街道东片（图1）的调查发现，该项设施的使用状况非常不尽如人意。本文通过对上述区域对“政务信息公告栏”布局的实地调研，揭示了公告栏布局上所存在的问题，揭示了其中的原因，并提出进行改进的建议。

[关键词]：政务信息公告栏　四平街道

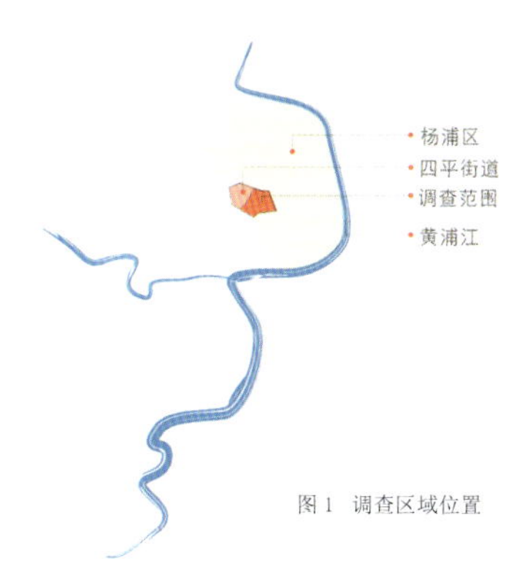

图1　调查区域位置

知然后行——四平街道东部政务公告栏使用情况调查暨改进建议

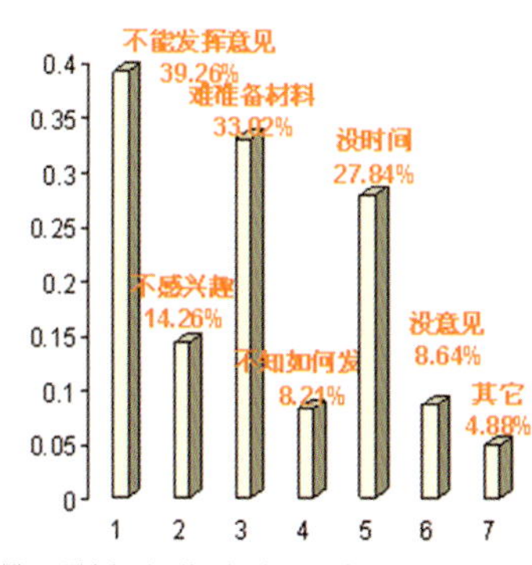

图2　不参加听证的可能原因（问卷1题7，多选）

一、调查背景

在社会实践开始前，我参加了一次“城市规划听证调查”的问卷发放和整理工作[1]。调查发现，居民不仅对“听证”知之甚少，连“公众参与”、“城市规划”都十分陌生。数据表明，41.23%的人由于“不了解规划知识”而被关在了参与的门外（图2）。“知”然后能“行”，只有在公众具备基本知识储备的基础上才可能有真正的参与。

2004年，上海市政府要求各区设立“政务信息公告栏”[2]（以下简称“公告栏”），以使政务公开更好的进行。然而，在对设有15个公告栏的四平街道东片（以下简称“本区”）的调查中，仅有3人在“通过什么途径获得规划信息”一题中对其有所提及[3]。什么原因导致了公众对公告栏的忽视？如何改进？为此，对本区进行了为期一个月（2004年8月18日~2004年9月13日）的调查。

[注1]：该调查主要针对上海市杨浦区四平街道东片，始于2004年8月12日，终于2004年8月27日，共发放问卷1600份，主要采取当面发放形式。

[注2]：根据《上海市政府信息公开规定》（2004年）第三章第二十一条：“根据本规定第八条应当主动公开的政府信息，应当采取符合该信息特点的以下一种或几种形式及时予以公开：（一）……（四）在政府机关主要办公地点等地设立的公共阅览室、资料索取点、政府信息公告栏、电子屏幕等场所或者设施；……”

[注3]：问卷的选项中未设计该项，调查中也未专门提及，这多少会影响人们的判断。不过，问卷设计者、我们，绝大部分居民都未想到该项，也从另一个角度说明公告栏被忽视的程度有多严重。

二、 调查区域简介

本区域位于上海市杨浦区西南片，面积 1.46 平方公里，平均人口密度约 1.78 万人/km^2。[4]

本区域以文教和居住为主要功能，公共活动集中于以下四条道路（表 1）：

表 1　本区主要公共生活发生场所

路名	位置	照片	特点
控江路			城市次干道，区级商业街，拥有较多价位较高的商业服务设施，北侧有大量新建高档小区。
鞍山路			沿街主要为长期自发形成的小型餐饮、菜市场，并有较多的流动摊贩。
四平路			城市主干道，沿路南侧有一中等规模超市（物美超市，占地约 41145㎡），一商办楼（远洋广场，占地约 5849㎡，28 层），北侧为大学（正门）和杨浦高级中学（正门）。
大连西路			城市主干道，街道西面为和平公园（不开口），东面有莱克大厦（28 层）和国中会所（酒店式公寓，2 幢，32 层）。

本区共设有公告栏 15 个（图 3），其中 13 个属四平街道，2 个属江浦路街道。

[注 4]：据《上海统计年鉴 2004》杨浦区有关数据计算。

[注 5]：根据“城市规划听证调查”统计数据。

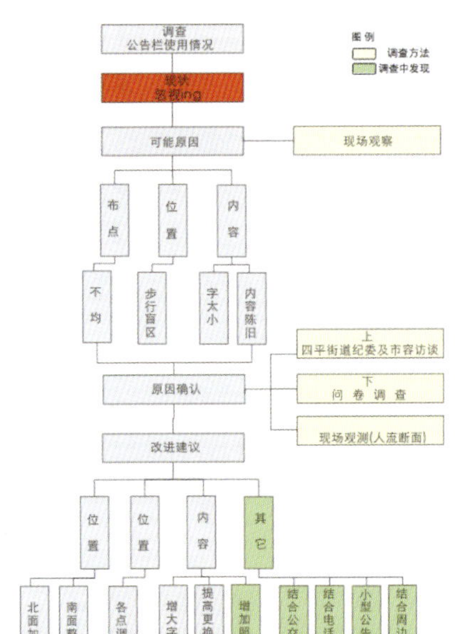

图 4　调查流程图

图 3　公告栏分布图

三、 调查过程

整个调查过程见图 4。

1. 现场观察（**8** 月 **18** 日），发现问题：

   a) 公告栏的布点严重不均：公告栏大量集中于控江路和四平路，其余道路少有分布，东北片的彰武路、铁岭路和抚顺路更是一个点都未设（表 2）；

表 2　本区各道路公告栏分布情况

路名	四平路	彰武路	阜新路	铁岭路	鞍山路	鞍山支路	抚顺路
布点数/个	3	0	1	0	0	0	0
区内路段长度/米	1568	532	1085	1035	836	234	930
布点编码	A，B，C		D				

路名	苏家屯路	打虎山路	锦西路	本溪路	大连西路	控江路
布点数/个	0	0	2	2	0	7
区内路段长度/米	386	453	813	853	855	1363
布点编码			E，F	G，H		I～O

图 5　与绿化平行设置，少有人看

   b) 许多公告栏的布点位置不妥：

      i. 各点普遍与街道绿化设置在同一水平线上，近非机动车道而远人行道，周围或为树木或为旷地，一般无人经过（图 5）。

      ii. 部分点：

         ■ 过于靠近非机动车道，基本贴路缘石设置，离一般步行范围（从道路内侧构筑物向外 1.5～2 米）有 1 米以上的距离：四平 B，四平 C，锦西 E，本溪 G 和控江 O（见表 3）。

         ■ 所在位置附近（以该点为圆心 50 米半径范围内）没有建筑物或单位开口，人流量极少，更谈不上驻足：四平 A，控江 I 和控江 K（见表 4）。

表3　过于靠近非机动车道的点（四平B，四平C，锦西E，本溪H和控江O）

表4　远离单位开口的点（四平A，控江I和控江K）

c) 在公告栏内容上存在缺陷（见图6）：

注：红线为人流路线，绿色块为绿化，灰色为单位/建筑出入口

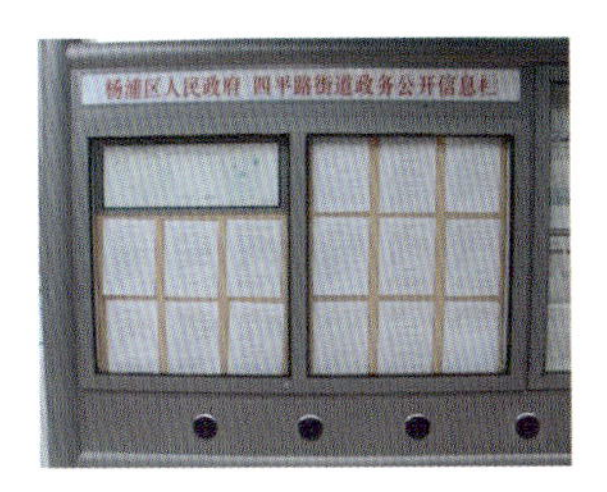

图6　某公告栏，距离0.5米处拍摄

i. 所用字号太小，除锦西H、锦西G，控江M、控江N和控江I五块板采用彩色印刷、四号字外，其余十块板均为黑白印刷，小五号字，1米开外仅能看见一片灰色；

ii. 内容陈旧。“街道简介”早已褪色，条例也大都是一年以前的“最新颁布”，与右边每日更换的《经济日报》形成强烈对比。

2. 上级部门访谈：

对公告栏的管理者——四平街道纪委（9月9日，座谈）和杨浦区市容管理局（9月10日，电话）进行访谈，对公告栏设置情况有所了解（见表5、表6）。

表5　公告栏设置情况

出资方	上海动量广告传媒有限公司，《经济日报》
定点人	杨浦区市容管理局
选址依据	人流量比较大，周边设施比较多处
建设负责	上海动量广告传媒有限公司
管理者	四平街道纪委，杨浦区市容管理局
使用者	四平街道纪委，上海动量广告传媒有限公司，《经济日报》
具体设置	临街设广告，面朝人行道一半设政务公开信息，一半设经济日报报栏

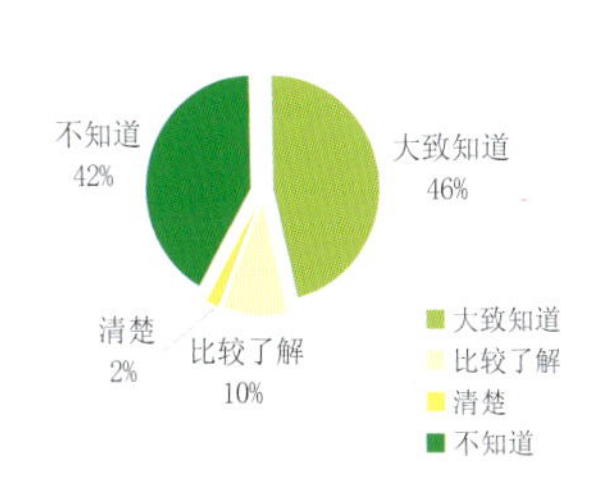

图7（问卷2题1）居民对本区相关宣传的认可程度

分析：

■ 布点对广告效应考虑较多。交通量较大的四平路（53.6辆/分钟，设点3个）和控江路（63.0辆/分钟，设点7个）上集中了本区绝大部分的公告栏（66.7%）。

■ “人流量大”？观察发现，人流量与驻足者量间并不成正比关系。人流量过小则可能受众太少，当然不行，然而当步行达到一定速度——如控江路，平均20人/分钟，平均步行速度约在170米/分钟（9月6日18：00观测）——时，人们的移动目的性较强，对经过环境的细节不会留下太多印象。故应选择具有“合适”步行速度的街道进行公告栏的布设。

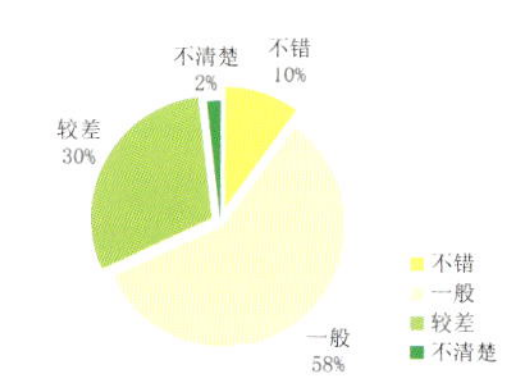

图 8（问卷 2 题 4）居民对本区公告栏宣传的认可程度

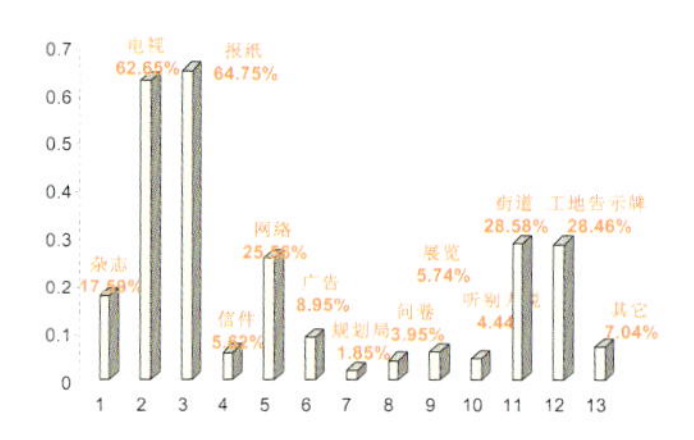

图 9　居民了解规划信息的主要渠道（问卷 1 题 5，多选）

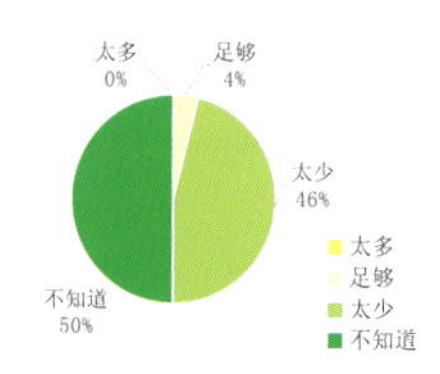

图 10（问卷 2 题 5）居民对公告栏数量的态度

表 6　公告栏内容设置要求

	四平街道纪委	杨浦区市容管理局
比例	1/2	1/2
具体内容	街道简介；街道各服务单位简介、地址及联系方式	街道简介；一些相关条例
更换频率	所放内容有变时更换	板不能空；无其他具体要求
有无审批	不清楚	有
有无规范	不清楚	不清楚
其它	5 块版面中用彩色，大号字，以吸引人	

分析：更换内容的要求有些过于简略。较之其它宣传途径，公告栏的优势在于能设置在片区的几乎任何角落，能让最多的人了解政务信息，故重点应放在“告知”，内容应因时而变，随时调整。

3.　问卷调查：

共发放问卷 50 份，每条道路约发放 5 份，随机抽样，当面填写，9 月 3 日～ 9 月 6 日间完成。通过问卷试图了解：

a)　居民对本区公众参与宣传的认可程度（图 7、图8）：

结合问卷 1 有关“对规划信息的了解途径”的数据（见图 9），25.58%的居民主要通过街道了解规划信息，可见本区的相关宣传工作得到了多数居民的认可。

b) 居民对公告栏的认可程度（图 10、图11、图 12）：

但公众对公告栏的认知程度很低，仅有 1 人选择通过公告栏了解规划信息，且半数以上居民几乎从未听说过“政务信息公告栏”，许多人要解释许久方能理解。而对于“忽视信息栏的原因”，居民的意见主要有：

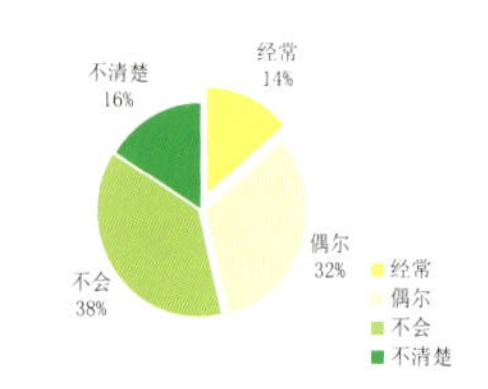

图 11（问卷 2 题 6）居民对公告栏的关注程度

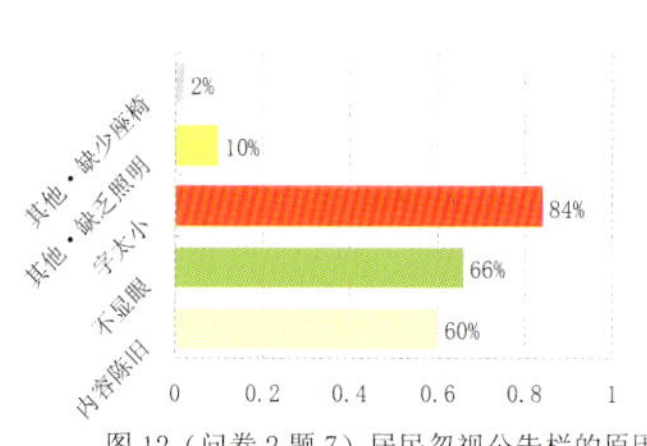

图 12（问卷 2 题 7）居民忽视公告栏的原因

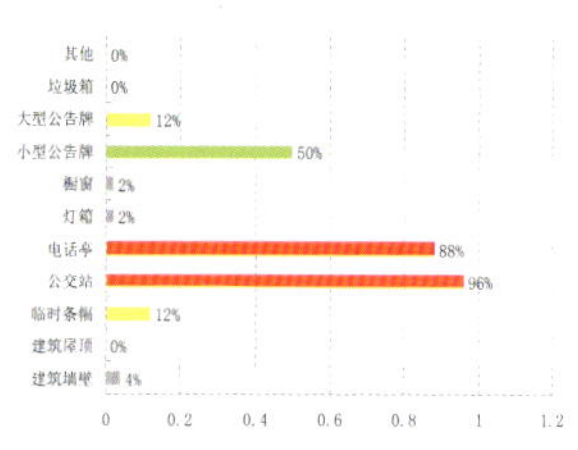

图 13（问卷 2 题 9）大家认为可以布设政务信息的地方

i.　66%的人认为“位置不显眼”：大多数信息栏位置需要调整。

ii.　84%的人认为“字太小，看不清”，对应样本年龄从 23 岁~80 岁不等：公告内容的字号也需调整；

iii.　“其它”项：

- 5 人提到“缺乏足够的照明”。理由是，一般人习惯晚饭后出门散步，这时常会停下来看报. 然而本区内绝大多数报栏、公告栏均未提供照明设施，看不了多久天就黑了，加上信息栏的字号太小，基本不能阅读。
- 1 人提到“缺乏座椅”。理由是，本区内除苏家屯路和阜新路外大部分道路几乎没有设置座椅（阜新路也常常不够），未考虑步行者的休息要求。坐下常常意味着等人或聊天，此时很容易对周边事物发生兴趣。若能将公告栏和休息座椅结合考虑，也许能在人们不经意间将信息传达出去。

c) 还有什么地方可以布置政务公开信息（图 13）？

i.　公交站（96%）、电话亭（88%）和小型公告牌（50%）具有最高的认同度，居民普遍认为这样便于“潜移默化”地传达信息；然而部分居民表示，这些布设方式（尤其是公交站和小型公告牌）花费巨大，若作为广告则受益巨大，故政府不一定愿意将此地用作政务信息的宣传；

ii.　“建筑屋顶”、“垃圾箱”和“其它”无人选择，“政务”的严肃性使我们不能将其等同于一般广告看待。

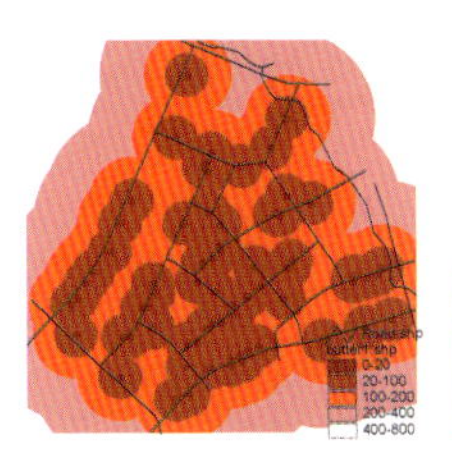

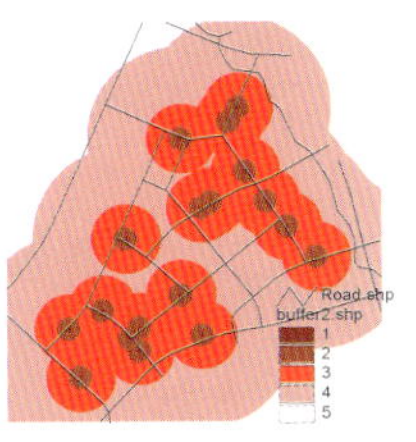

图 14　距小区出入口（左）和距校门（右）适合布点范围

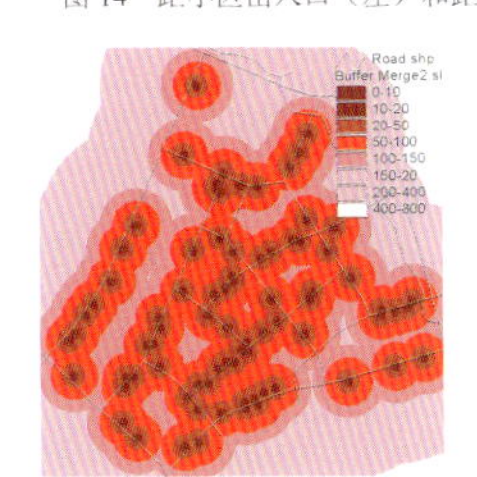

图 15　综合

图 16　人流量观测点位置

四、改进建议

1．重新布点：

通过观察和分析认为，公告栏的布点应在以下几方面作出改变：

a) 居民需求：

i. 离居民日常活动点近。认为道路主要使用人群可分为：

A. 住户：

相对于道路，其主要来源为小区出入口。据观察，本区居民一般活动范围为小区出入口附近 20~50 米，最远不超过一条街（800~1000 米，因需来回）。故以居民数为地块赋值，以出入口为圆心，将居民主要活动范围依Ⅰ：<20 米，Ⅱ：20~100 米；Ⅲ：100~200 米；Ⅳ：200~400 米；Ⅴ：400~800 米，Ⅵ：>800 米分类，由此分析可得如图 14 的结果。

B. 不一定住在本区，日常活动多在此进行：

a) 单位员工：观察表明此类人群中午一般较少出单位，上下班均较匆忙，故可不予考虑。同时有些单位内部也有相应的告示栏。

b) 学校学生：观察表明，一般学生活动范围为校门 10 米内，最远不超过最近的交叉口（<400 米），故以学生数为地块赋值，以校门为圆心，将学生主要活动范围依Ⅰ：<10 米，Ⅱ：10~50 米；Ⅲ：50~150 米；Ⅳ：150~400 米；Ⅴ：>400 米，由此分析可得如图 14 的结果。

C. 不一定住在本区，偶尔来一次（如逛街）：据 **P6** 分析，不作为考虑对象。

综上，有图 15，其中大红色及以内为较适合布设公告栏的地方。

ii. 人流量适中（表 7）：

A. 观测：在各路段中离交叉口 60 米外处设观测点（图 16），各观察 5 分钟，于 9 月 3 日（周五）、9 月 6 日（周一）早 9：00～12：30，晚 16：30～19：30 和 9 月 4 日（周六）早 9：00～12：30、9 月 5 日（周日）晚 16：30～19：30 间进行观测，按工作日非高峰时段、工作日高峰时段和非工作日分别取均值得到。

表 7　区内路段人流量观测

观测断面 / 分类	四平 A	四平 B	四平 C	大连西 D	阜新 E	阜新 F	鞍山支 G	彰武 H	彰武 I	铁岭 J	铁岭 K	抚顺 L	抚顺 M
工作日非高峰（人/分钟）	3.5/4.6	2.1/2.5	1.0/0.3	2.0/3.4	7.1/3.2	10.3/5.9	4.5/4.3	10.2/2.3	1.5/3.4	4.7/4.5	3.3/3.0	2.1/2.0	3.0/2.8
工作日高峰（人/分钟）	11.2/8.9	3.8/21.3	1.5/0.8	5.3/4.2	8.7/1.5	15.4/6.8	6.8/5.4	19.6/3.3	2.1/5.8	8.3/7.2	6.5/7.0	4.3/1.2	5.2/5.3
非工作日（人/分钟）	13.4/15.9	6.2/18.9	2.0/1.5	3.2/4.0	8.0/3.1	9.0/7.2	4.8/5.0	13.4/2.6	1.2/4.8	5.0/4.0	4.2/6.0	3.2/3.8	3.0/3.2
观察	沿街商业，临四平电影院等设施，人流量不稳定	北侧除高中外无单位开口，南侧由于超市的原因人很多，目的性强	少有单位开口，基本没有人通过	少有单位开口，基本没有人通过	生活性街道，人流量较稳定，街道绿化良好，活动设施齐备，人行目的性不强	生活性街道，农贸市场的影响，北侧人流量较大，人行目的性较强	生活性街道，人流量和车流量均较少，目的性不强	四平路北侧大学学生常来此购物，人流量极大，目的性较强，街道狭窄	仅一寄宿学校（上海航空工业学校）在该段有开口；少人行	生活性街道，人流量较稳定，放学时流量激增	生活性街道，配套较差，人流量较稳定，放学时流量激增	生活性街道，配套较差，人流量较稳定，也许由于“闲人”较多，几乎每次去都有很多人坐在树荫下打牌	生活性街道，配套较差，人流量较稳定，放学时流量激增
评价	不适	不适	不适	不适	适	不适	可	不适	不适	可	可	可	可

（续表 7）

观测断面 / 分类	抚顺 N	鞍山 O	鞍山 R	锦西 P	锦西 Q	苏家屯 S	打虎山 T	本溪 U	本溪 V	本溪 W	控江 X	控江 Y	控江 Z
工作日非高峰（人/分钟）	2.6/2.2	9.8/10.0	16.3/15.5	7.3/6.5	8.2/7.3	6.6/6.3	8.2/6.9	4.1/2.9	4.0/2.8	4.0/1.1	6.5/6.0	10.5/10.6	8.8/9.2
工作日高峰（人/分钟）	4.9/4.2	10.3/11.2	18.5/20.5	18.0/17.9	13.0/10.5	9.2/7.1	6.0/5.2	8.2/6.9	8.9/7.2	10.9/1.8	8.8/8.6	18.2/8.6	11.0/6.9
非工作日（人/分钟）	2.9/1.8	10.0/10.3	15.0/14.4	3.3/2.4	5.0/3.2	8.8/7.3	6.3/5.6	3.3/3.1	6.2/5.2	8.9/1.2	9.3/8.8	17.8/9.2	9.2/5.0
观察	生活性街道，配套较差，人流量较稳定，放学时流量激增	菜市场的影响	邮局、好美家（超市）的影响	北侧为本街道社会保障单位，但少有人来；放学时人流量激增	生活性街道，放学时流量激增	生活性街道，人流量较稳定，街道绿化良好，活动设施齐备	生活性街道，人流量较稳定，沿街小店较多	少人行，放学下班时流量较大	少人行，放学下班时流量较大	北侧店多人多，人行目的性强；南侧建筑占地太大，少有人行处	该路段两侧以居住为主，仅 1 个开口，人不多	北侧店多，人也多，南面相对较少	北侧店多，人也多，南面相对较少
评价	可	适	适	可	可	适	适	可	可	不适	不适	北侧不适	可

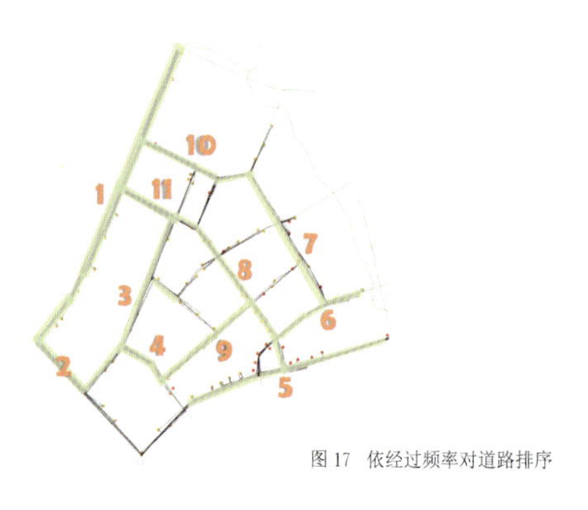

图 17　依经过频率对道路排序

B. 标准确定：

a) “最适人流量”：

据观察，在拥有良好绿化和公共活动设施的阜新路、苏家屯路上驻留人量最多（8 人/5 分钟）；且稳定在 8.1 人/分钟上，故以此作为本区“最适人流量”。

b) “最不适人流量”：

◆ 以 1.5 人/分钟为一极点；

◆ 观测表明，四平 B 南侧、控江 Y 北侧和鞍山 R 两侧由于大型购物设施（超市、百货商店）的影响人流量远高于一般生活性街道的最高水平（10.3 人/分钟），故取其最小值（18 人/分钟）为另一极点。

故，由表可得：

◆ 最适路段：阜新 E、鞍山 O、鞍山 R、苏家屯 S、打虎山 T；

◆ 可考虑路段：鞍山支 G、铁岭 J、铁岭 K、抚顺 L、抚顺 M、 抚顺 N、锦西 P、锦西 Q、本溪 U、本溪 V、控江 Z、控江 Y（南）。

iii. 经过程度高：

经过才能看见，本区中：

A. 日常生活必经过：小区出入口、单位出入口；

B. 日常生活常经过：主要公共服务设施点；

C. 出入本区必过：四平路，大连西路，控江路与区外的连接点。

故，A——B，A——C 所需最短路径为最佳路径，而设施规模越大其等级越高，则到达次数越多，按经过次数排序，有（图 17）。

综合以上因素，赋 i 权重值 2，赋 ii 权重值 1.5，赋 iii 权重值 1.2，由此可得到图 18 的结果。

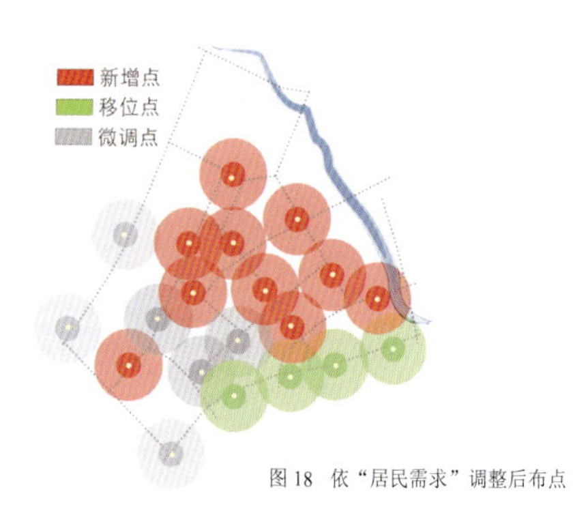

图 18　依“居民需求”调整后布点

b)广告需求：

于9月3日（周五）和9月4日（周六）早9：00～12：30在各条道路中段进行2次流量观测，取平均值作为该道路车流量[6]，以总流量平均值（39.4辆/分钟）为标准，认为大于该值者适于进行公告栏布设（表8）。

表8　区内道路机动车流量

路名	四平路	彰武路	阜新路	铁岭路	鞍山路	鞍山支路
机动车流量（辆/分）	53.6	43.55	34.33	24.48	56.68	17.3
评价	适	适			适	

路名	抚顺路	苏家屯路	打虎山路	锦西路	本溪路	大连西路	控江路
车流量	34.25	19.35	37.08	43	32.3	53.88	62.98
评价				适			适

由表可得适合路段为：四平路、大连西路、彰武路、鞍山路、锦西路、控江路。

综合以上所有的分析，即以居民需求为主，综合考虑广告需求，最终可以得到如图19的布点图。

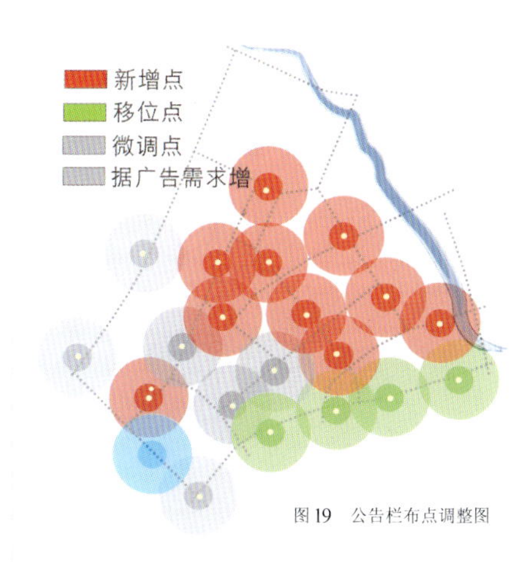

图19　公告栏布点调整图

[注6]：以小汽车为1，公交车为2，吉普等中型车为1.5折合求得车流量。

2． 现状各点调整：

a) 具体位置调整（见表9）：

表9　现状点调整

点名	位置	问题	改进建议	图
四平A	A	远离单位开口，人流量极少	去掉	
四平B	B	过于靠近非机动车道，单边使用	移向人行道	四平B
四平C	C	过于靠近非机动车道，单边使用	移向中学门口	中学 四平C

续表

点名	位置	问题	改进建议	图
阜新 D	 D		移位，与旁边的书报栏结合	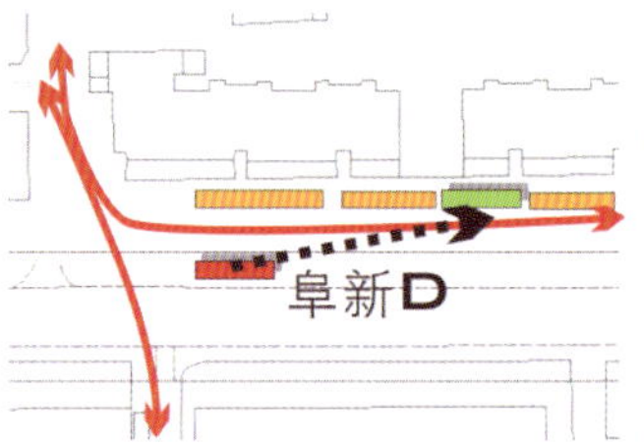 阜新D
锦西 E	 E	过于靠近非机动车道，单边使用	移向人行道	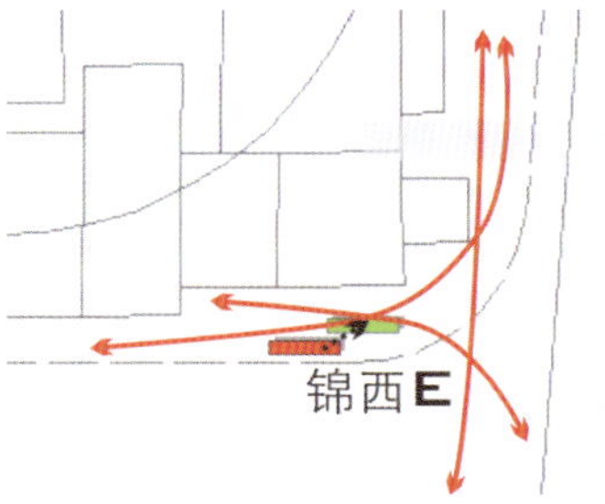 锦西E
锦西 F	 F		保留	

知然后行——四平街道东部政务公告栏使用情况调查暨改进建议

续表

点名	位置	问题	改进建议	图
本溪 G	 G	所近小区为封闭式管理，平时人流量极少	去掉	
本溪 H	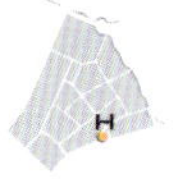 H	过于靠近非机动车道，单边使用	去掉	
控江 I	 I	远离单位、小区开口	去掉	
控江 J	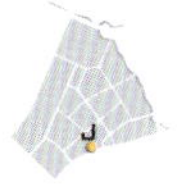 J	与 K 太近	去掉	
控江 K	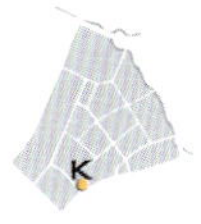 K	远离单位、小区开口	移向最近小区开口	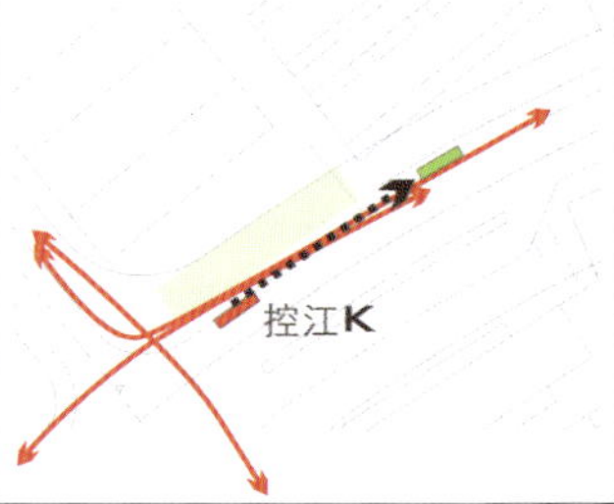 控江K

续表

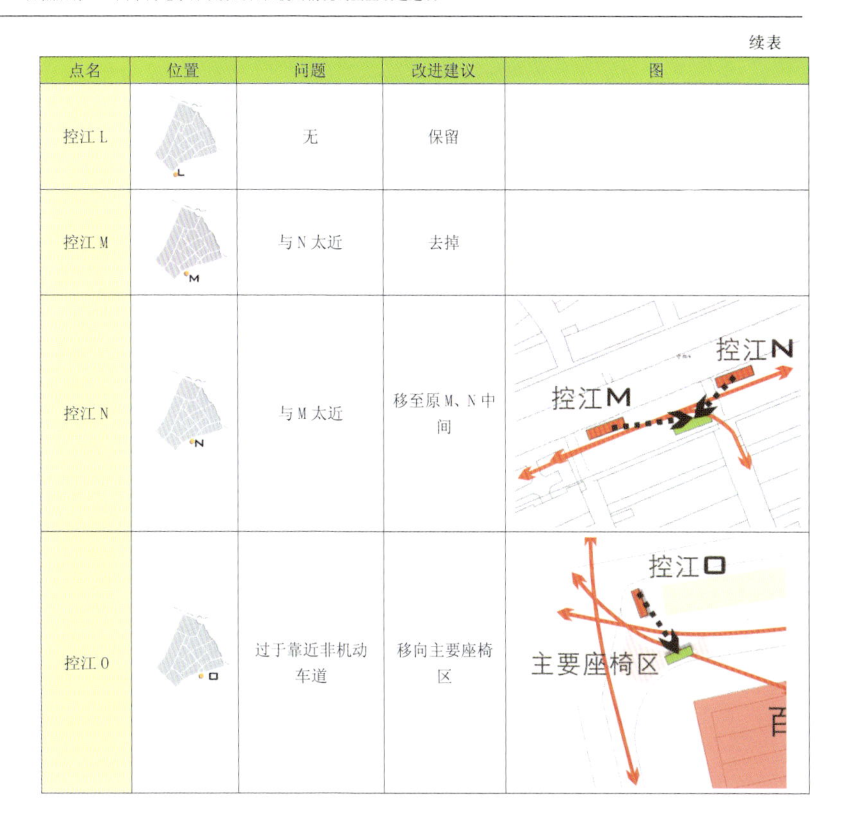

点名	位置	问题	改进建议	图
控江 L	L	无	保留	
控江 M	M	与 N 太近	去掉	
控江 N	N	与 M 太近	移至原 M、N 中间	控江N 控江M
控江 O	O	过于靠近非机动车道	移向主要座椅区	控江O 主要座椅区

知然后行——四平街道东部政务公告栏使用情况调查暨改进建议

b) 内容调整：

i. 公示内容宜以与当前居民生活相关的政策条例（如，若本区正面临动拆迁，则应公示动拆迁的管理办法及相关赔偿条例）和相关背景说明为主，也可就居民常见问题进行集中解答。这样一方面可减少居民因到上一级部门反映情况所花费的人力物力，还可增强社区的凝聚力；

ii. 加大字号，建议采用大于“小四”的文字[7]，并在经费许可条件下尽量采用彩色印刷。

[注 7]：按 Microsoft Office 字号。

五、 小结

公众对公共事务的参与，首先就需要公众对公共事务能有所了解，只有了解了才有可能参与到其中。政务信息公告栏是使居民获得城市和社区公共信息的重要途径，并且也已成为许多城市政务公开制度建设的内容之一。但在这些公告栏的建设过程中，缺少对公告栏的使用状况的分析，使得这些公告栏没有发挥较好的作用。本文通过对上海四平街道东部公告栏的调查揭示了其中的问题，并居民活动需求和发挥公告栏效用的角度提出了进一步解决的方法和具体的建议。

主要参考书目及网站：

1. [丹麦]扬·盖尔、拉尔斯·吉姆松著，汤羽扬、王兵、戚军译，《公共空间·公共生活》，中国建筑工业出版社，2003年4月
2. 方可，《当代北京旧城更新·调查·研究·探索》，中国建筑工业出版社，2000年出版
3. 赵民、赵蔚编著，《社区发展规划——理论与实践》，中国建筑工业出版社，2000年12月出版
4. www.shanghai.gov.cn
5. www.cin.gov.cn
6. www.shghj.gov.cn
7. www.stats-sh.gov.cn（《上海统计年鉴2004》）

知然后行——四平街道东部政务公告栏使用情况调查暨改进建议

附录：

一、　问卷1：

城市规划听证调查问卷

调查目的：城市规划系的学生在做有关公众参与城市规划过程的研究。同时希望了解您对本地区规划发展的设想和意见，特此制作以下问卷，希望您配合填写。

一、您的看法（请打钩）

1. 若规划设想本地区要改建，您认为该地块最适宜建成什么形象？

   A. 热闹繁华的商业街区　　B. 开阔舒适的广场公园　　C. 有文化品味的休闲去处

   D. 标志性的办公楼宇　　E. 方便的社会停车场　　F. 其他：__________

2. 若要建设公益设施比如附带停车场的公共绿地，但可能给你的住所增加了噪声和空气影响（仍在国家标准限度内），您认为：

   A. 虽然是公益设施，但也不能影响私人利益，不应该通过这个方案

   B. 可以建，但会造成事实上的影响，应该赔偿

   C. 由于是公益设施，私人利益应该做一点让步

   D. 只要在国家标准内就不会有太大影响，谈不上让步

3. 若要建设商业休闲中心，能给生活带来方便，但可能会稍挡你住所的日照，减少了日照时间（仍在国家标准限度内），您认为：

   A. 虽然是公益设施，但也不能影响私人利益，不应该通过这个方案

   B. 可以建，但会造成事实上的影响，应该赔偿

   C. 由于是公益设施，私人利益应该做一点让步

   D. 只要在国家标准内就不会有太大影响，谈不上让步

4. 若您了解到规划方案，什么情况下会向规划部门提出您的反对意见和建议？（多选）

A.会损害您的住所的利益时　　B.会损害您的居住小区的利益时

C.您认为对本地区发展不利时　　D.其他情况

5. 您一般通过什么方式了解到规划信息（多选）

A. 期刊杂志　B. 电视　C. 报纸　D. 信件或电子信件　E. 网络

F. 房产广告　G. 去规划局查询　H.规划调查　I. 规划展示厅

J. 听别人说　K. 街道或居委会通知　L. 工地告示牌　M. 其他__________

6. 若由于对该地块规划的意见不一，需要杨浦区规划局举行像价格听证一样的规划听证会以听取各种意见，您若参加，以下参加听证的方式您会选择：

A.主动申请在听证会上发言　　B.申请参加听证会旁听

C.向其它听证会代表提出意见和建议　D.委托专业人员参加　E.不参加

7. 若规划涉及到您的利益，以下何种情况会导致您不参加对该地块规划的听证会？（多选）

A.不认为听证能让自己的意见发挥作用　　B.对听证方式不感兴趣

C.不了解规划知识和信息，难以准备听证材料　　D.不知道怎么在会上发言

E.没有时间和精力，若大家受影响，别人也该提　　F.对方案没意见

G.其他原因：____________________________　　H.只要涉及到利益就会参加

8. 规划当中引入听证程序，您的看法是？

A.普通市民的权益可以受到一定保护了，更民主了

B.开发商的权益更易受到保护，对普通市民没什么用

C.决定权仍在政府手里，没什么变化

9. 您认为开这样的听证会对公民参与规划决策是否有作用？

A.有作用　B.作用不大　C.没什么作用

10. 在此次调查之前您听说过以下哪种听证？（可多选）

A.价格听证　B.立法听证　C.行政处罚听证　D.规划听证　E.都没听说过

11. 您或您的亲朋参加过听证吗？

A.我参加过，是：__________（听证）　　B.我朋友（亲戚）参加过，是：__________（听证）

C.都没参加过（直接跳到第13题）

12. 若参加过，结果是否解决了问题，满意吗？

A.听证提出解决方案，结果满意　　B. 听证提出解决方案，但不同意听证结果

C.听证没形成解决方案　　D.听证形成的解决方案没有实现

13. 您以后会通过听证程序维护您的权益吗？

A.会　B.可能会　C.不会

14. 假设您对听证结果不服，您可能会

A.申请第二次听证　B.上诉到法院　C.上访　D.找关系解决　E.其他：_____

二、最后，我们还想了解一点您的基本情况以便比较人们的不同看法（仅供本调查用）

年龄______　性别______　职业______________　文化程度______________

您在此居住了______年　　住房性质（房屋产权）是租房/产权房/其他

您家庭的月收入是：A.2000元以下　B.2000—5000元　C.5000—1万元　D.1万元以上

非常感谢您的合作！

二、　问卷 2：

公众参与宣传调查问卷

您好，我们是城市规划系的学生，为了政务公开的更好进行，特对本地区进行调查。此次调查所有问卷均为匿名。感谢您的大力支持和配合。

1. 您对四平街道的政府工作了解吗？

A. 大致知道　B. 比较了解　C. 清楚　D. 不知道

2. 您一般通过什么方式了解到规划信息（多选）？

A. 政务信息公开栏　B. 电视　C. 报纸杂志　D. 信件　E. 网络　F. 房产广告　G. 规划局查询

H. 规划问卷调查　I. 展览　J. 听别人说　K. 街道或居委会　L. 工地告示牌　M. 其他

3. 您知道公众参与的方式有哪些吗？

A. 清楚　B. 比较了解　C. 听说过　D. 不知道

4. 您觉得本地区公众参与的宣传做得如何？

A. 不错　B. 一般　C. 较差　D. 不清楚

5. 您觉得本地区政务信息公开栏的数量______？

A. 太多　B. 足够　C. 太少　D. 没注意过，不知道

6. 您平常会关注信息公开栏里的信息吗？

A. 经常　B. 偶尔　C. 不会　D. 不清楚

7. 您认为下列哪些是造成您忽视信息栏的原因（多选）？

A. 内容过于陈旧　B. 位置不显眼　C. 字太小，看不清　D. 其它________

8. 您认为可以在下列地方布置政务公开信息吗（多选）？

□建筑墙壁　□建筑屋顶　□临时条幅　□公交站
□电话亭　□灯箱　□橱窗　□小型公告牌
□大型公告牌　□垃圾箱　□其它

9. 您对本地区公众参与工作的改进意见____

您的年龄：A. 二十四岁以下　B. 二十四岁到三十六岁　C. 三十六岁到五十岁　D. 五十岁以上

您的学历：A. 中学以下　B. 中学及中专　C. 大学及大专　D. 硕士及以上

谢谢您的合作！！！

三、问卷2 统计（总共发放问卷50份，当面填写，回收50份）：

1. A. (46%)　B. (10%)　C. (2%)　D. (42%)
2. A. (2%)　B. (58%)　C. (42%)　D. (8%)　E. (22%)
   F. (16%)　G. (2%)　H. (8%)　I. (4%)　J. (14%)
   K. (32%)　L. (24%)　M. (0%)
3. A. (4%)　B. (20%)　C. (66%)　D. (10%)
4. A. (10%)　B. (58%)　C. (30%)　D. (2%)
5. A. (0%)　B. (4%)　C. (46%)　D. (52%)
6. A. (14%)　B. (32%)　C. (38%)　D. (16%)
7. A. (60%)　B. (66%)　C. (84%)　D. (12%)
8. □建筑墙壁（3%）　□建筑屋顶（0%）　□临时条幅（11%）　□公交站（96.7%）
   □电话亭（83.8%）　□灯箱（1%）　□橱窗（2%）　□小型公告牌（51%）
   □大型公告牌（13%）　□垃圾箱（0%）　□其它（0%）
9. 改进意见整理：

■ 作为民主国家，必须以民为本，凡涉及民众利益必须广泛听取民众意见，取得大多数民众满意方可行使。因此，千万不可视民众当阿斗！！更不可做

那些损害民众利益的蠢事！！！

- 公众参与不能形式化，应该在决策中体现。大众可能会触犯某些当权者既有利益，当权者如何在保障个人利益的前提下最大限度的满足大众的需求，体现公众参与的优势，这是现阶段唯权者、从政者的必备素质，请深思！
- 让更多人参与，增强透明度。更重要的是听证后采纳、落实，而不是摆设！
- 以人为本，以民为本，兼听则明，海纳百川，切不可走形式主义的路子，否则适得其反。关键是在领导。
- 真诚听见，应予制度化。
- 进一步加强。
- 真正做到像邓小平讲的，群众满意，群众高兴，群众拥护，而不是上级说了算，无视群众的意见，怎称得上群众满意。现在的群众对上级政府在许多方面完全失去信任。这说明上级政府在群众的威信已经完全扫地，及（几）乎完全没有。总之，请各级政府不要嘴里讲执行党的各项政策，群众要的是做几件真正使群众满意的实事，不要把人民给你们的权力，作为升官发财、欺压百姓的通行证。
- 多开听证会。
- 杨浦区规划水平的起点不高，甚至有决策的失误。目前打虎山路人行道堵塞，有的已无人行道，车辆经常堵塞，请整治或做规划理顺。

您的年龄：	A. (10%)	B. (18%)	C. (30%)	D. (42%)
您的学历：	A. (52%)	B. (32%)	C. (12%)	D. (4%)

知然后行——四平街道东部政务公告栏使用情况调查暨改进建议

四、　公告栏设置相关规定（摄自：四平街道纪委）

上海市杨浦区市容管理局

关于《经济日报》综合信息亭建成后资源共享的函

上海动量广告传媒有限公司：

根据我区阅报栏的整体规划，原则上只设置一种综合性的阅报栏。由于《经济日报》综合信息亭可以充分利用有限的户外广告阵地资源，我局将充分支持贵司在我区的《经济日报》综合信息亭建设工作；同时贵司应为其他报纸无偿提供放置版面，现就《经济日报》综合信息亭报纸栏版及政务公开栏版面的使用做出以下几点明确：

一、《经济日报》综合信息亭占据了我区绝大多数阅报栏的阵地，针对其他报纸也有户外设置的需求，为解决供需矛盾，报纸栏版面部分的使用由相关部门统一安排，贵司应无偿予以积极配合，最大限度的发挥户外阵地的宣传作用，为我区阅报栏拆除与整治创造条件。

二、《经济日报》综合信息亭政务公开栏建成后，移交给设置地点所属的街道政府使用。

地址：平凉路700号　邮政编码：200082　电话：55211127(总机)　65896033(直线)

[摘要] 本报告以珠江路科技街的兴起为例，基于多种调研方法的综合运用和大量一手资料，归纳了珠江路两侧住区在商业化背景下的发展脉络，总结了其变迁的规律和特征，并剖析了这种变迁在当代社会发展中的意义及存在的问题，同时也试图探索在现代商业化背景下的城市住区的发展趋势。

[关键词] 住区变迁；商业化；侵入；珠江路科技街

院校：东南大学建筑学院城市规划系　　指导教师：吴晓　　学生：吴靖梅、张佳、张强、宋若蔚

目录

商业化背景下的住区变迁

图1.1 珠江路科技街区位图

注释：
[1] 出自"南京市玄武区商业发展规划"
[2] 蔡照元，现代社区发展概论，中山大学出版社，2001
[3] [美]帕克等，城市社会学，华夏出版社，1987

第一章 序论

1. 调研背景及意义

1.1 调研背景

在传统意义上，住区是以解决日常居住需求为首要目的的性质相对单一的功能区。但随着我国计划经济向市场经济转轨、城市化以及商业化进程的加速，传统的住区结构，尤其是与商业化地区有着密切空间关联的住区结构，往往会面临新形势下的种种变迁，象综合性批发市场或商业步行街的形成，都会给周边住区或多或少地带来冲击。

就南京而言，一个明显的例子就是珠江路科技街的兴起给其两侧住区带来的显著影响：

一方面，随着全球化背景下信息产业的突飞猛进，珠江路科技街作为信息化大省江苏省的金字招牌，经过十多年的发展，已迅速由一条普通的社区生活型街道发展成为华东地区最大的电子信息产品集散地和繁荣的商业街，享有了"北有中关村，南有珠江路"的赞誉(图1.1)。

另一方面，与此形成鲜明对比的却是：其两侧的住区日渐失去自身的传统定位，逐渐被周边的商业元素所侵入甚至接替。也就是说，珠江路科技街的商业气息正在逐渐渗透并控制着两侧的住区变迁(图1.2)。

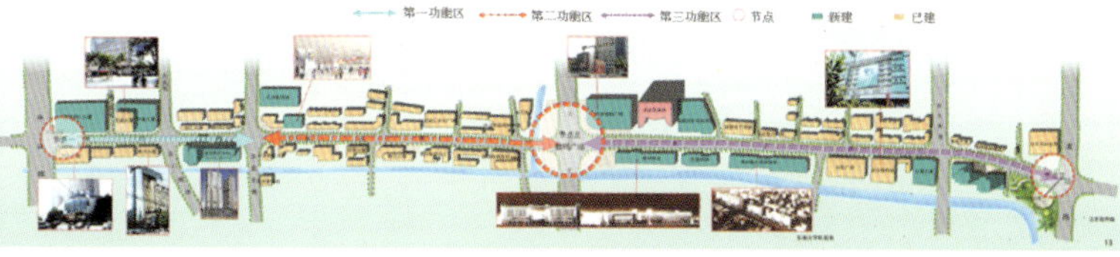

图1.2 珠江路科技街商业布局图[1]

1.2 概念界定

所谓住区变迁是指住区结构局部或全部因时间或相关要素的改变而发生质或量的变化。根据人类生态学芝加哥学派的观点，住区变迁的过程往往体现为被侵入甚至被接替的过程。[2]

其中，侵入是指一个群体（或一种功能或职能）进入另一个群体（或一种功能或职能）所在区域的运动变化，接替则是指一个群体（或一种功能或职能）取代前一群体（或一种功能或职能），对这一地区实施有效统治的变化。[3]

1.3 调研目的

社会商业化究竟给传统住区带来哪些变迁？这些变迁对住区的用地结构、人口结构及居住环境又会带来了哪些影响？其中有何规律可循？住区变迁作为商业化背景下的特殊现象，我们将如何应对？这些问题促使我们选择了珠江路科技街，以其兴起作为住区变迁的商业化背景，希望通过调研初步实现以下目的：

1

商业化背景下的住区变迁

其一：通过珠江路科技街两侧住区的现状与过去的比较，归纳其变迁的阶段性过程，把握其发展的大致脉络。

其二：基于多种调研方法的综合利用及所掌握的一手资料，系统剖析商业元素对住区的侵入的特征及其所产生的影响。

其三：从专业角度对珠江路科技街两侧住区的良性发展提供一定的建议。

2. 调研方法与思路

2.1 调研区域的确定

在所有珠江路科技街两侧的传统居住区中，我们根据实际情况，专门选择了东大影壁和小纱帽巷两个代表性住区作为调查的区域（图1.3—图1.5）。

珠江路605号 珠江路603号 珠江路593—597号
东大影壁1栋 东大影壁3栋 东大影壁5栋
东大影壁2栋 东大影壁4栋 东大影壁6栋

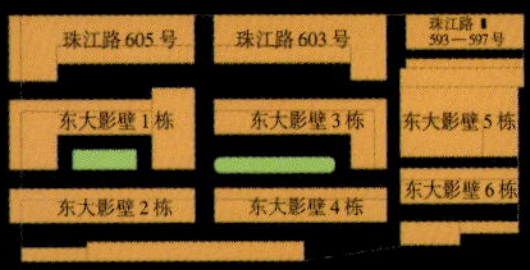

图1.4 东大影壁小区平面图（共661户）

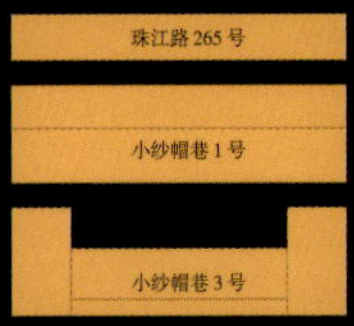

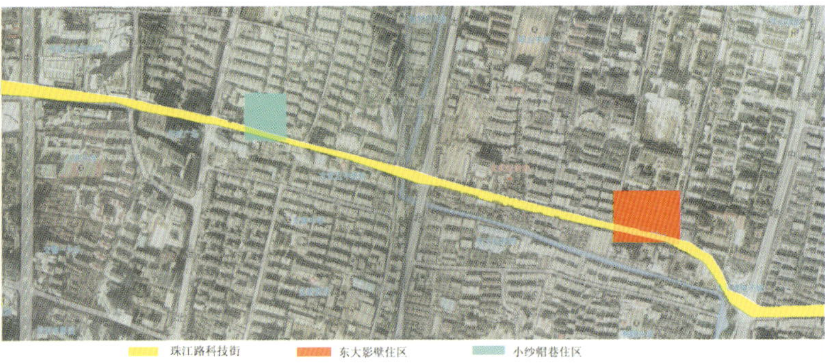

图1.3 调研区域的确定

珠江路265号
小纱帽巷1号
小纱帽巷3号

图1.5 小沙帽巷小区平面图（共236户）

选择的原因在于：

a. 两个住区分别位于珠江路科技街的东西中段，布点均衡，能够代表珠江路科技街沿线的整体性。

b. 两个住区附近均有较大的商业机构和公司企业，商业活动频繁且侵入现象显著，具有相当的典型性。

c. 两个住区在一些元素上有着类比的差异，能够表现不同环境下的不同侵入影响。

序论

2

商业化背景下的住区变迁

2.2 调研的技术路线

在调研过程中，我们主要采用了问卷、访谈及观察的方法来得到第一手的变迁资料，并辅以文献查阅以获取可靠、详尽的现状及以前的资料。具体如图1.6：

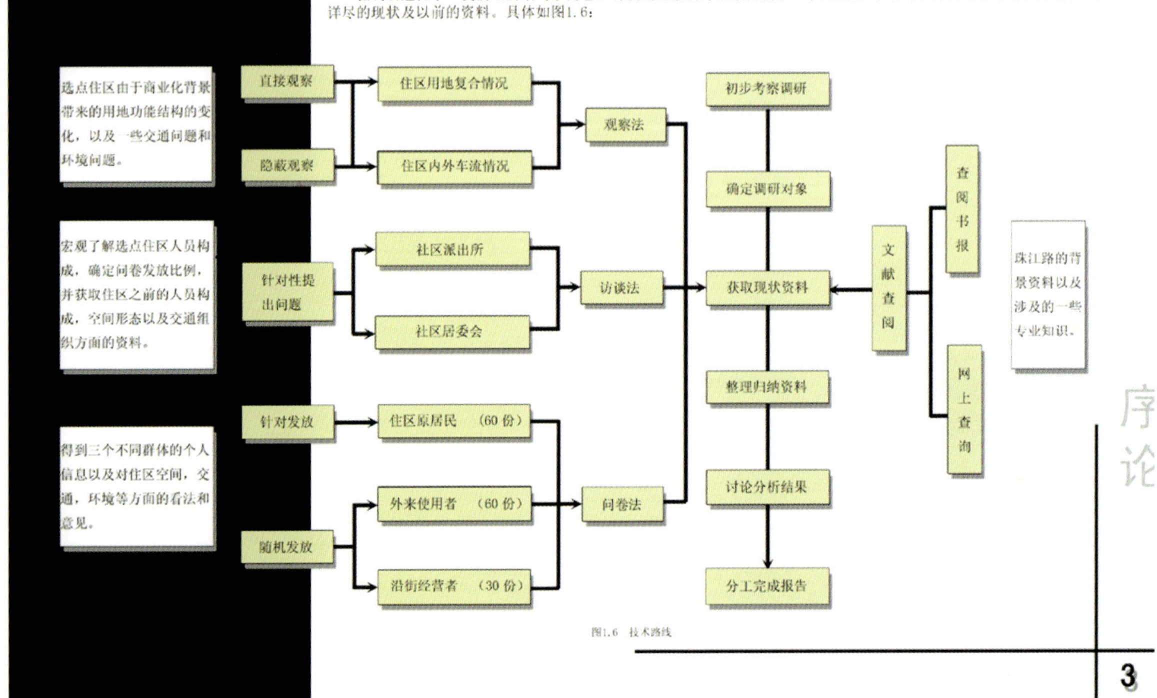

图1.6 技术路线

序论

3

第二章 调研与分析

1. 房屋使用者的更替

1.1 原居民与房屋外来使用者的比例变化

图1.1 房屋外来使用者人数的变化

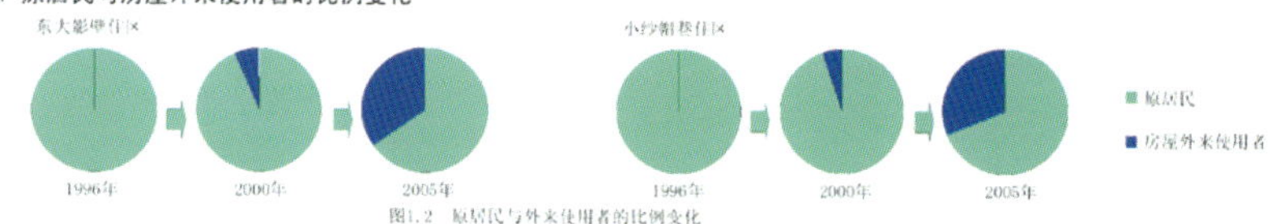

图1.2 原居民与外来使用者的比例变化

从图1.1和图1.2中可以看出，在1996年原居民获得房屋产权之前，能够通过租房方式侵入珠江路两侧住区的外来使用者寥寥无几，而1996年之后房屋外来使用者的人数呈明显增长趋势：到2000年，东大影壁住区内就有43户房屋更替了使用者，小纱帽巷住区也有12户更替了使用者；到2005年，东大影壁住区内共有约232户房屋更替了使用者，所占比例上升到35%；小纱帽巷住区则有74户更替了使用者，比例也升为31%。

房屋外来使用者的显著增多表明上述住区内人员流动更替的速度日益加快，这与珠江路科技街的商业运作和兴起密切相关。具体而言，可从原居民和房屋外来使用者两方面进行分析（表1.1）。

居民类别	搬离的原居民	外来的现用户
更替原因	1996年拥有房屋产权后，为房屋交易创造了条件。	珠江路科技街的兴起带来了可观的商机，部分外来者随着20世纪90年代末开始的进城热潮，渗入珠江路科技街两侧的住区内部。
	珠江路科技街的繁荣发展使得住区地价大幅度上涨，可观的经济利益促使一部分原居民将房屋出租出售。	在珠江路科技街工作的人越来越多，一些经营者或者雇员希望居住在离上班地方近的住区内，方便自己的工作。
	房屋的年代比较久、套形比较小，再加上珠江路科技街带来人员混杂以及环境问题，也使得一部分原居民放弃了原有的住房。	珠江路科技街处于南京市的中心地带，住区周围就有车站、超市、银行等生活设施，便利的生活吸引了许多房屋外来使用者。

表1.1 珠江路两侧房屋使用者的更替原因分析

1.2 房屋外来使用者获得住房方式的比例变化

住区内房屋外来使用者获得住房的方式可分为租赁和买断两种。从图1.3中可见，珠江路两侧的住房无论是被外来者租赁还是买断，都呈现逐年增长的趋势：其中，东大影壁住区中已出租的房屋比例从1996年的0上升到现在的28.5%，买断的数量也上升到7%；而小纱帽巷住区的相应比例则分别为26%和5.5%；而且两者中租赁住房的外来使用者比例均占据了绝对比重，至少达到买断房屋的4倍以上；发展到近年，这一上涨趋势已变得日益明显。

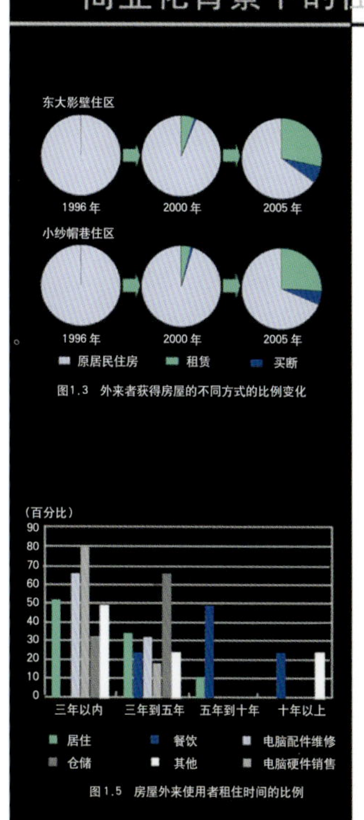

图1.3 外来者获得房屋的不同方式的比例变化

图1.5 房屋外来使用者租住时间的比例

图1.4分析了房屋外来使用者选择不同住房方式的目的和原因：

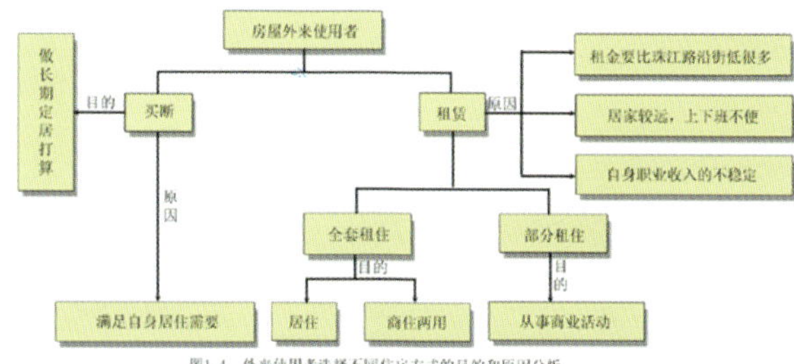

图1.4 外来使用者选择不同住房方式的目的和原因分析

可见，通过房屋交易外来使用者获得房屋使用权，原居民则得到额外的收入来源。这样一个双赢的局面正是由珠江路繁荣的商业化所引起的，它同时又反过来刺激和支撑了珠江路商业的进一步辐射和发展。

1.3 房屋外来使用者租住时间的分异

调研发现，根据用户不同的职业，外来使用者占用房屋的时间也长短不一。其中，买断住房的外来使用者大多出于居住的目的，做长期的打算；而租房的外来者则会根据他们从事职业的不同，在租房的时间上呈现出一定的规律。

从图1.5中可以看出，在东大影壁住区和小纱帽巷住区内，大部分的租住户租住时间都在五年以内，特别是从事与电脑有关的商业活动的外来者；而从事餐饮业的外来者，租房时间则比较长，甚至出现了十年以上的现象。

究其原因，与珠江路科技街巨大的人流和商机密不可分。具体分析见表1.2：

外来者职业	租住时间	原因分析
餐饮业	25%——三年到五年 50%——五年到十年 25%——十年以上	珠江路科技街自兴起就一直缺乏与之配套的餐饮服务系统。面对如此巨大的市场缺口，以盒饭、快餐供应为特征的餐饮业应运而生，许多外来者通过租房已将周边住区变为后勤加工的大厨房。而且只要珠江路科技街存在发展下去就会有这样的市场需求，所以此部分人的租房是基于做长远的打算。
与电脑有关的商业活动	70%——三年以内 30%——三年到五年	由于珠江路科技街的飞速发展、激烈的商业竞争和频繁的技术更新，其新陈代谢的速率已大大加快，而人员公司更迭的加频更使众多外来经营者在租房时难做长久打算。

表1.2 不同职业的外来使用者租住时间差异原因分析

由此可见，这种租住时间上的分异都与珠江路科技街兴起背景下不同行业的演化规律有着内在的联系，它们的生存和发展都与珠江路科技街密切相关。

出租房屋

合住分红

运输再就业

餐饮再就业

软件销售

2、居民就业方向的转化

2.1 原居民就业方向的转化

我们经过调研访谈，发现从1996年起，珠江路科技街两侧的原居民经历了两个不同的职业更替阶段，具体见以下表格（表2.1）：

时间	房屋所属情况	原居民就业形式	原居民收入来源
1996年之前	房屋所有权归单位所有，房屋不允许对外出租	大部分的原居民为单位分房户，在国营单位上班，少数无职业	所有居民的收入基本上依靠工资及养老保险金
1996年—2000年	房管所的房屋逐步卖给住户或是被承包，居民开始拥有房屋产权	大部分居民职业无变化，但部分受珠江路科技街兴起的影响，纳入珠江路庞大的商业销售网络，许多下岗居民开始在软件、餐饮、运输等相关行业实现再就业	除工作所得外，部分在岗居民开始从副业中营利。比如说，利用房子进行投资，用以出租、合股分红等。而许多下岗居民的收入则基本上依靠其在珠江路科技街上的自发再就业解决
2000年—2005年	房屋可以自由流入住宅二三级市场	更多居民从事与珠江路科技街有关的工作	更多居民的收入开始通过从事与珠江路相关的商业活动得以保障

表2.1　原居民职业更替阶段表格

住区居民的收入来源也是衡量商业化影响下就业变化的一项重要指标（图2.1和图2.2）。从图中可见：珠江路科技街两侧住区的原居民已有近三分之一除本职外有其他收入来源，其中以利用房屋投资的比例最大，达到了32%；其次为餐饮业和运输业，各占了1/4左右，从事者多为原居民中的下岗职工；其余合股分红及软件销售所占比重较小。

东大影壁住区

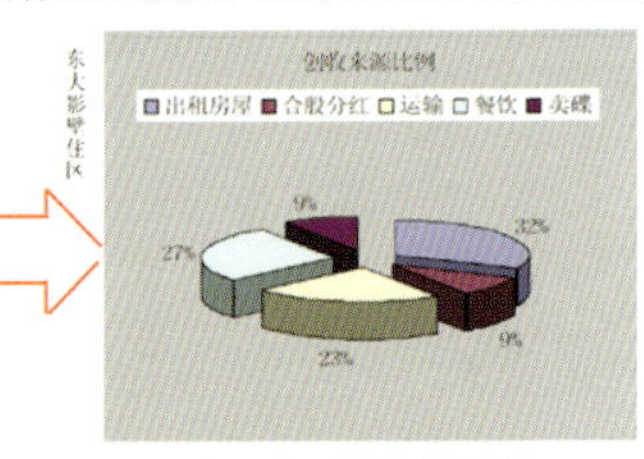

图2.1　原居民创收来源途径比例图

东大影壁住区

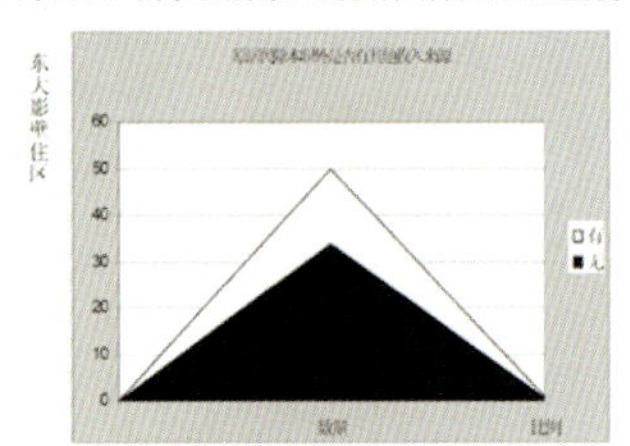

图2.2　原居民额外收入来源比例图

商业化背景下的住区变迁

2.2 原居民就业方向转化的比例

经问卷调查与居委会访谈的结合，我们得出了原居民工作发生变化的人数及与其与总人口的比例变化，具体见以下问卷统计图（图2.3、图2.4）：

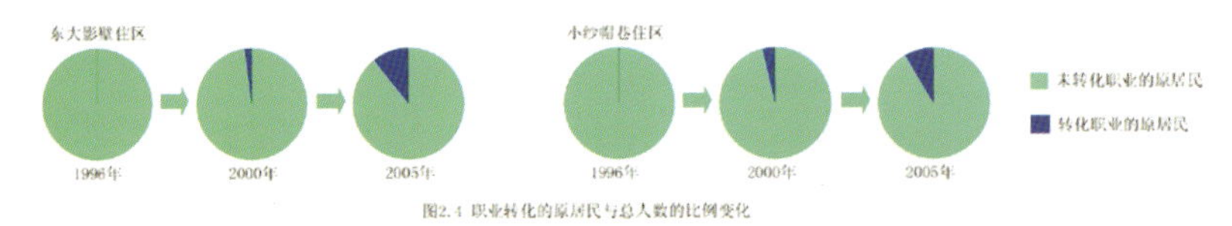

图2.4 职业转化的原居民与总人数的比例变化

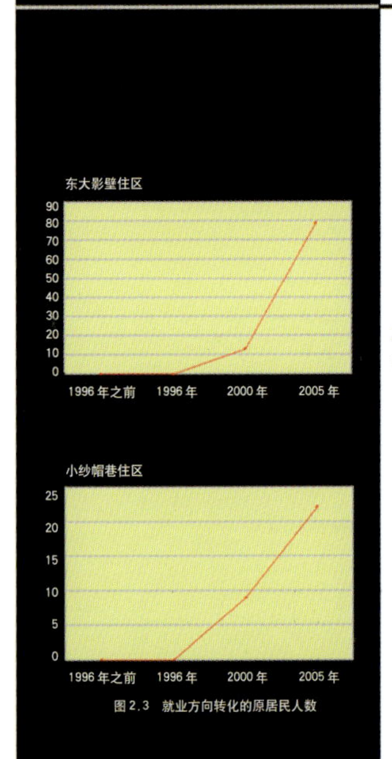

图 2.3　就业方向转化的原居民人数

从图2.3、图2.4中可以看出，在1996年之前，珠江路科技街住区内职业有变化的原居民寥寥无几；但到了1996年之后，发生变化的人数呈明显增长的趋势：2000年东大影壁住区有13名原居民更换了职业，而小纱帽巷住区则有9名，并且新职业大都与珠江路科技街的运营相关，该比例分别占原居民的2%和3.8%；到了2005年，东大影壁住区内更是有79人更换了与珠江路科技街有关的新职业，小纱帽巷为22人，这一比例也显著攀升至11.9%和9.3%.

究其原因，这同珠江路科技街的阶段性发展呈现出一定的对位关系，具体分析见以下表格：

时间	背景	原居民职业转化的原因
1996年之前	珠江路电子科技街刚刚起步，发展规模不大，对周边居民的社区生活无大影响；而原居民不拥有房屋产权，难以进入房产二三级市场。	原居民很少因下岗问题转换职业，纳入珠江路科技街的商业网络。
1996年—2000年	部分居民下岗，客观上珠江路科技街的兴起给他们提供了再就业的机会。与此同时，居民开始拥有房子产权，而此时珠江路规模扩大，商家增多，强辐射也带动周边的房价随之飙升。	原居民由于年龄、专业背景等原因，大多从事餐饮、运输等服务性行业，成为珠江路商业运营所不可或缺的服务大军；一些原居民在经济利益驱动下，开始利用房子进行交易投资，或出租或利用此地的高房价出售，从而使其成为原居民创收的第一大来源。
2000年之后	珠江路科技街凭借自身创出了品牌效益和潜在的经济效益。	更多原居民加入到珠江路科技街的商业活动中来.

表2.2 原居民职业转化分析表格

正是珠江路科技街的发展兴盛及因此带来的巨大市场和商业效益，吸引了大批的周边居民转换职业，成为整个体系的必要构成，且这一转化比例呈现出逐年增长的明显趋势。

调研与分析

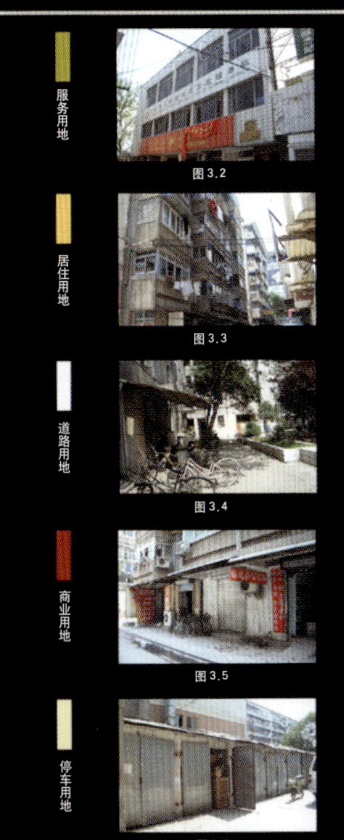

3、住区用地功能的复合

3.1 住区功能的结构变化

作随珠江路科技街的形成与发展，商业元素不断侵入两侧的住区，使其用地结构趋于复杂。像东大影壁住区就从以居住为主的传统小区变成了商业与居住并重的复合型小区。这其中经历了几个阶段，（图3.1）

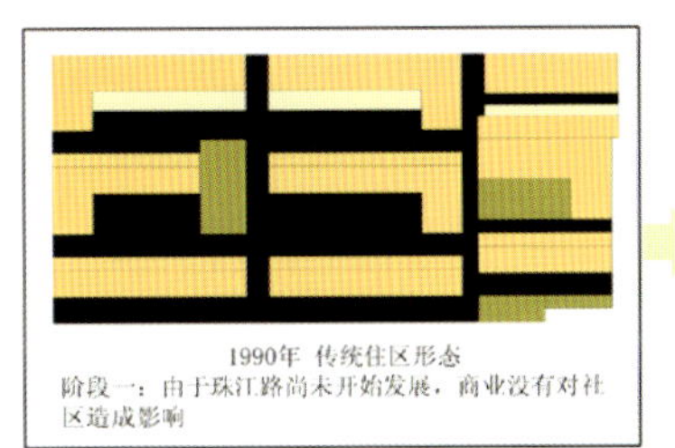

1990年 传统住区形态
阶段一：由于珠江路尚未开始发展，商业没有对社区造成影响

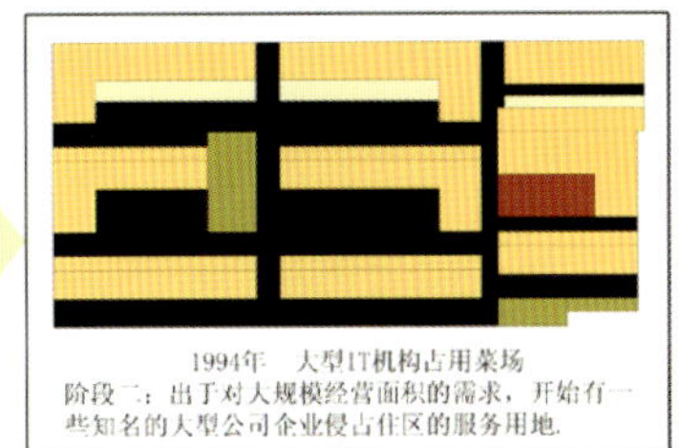

1994年 大型IT机构占用菜场
阶段二：出于对大规模经营面积的需求，开始有一些知名的大型公司企业侵占住区的服务用地.

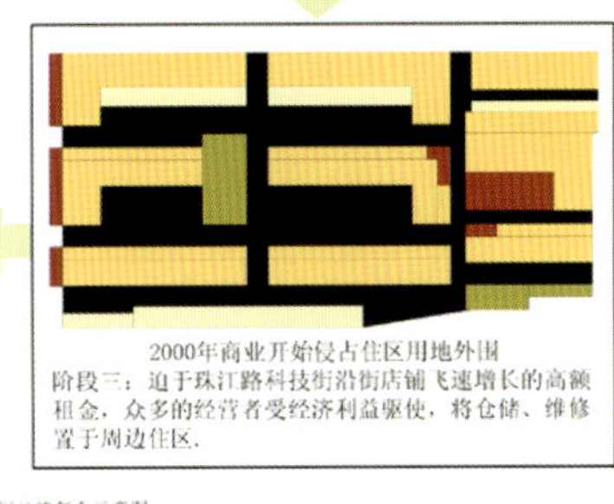

2000年商业开始侵占住区用地外围
阶段三：迫于珠江路科技街沿街店铺飞速增长的高额租金，众多的经营者受经济利益驱使，将仓储、维修置于周边住区.

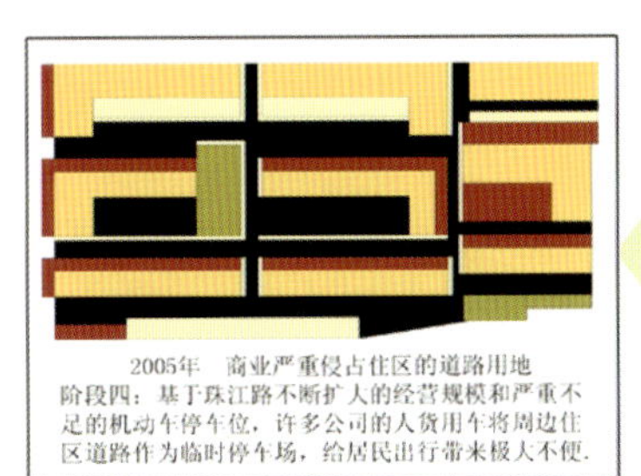

2005年 商业严重侵占住区的道路用地
阶段四：基于珠江路不断扩大的经营规模和严重不足的机动车停车位，许多公司的人货用车将周边住区道路作为临时停车场，给居民出行带来极大不便.

图3.1 东大影壁小区功能复合示意图

调研与分析

商业化背景下的住区变迁

上述用地结构的变化主要有以下几个原因：
首先，大公司对大规模经营面积的需求与沿街有限用地之间的矛盾，造成住区服务用地如菜场等被侵占。
其次，珠江路科技街停车位的严重不足使住区内部的道路空间被挤占（图3.7-图3.9）：

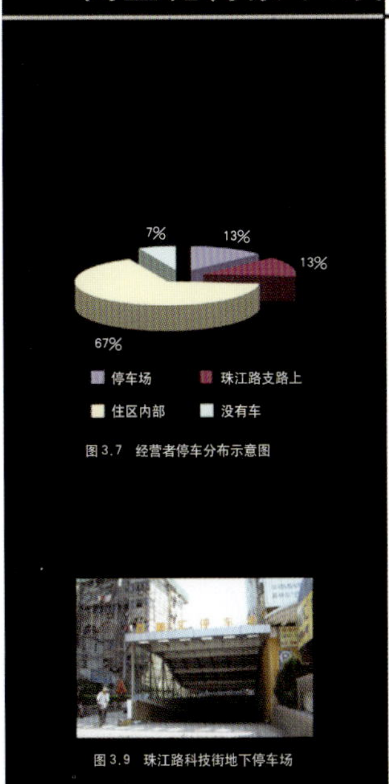

图3.7 经营者停车分布示意图

图3.9 珠江路科技街地下停车场

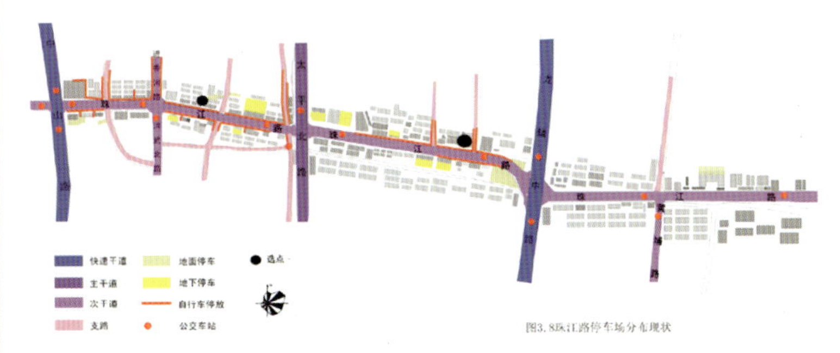

图3.8珠江路停车场分布现状

第三，珠江路沿街店铺的月租均在两万元左右，令人乍舌的高额租金使经营者只能在有限的面积里摆放必须的零售商品；各大商场面对巨大的经济利益也将所有的建筑面积都用于柜台租赁，而不提供仓储空间。这些直接导致经营者只能充分利用有限面积展示经营，而将仓储、维修等不依赖于展示宣传的功能后置。

总之，无论是商业用地的侵占还是商业渗透所带来的用地上的复合，都是商业化背景下市场运作的必然结果。

3.2 住区功能的空间布局

根据调研，我们选择了较为典型的几幢楼进行分析，见下页表3.1。

由表3.1可见，侵入珠江路两侧住区的各功能在空间上有着不同的分布特点：餐饮服务主要分布在空间比较宽阔的住区外向地带，楼层全部集中在一楼；维修服务，硬件销售，货备储藏，公司办公等在住区外围以及住区内部均有分布，通常选择在底层，但也不排除选择其它楼层的可能；光碟销售零散分布在小区内的各个楼层，没有明显的特点。

调研与分析

商业化背景下的住区变迁

居民居住
货备储藏
维修服务
硬件销售
光碟销售
公司办公
餐饮服务
其他

图 3.10 住区内的商业运作

	过去	现在	分析
东大影壁三幢		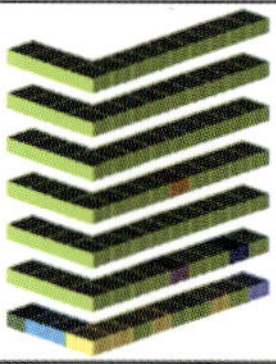	位于住区中部，有部分沿住区内的电子商业街，人流较为密集。一层道路空间比较大，分布了众多的餐饮以及硬件销售店面，上层基本为居住用房。
东大影壁六幢			位于住区外围，同时靠近居委会，空军司令部，宏图三胞，以及住区内的电子商业街。一层基本为商业所替代，但空军司令部的特殊性使商业对其的侵入受到阻碍。
小纱帽巷一幢		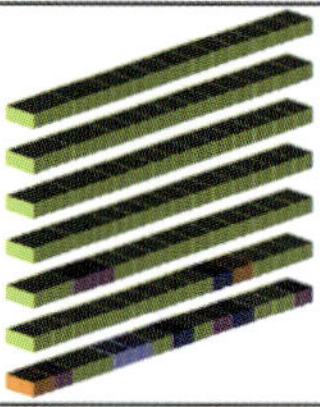	位于住区中部，没有沿街店面，一层住户只有一个出入口，人流量较少，主要分布光碟销售，公司办公以及货物储备等。

表3.1 各功能分布图

上述住区用地的复合特征，一方面表明珠江路科技街商业系统已经渗透到住区的各个方面：住区的发展逐渐完善整个商业系统，并为这个系统提供必要的服务性设施，成为它的后备服务站和周转平台。同时，商业对住区的侵入也给面临下岗的住区居民提供了新的就业机会，双方的互惠互利关系使住区居住系统与珠江路科技街的商业系统密不可分（下页图3.11）。

调研与分析

商业化背景下的住区变迁

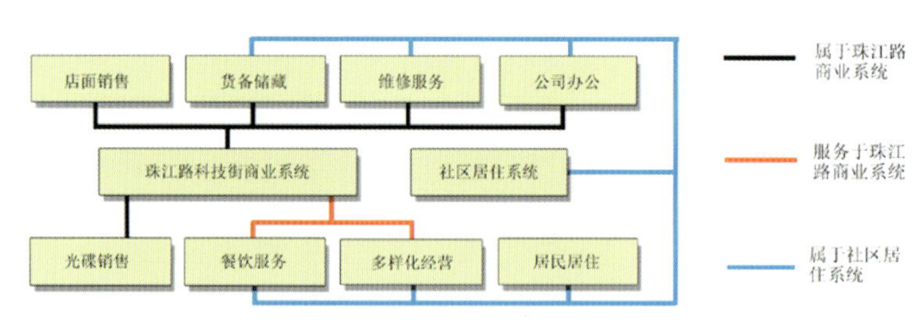

图3.11 珠江路商业系统与社区居住系统关系示意图

另一方面，也反映出不同功能的运作对空间有着不同的需求：以仓储、维修为主的电子产业对人流及外部空间没有特别的要求，不论楼层，作标志明示顾客即可（图3.12）；但是餐饮等服务性行业的运作需要容纳大量人流的空间，依赖于交通的便捷性、通达性，空间开敞的一楼往往成为这类人的首选（图3.13）；而盗版光碟销售由于其非法性，多采用街头散点叫卖的方式，引导顾客进入储藏点进行现场销售，所以只要有大量的储藏空间即可，对楼层以及外部空间没有特别要求（图3.14）。

图 3.12 住区内仓储维修点

图 3.13 住区内餐饮服务点

图 3.14 住区内盗版光碟销售

图 4.1 住区居民对交通满意程度比例图

4. 住区交通组织的混乱

在调查中我们发现，珠江路科技街两侧住区的交通情况着有别于传统住区的情况，由图4.1可知，调查的居民中，决大多数人认为住区内有严重的交通问题。而这些居民中的大部分是长时间居住的原居民，他们清楚的感受到住区内交通问题的日益增多和程度的日益严重。

4.1 交通工具的多样化

进出于珠江路科技街周边住区内的交通工具的类型不同于传统住区的情况。除了自行车，摩托车，私家小汽车等为居民出行使用的工具外，还有运货板车，出租运货的面包车，人力三轮车和为数不少的公家车等不被居民日常生活所使用的工具(下页图4.2)。

访谈得知，绝大部分的公车都是属于珠江路科技街上从事IT行业的公司。而运货板车，出租运货的面包车，人力三轮车这些交通工具，一部分属于从事运输行业的私人老板，一部分隶属于珠江路IT行业的经营者，其余则从属于周边的物流公司，主要功能是运送货物给珠江路科技街上的店铺。

调研与分析

商业化背景下的住区变迁

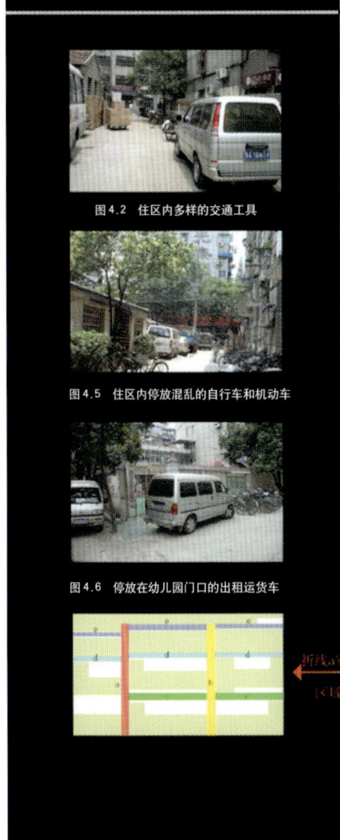

图4.2 住区内多样的交通工具

图4.5 住区内停放混乱的自行车和机动车

图4.6 停放在幼儿园门口的出租运货车

时间 \ 类型	运货板车	人力三轮车	出租运货面包车	周边公司的公车
8：00—9：00	2	2	10	3
10：00—11：00	5	1	9	4
12：00—13：00	1	0	14	2
14：00—15：00	4	1	7	2
16：00—17：00	2	1	9	3
18：00—19：00	3	2	17	7

表4.1 非居民出行使用的交通工具的种类及数量统计表（注：以上数据为三天调研的平均结果） 东大影壁小区

4.2 停车组织的混乱

同以往相比，目前珠江路两侧的住区明显的存在着停车混乱的现象。由图4.3可知，现自主增加的停车面积几乎是以往面积的一倍。尤其是所占面积最多的机动车，几乎遍布整个住区，位置没有规律性可言，而且在一天的各个时段中，住区内每个区域出现的机动车的数量变化都很大（图4.4），说明这些车已将小区作为其临时停车点、且出入频繁。这种混乱的停车方式已严重影响了住区内居民的正常出行：有的车停放在居民住宅的门口，有的车占用了道路，有的车甚至停放在住区内幼儿园的大门口，堵住了入口，给接送孩子的家长带来了极大的阻碍（图4.5，图4.6）。

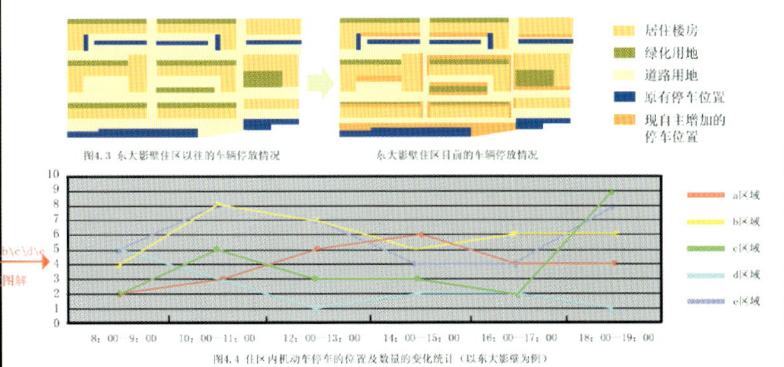

图4.3 东大影壁住区以往的车辆停放情况　　东大影壁住区目前的车辆停放情况

图4.4 住区内机动车停车的位置及数量的变化统计（以东大影壁为例）

商业化背景下的住区变迁

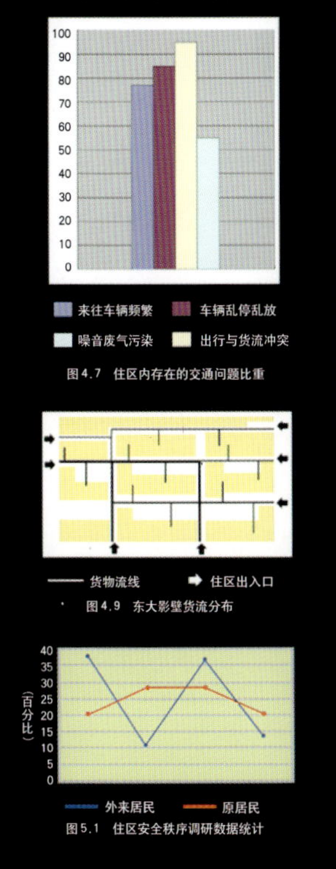

图4.7 住区内存在的交通问题比重

图4.9 东大影壁货流分布

图5.1 住区安全秩序调研数据统计

究其原因，除了住区居民的出行交通工具（主要为自行车）增多所带来的无序停放现象外，关键还在于外来交通工具的混乱停放。从表4.1可以看出，每天进出住区的外来交通工具的数量很多，特别是出租运货面包车的数量，几乎占了外来交通工具总量的55%。住区内没有足够多的停车空间来容纳如此多的交通工具，所以这些车就 “见缝插针” 的停放在任何空白位置，毫无规律性和组织性可言。这种情况的出现是与珠江路科技街每天货物商品的大规模流通转移有着密切的关系。

4.3 人货流线的冲突

调研发现，珠江路科技街两侧的住区在人、车的流线存在着日益严重的冲突，由图4.7可知，流线冲突问题是居民反应最为激烈的交通问题。尤其是每天早上七八点间，公司从住区仓库取货的流线方向与居民的上班流线更是针锋相对（图4.8）；相对而言，科技街上的众多店铺虽然规模有限，但因取货带来的流线冲突却是全天候的，频密的。

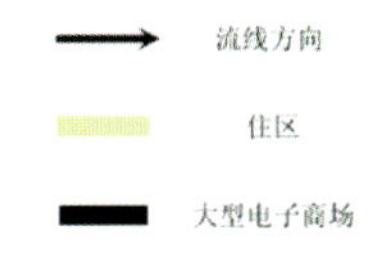

图4.8 居民上班的流线　　公司取货的流线

以东大影壁住区为例。仓库布点的随意和本身小区出入口的繁多，使得货流几乎遍布整个小区的每条道路。使人与货，人与车的流线冲突遍布每一时段(图4.9)。

究其原因，珠江路两侧住区的交通组织不同于传统住区的关键在于：仓储功能的侵入及由此带来的额外货流交通. 据调研得知，60%的经营者都在住区内设有仓库。大量仓库的存在导致货流在住区内频繁出现，与居民的传统生活流线发生冲突。其中，大公司的取货时间比较固定，因而其带来的流线冲突也是时段性的。但科技街上的众多店铺却在取、运货时间上存在极强的随意性，通常是有需要就取，从而给居民生活和交通组织带来了不固定和全方位的的冲击。

5. 住区居住环境的恶化

5.1 住区安全性的弱化

通过调研，我们发现这两个住区在安全这一问题上存在很大的隐患。

由图5.1中可见，关于“住区安全秩序”的看法，住区原居民与外来使用者之间有着明确而又有趣的差异：认为“住区安全秩序挺好的”的外来使用者所占比例为38%，远远高于原居民中的21%，而“认为管理制度不完善”则低了18个百分点；对于“需增强自我安全意识”，原住民的比例则高于房屋外来使用者。

产生这样明显差异的原因是两者在商业化背景下所承担的角色定位不同：原居民长期居住在住区内，他们关注住区的发展，对住区有着认同感，担忧商业对住区的侵入。而外来者本身作为对住区的侵入者，他们对于商业对住区的

商业化背景下的住区变迁

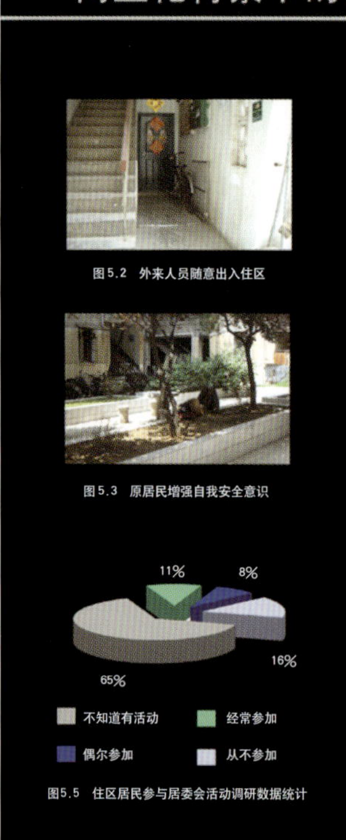

图5.2 外来人员随意出入住区

图5.3 原居民增强自我安全意识

图5.5 住区居民参与居委会活动调研数据统计

侵入就会持有更宽容的感觉，而同时由于居住时间比较短，外来者对住区的感情和关注也是不够的。

虽然居民对于住区安全秩序的看法存在分歧，但观察发现，珠江路科技街的兴起确实给两侧住区带来了安全性上的弱化与影响，具体表现见图5.4：

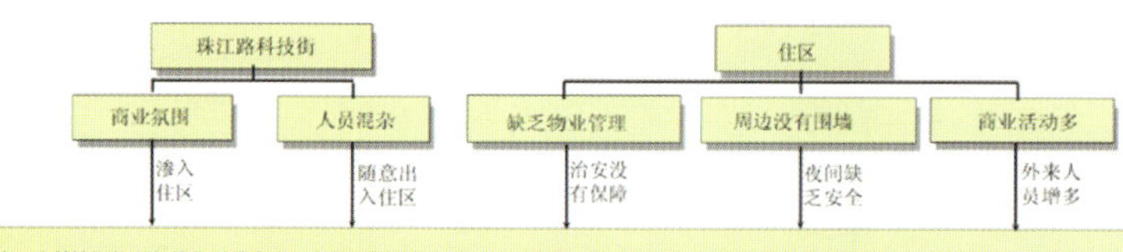

图5.4 住区安全性弱化分析

5.2 住区居委会职能的削弱

东大影壁的居委会设在其住区内部，而小纱帽巷住区的居委会相隔较远。按照我们的想法，这两个住区内的原居民多是些年龄比较大的，他们与居委会的联系应该很密切。

可是通过调研统计，对于居委会，年轻人的态度是完全不了解，而50多岁的原居民对居委会的抱怨极大；七成居民并不关注居委会组织的各类活动，或者是即使知道安排也不积极参与；而对于房屋的外来使用者，则没有一个人知道居委会有活动。

一般来说，居委会的一大职能即是通过组织丰富多彩的活动来加强居民间的志愿性互动，深化改善邻里关系。但如今，居委会因为珠江路科技街的影响陷入了两难的境地，其原因分析见图5.6：

5.3 邻里关系的漠然化

衡量一个住区健康与否，很重要的一条标准就是其邻里关系。俗话说：远亲不如近邻。象这样生活在东大影壁住区内二十多年的原住民，如果不受外界因素的刺激，邻里关系是应该很融洽的，至少邻里之间会很熟悉，交往的机率和频率会比较大。

商业化背景下的住区变迁

图5.7 原居民邻里交往频率变化调研数据统计

图5.8 油烟污染

图5.9 污水排放

外来者
流动人口登记
职业登记
租房登记
计划生育管理
税款问题
上门询问
逃避
居委会
不配合
产生隔阂
对住区环境不满
对外来人员不满
对住区安全不满
原居民
导致
珠江路科技街商业的兴起为住区居委会的工作带来了困难，同时商业化也带来了住区内部的许多矛盾，这些都增大了住区居民和居委会之间的隔阂，使得居委会的职能有所削弱。

图5.6 居委会职能削弱原因分析

但是调研发现，几乎一半的原居民认为自己或自己的家庭和邻居的交往频率比以前减少了，这部分原居民的年龄大都在50岁以上，对过去的邻里生活有着太多美好的回忆；而1/3的人认为与邻里的交往没有什么变化，这部分的原居民都比较年轻，他们平时工作比较繁忙，对邻里之间关系的变化不那么敏感。值得关注的是：有14%的原居民认为邻里间没有交往，这在这样一个存在了20多年的老住区来说是很不正常的。

珠江路科技街兴起后，商业的冲击使得住区内部人员流动现象严重，原居民周围认识的邻居在不断减少，而新邻居更迭速率太快，在未熟识之前可能有已经更换了。同时，住区内部分外来者的商业活动干扰了原居民正常的生活，或是由于阶层不同，原居民和外来者之间产生排斥，也因此导致邻里关系漠然（具体分析见图5.5）。

由此可见，珠江路科技街的兴起给住区内部分居民带来经济利益的同时，也阻碍了居民正常的邻里交往，阻碍了住区的健康发展。

此外，由于珠江路科技街的商业化影响而带来的居住环境的恶化还包括：

住区内部餐饮业在准备饭菜的时候给住区带来严重的油烟污染，而在公共空间清洗碗碟的时候则任由污水四处流淌，严重影响住区卫生情况（图5.8、图5.9）；住区内部频繁出入的货车带来了噪音污染以及空气污染，有时候晚上运货则严重干扰了住区居民的睡眠；在住区内部分外来者，由于缺乏基本的素质以及对住区的责任感，不注意垃圾杂物的排放，也对住区的卫生情况造成了影响。

调研与分析

商业化背景下的住区变迁

图1.1 房屋使用者的更替

图1.2 原居民就业方向的转化

图1.3 住区用地功能的复合

图1.4 住区交通组织的混乱

第三章 总结与建议

1. 调研总结

1.1 住区变迁的规律

基于一手资料的研究和多种调研方法的运用，对珠江路科技街两侧住区变迁过程进行了系统分析，我们发现，其规律和特征主要体现在以下五个方面：

方面特征	规律总结
房屋使用者的更替	珠江路科技街的兴起吸引了大量的外来者进入住区，通过房屋交易获得房屋使用权，它同时又反过来刺激和支撑了珠江路商业的进一步辐射和发展。（图1.1）
原居民就业方向的转化	珠江路科技街的巨大商机为原居民提供了再就业的机会，同时原居民通过多种经济方式获得额外的收入来源 。（图1.2）
住区用地功能的复合	珠江路科技街的众多经营者受经济利益驱使侵入住区，商业与居住的共生导致住区内部的用地性质复合。（图1.3）
住区交通组织的混乱	住区内仓储功能的侵入，导致用于珠江路科技街上货物运输的交通工具大量进入住区，给住区内交通系统带来冲击，造成停车混乱、流线冲突等问题。（图1.4）
住区居住环境的恶化	珠江路科技街混杂的人员和商业氛围使得住区失去了应有的私密性，为住区的管理带来困难，社区居委会职能削弱，居住环境进一步恶化，阻碍了住区的健康发展。

表1.1 住区变迁规律总结

1.2 住区变迁的阶段

随着珠江路科技街的兴起，商业用地需求的扩大与有限的经营面积的矛盾日益增加，迫使商业向周边住区进行扩张，直接反应在商业氛围对住区的逐级侵入。

变迁阶段	时间	演化特征	人口演化	用地演化	备注
一	92年底至90年代中叶	商业元素开始侵入住区外围	住区内人员构成基本无变化。但珠江路科技街的兴起开始吸引了大量人流。	大型商业机构侵入住区服务用地。	居民不拥有房屋产权；很少出让租赁。
二	90年代下半叶（96年）至2000年左右	商业元素侵入住区内部	部分外来打工者在住区内完成求租行为，成为珠江路科技街商业系统的一部分；原居民开始受商业化影响从事与珠江路科技商业服务有关的职业。	住区内部用地开始复合化，部分转变为商业用地。	居民开始得到房屋的产权，国有企业裁员，原居民出现下岗现象。
三	2000年至今	商业元素的深度侵入	房屋外来使用者大量增多，原居民商业化程度增大。	用地性质多样化和复合化 。	珠江路科技街在此期间发展迅速。

表1.2 住区变迁基本阶段

总结与建议

商业化背景下的住区变迁

图2.1 强化住区居委会的职能

图2.2 规范停车秩序

图2.3 加强住区物业管理

图2.4 美化住区环境

2. 相关建议

在商业化背景下，市场经济、市场概念已深入人心，商业对住区的侵入是不可阻挡的必然现象，面对此客观事实，我们应该积极对待，针对问题采取措施，在必然结果下做出良好调整。

2.1 规范住区房屋的交易市场

目前，国内房屋交易市场处于不完善和非均衡状态，必须逐步规范房屋租赁和交易买卖市场。 加强对住区房屋外来使用者的管理，强化居委会、中介公司、税务部门等的管理职能，减少因外来者的增多、更替的频繁带来的种种不安全因素和不规范行为。

2.2 引导住区居民的就业转化

鼓励住区内下岗原居民自谋出路，利用商业化背景积极寻求就业机会；对于住区内部的外来使用者，也要为其就业创造机遇。同时加强有关部门对住区居民就业方向的管理，从整体上把握就业结构的合理性。

2.3 完善住区现有的空间环境

在住区用地功能复合的客观背景下，保证住区内部幼托、菜场等配套服务设施的正常运作以及公共活动空间的不被侵占，满足居民生活的基本需求。

加强住区车辆出入的管理，限制各企业公司集中货运的时段，规范停车秩序和空间，保证住区居民的正常出行。

完善住区物业管理，设置住区休闲活动中心；强化居委会的基层管理职能，增加住区新老居民的交往和联系；提高居民环保意识，切实提高环境质量。

参考书目

蔡熙元. 现代社区发展概论. 中山大学出版社 ， 2001

[美]帕克等 宋峻岭等译 . 城市社会学 . 华夏出版社 ， 1987

张鸿雁 . 城市 空间 人际——中外城市社会发展比较研究 . 东南大学出版社 ， 2003.5

王剑云、应四爱、文旭涛 . 从城市社区的组织管理新模式谈居住区规划结构 . 规划师 ， 2003.7

总结与建议

附录一

本问卷是不记名的，请放心填写。感谢您对南京城市建设和研究做出的贡献。
（本资料"属于私人单项调查资料，非经本人同意不得泄露"《统计法》第三章十四条）

商业化背景下的住区变迁调研问卷———原住民问卷

您的性别________　　年龄________　　职业________

1. 您的职业是否发生过变化
A. 无变化　B. 变化过，以前的职业是________　C. 经常变化

2. 您是否有其他的收入来源（多项选择）
A. 没有　B. 出租房屋　C. 合股分红　D. 餐饮服务　E. 运输服务　F. 维修服务
G. 其他____

3. 您认为住区存在哪些交通问题（多项选择）
A. 来往车辆频　B. 车辆乱停乱放　C. 出行与货流冲突　D. 车辆的噪声，废气带来环境污染
E. 没有什么问题

4. 您的出行是否会与货流产生冲突
A. 经常产生冲突　B. 偶尔产生冲突　C. 没有冲突

5. 您对住区安全秩序的看法（多项选择）
A. 挺好的　B. 管理制度不完善　C. 人员混杂　D. 需增强自我安全意识

6. 您对住区环境不满意的有（多项选择）
A. 卫生环境差　B. 活动设施不齐全　C. 日常生活不方便　D. 噪声，气味污染严重
E. 没有什么不满意的

7. 您感觉住区公共活动空间和以前相比有什么变化（多项选择）
A. 没有什么变化　B. 违章搭建挤占空间　C. 停车场地挤占空间　D. 货物挤占空间

8. 您是否经常参加居委会组织的活动
A. 经常参加　B. 偶尔参加　C. 从不参加　D. 不知道有活动

9. 您或您的家庭与邻居交往的频率和以前相比有什么变化
A. 没有什么变化　B. 减少　C. 增加　D. 没有交往

附录一

附录二

本问卷是不记名的，请放心填写。感谢您对南京城市建设和研究做出的贡献。
（本资料"属于私人单项调查资料，非经本人同意不得泄露"《统计法》第三章十四条）

商业化背景下的住区变迁调研问卷———房屋外来使用者问卷

您的性别________　　年龄________　　职业________

1. 您在此住区的居住时间为
A. 三年以内　B. 三年到五年　C. 五年到十年　D. 十年以上

2. 您从什么地方来到此住区
A. 南京本市　B. 南京市周边地区　C. 周边省　D. 其他

3. 您的住房获得形式为
A. 租赁，每月租金大约为________　B. 买断

4. 您获得住房做何种使用（多项选择）
A. 居住　B. 餐饮服务　C. 维修服务　D. 仓储　E. 个体经营　F. 其他
____

5. 您认为住区存在哪些交通问题（多项选择）
A. 来往车辆频繁　B. 车辆乱停乱放　C. 出行与货流冲突　D. 车辆的噪声，废气带来环境污染
E. 没有什么问题

6. 您对住区安全秩序的看法（多项选择）
A. 挺好的　B. 管理制度不完善　C. 人员混杂　D. 需增强自我安全意识

7. 您对住区环境不满意的有（多项选择）
A. 卫生环境差　B. 活动设施不齐全　C. 日常生活不方便　D. 噪声，气味污染严重
E. 没有什么不满意的

8. 您是否经常参加居委会组织的活动
A. 经常参加　B. 偶尔参加　C. 从不参加　D. 不知道有活动

附录二

附录三

本问卷是不记名的，请放心填写。感谢您对南京城市建设和研究做出的贡献。
（本资料"属于私人单项调查资料，非经本人同意不得泄露"《统计法》第　章十四条）

商业化背景下的住区变迁调研问卷——珠江路科技街经营者问卷

您的性别　　　　　　年龄

1. 您的职业　　A 雇主　　B 雇员

2. 您是外地人吗？　A 是　　B 否
   若您是外地人，您居住在________

3. 您每月的租金大概为________________。

4. 您的货物仓库在哪里？
A 货物存放于店内　　B 在附近居民区租房作为仓库，在　　小区　　C 其它

5. 您主要通过什么方式将货物从仓库运到经营区？
A 雇员搬运　　B 运货板车　　C 三轮车　　D 货车　　E 其它

6. 您的车（特指机动车）主要停放在哪里？
A 没有车　　B 停车场　　C 珠江路科技街支路上的停车位　　D 住区内部道路上　　E 其它

7. 您通常在什么时段进货？
A 凌晨　　B 上午　　C 中午　　D 下午　　E 夜间

8. 您一般在哪里吃午饭？
A 回家　　B 附近品牌店　　C 附近一般饭店　　D 流动摊位　　E 其它

9. 您在此开店有多久了？
A 三年以内　　B 三年到五年　　C 五年到十年　　D 十年以上

10. 您对珠江路沿街小区的治安有何看法？
A 很好　　B 好　　C 一般　　D 差　　E 很差

附录三

附录四

居委会访谈记录

问：你们居委会主要管理社区的哪些方面呢？
答：我们居委会的管理主要集中在以下几个方面：卫生、计生、双拥、协同治安、民事纠纷和思想教育这些方面。比如协调邻里关系，同民警一起管理不法商贩，还有对外来人员的登记管理。

问：那珠江路科技街的建立对你们这个地区有什么影响？
答：最直接的影响就是房价上涨，而且上涨幅度较都大。现在小区居民楼的一层二层都作为门面房租或卖出去了，建成仓库、门市部或是小吃部。原因一是这里环境差，二是利益巨大。现在临街的底层居民楼出租率超过90%。这些居民有的搬到别处重新购房，还有的只出租一间或半间，与租房者共挤在现有住房里。

问：从什么时候起，住区内的外来人员开始增多的？
答：在1996年之前，是根本就没有外来人员的，因为那是房屋的产权属于玄武区房产经营公司，居民拥有使用权。96年之后，居民可以获得产权了，从那时候开始，才出现了房屋租赁的现象。到了1999年，南京举行了三城会，从那之后，住区内的外来人员数量明显增加。到现在，可能已经快一半了。

问：你们在管理工作中有没有遇到什么困难？
答：困难很多。第一：我们的卫生虽然有保洁员负责，并且每栋楼都配有保洁员，但因为住区的闲杂人员比较多，运货的车辆进出等原因，保洁员的工作负担很大，往往无法及时清扫。第二：对于随意出入住区的运货车辆，我们实在无力管理，因为居民已经把房子都买下来了，他们把自己的房屋或租或卖给外面的人，是他们的私事。若是作为仓库，住区的道路就自然就成为他们的公共通道。第三：若是作为小吃店，他们在住区内洗菜加工，我们都无权干涉，但是他们不注意污水、垃圾的排放，真的对住区的环境有很大影响。还有最重要的一点：住区内的外来人员都逃避我们居委会和民警，害怕登记和缴税。每次我们进行流动人口登记和租房登记时，都要一家一家上门去询问，有的他们做生意白天不在家，我们要跑好几趟才能找到。这为我们的工作增加了很大额外的负担。

问：请问你们这里的居民对这里的生活满意吗？
答：都不满意。大家普遍反映居住质量不及过去。这里的许多居民在没有拆迁之前也住在这里，在这里生活有四十年了，普遍觉得现在的环境还没有过去的好。一是环境变差了。楼下的小饮食店油烟直接向上排放，居民不能晾晒，甚至不能开窗；来往的货运车辆噪声扰民 ，居民休息 ，受到影响 。二是治安 没有保障，闲杂人等太多，以前大家 夜不闭户都很放心 ，现在完全不行了，盗窃现象也比以前严重了。所以现在的许多 居民 都不想住在这里，想搬家。

附录四

二等奖

U rban Planning

调研报告 2005

目　　录

1

院校：北京大学环境学院城市与区域规划系　　指导教师：汪芳、吕斌　　学生：姜珊、宋楠、胡莹

[摘　要]

本调查聚焦什刹海地区近三年形成的酒吧一条街现象，通过对当地居民、游客、酒吧经营者和消费者等四个利益主体展开调研，从多角度回答了酒吧在什刹海地区的兴起原因及其演变轨迹，并探究了酒吧对什刹海地区形象转变、服务半径升级、地区经济繁荣等方面的影响。对不同利益主体的关注也帮助调研者发现了酒吧进入历史文化街区所产生的社会问题和解决途径。基于调研结果，本文最后给出了相关规划管理的建议，指出什刹海酒吧街这一现象，反映了当代历史文化街区普遍面临的流行文化与传统文化冲突与融合的新挑战。

[关键词]

酒吧　什刹海　历史文化街区　流行文化　传统文化

2

一、调研背景及目的

清晨：在氤氲的曙色中，什刹海的河沿上已经热闹起来，有慢跑的、晨练的、吊嗓子唱戏的、卖早点的……时不时听见“吃了吗？”“您干吗去？”这样地道京味儿的问候。

白昼：醇亲王府，恭亲王府花园，宋庆龄、郭沫若、梅兰芳等名人故居门前人头攒动，一队队三轮车载着游客穿梭在18条曲折幽深的胡同中，

黄昏：胡同里孩子们的欢声笑语，老人们为一步棋吵得面红耳赤，甜蜜的恋人划着船自海里悠游而过，百年老字号的餐馆高朋满座。

入夜：什刹海周遭平添了无数的红灯绿酒、歌舞升平，高谈阔论，北京城内最灵动的一汪碧水，照亮了银锭桥畔的不夜天！

什刹海历史保护街区，位于北京故宫以北，如同繁华都市中的一片绿洲。多年前，这里还仅是一个吸引着公园游客、周末垂钓者以及冬季滑雪者的湖边街区。而今，新潮餐馆、酒吧、特色服饰的小店已在这一片昔日的皇家湖区生根发芽。在最近短短的三年里，环什刹海形成了酒吧一条街的文化现象，引起了多方群体的广泛关注，对其评价更是众说纷纭、褒贬不一。

> “从建设性的角度看，什刹海酒吧街的形成是件好事。首先，在政府没有任何投入的情况下，纯粹依靠市场需求的驱动，逐步形成了这么一条街，正好为保护区的开发探索了一条新路子”，北京市西城区旅游局长王建平如是说。
>
> “在我看来，无论什刹海将来如何发展，它千万别丢失了其充满野趣的个性。我不是说反对建酒吧、茶肆、餐馆，这要看在什么地方建，如果在像王府井、西单等这样的商业区建，大家尚可接受，但如果建在什刹海，这显然是错位了。”著名作家刘心武这样评论。
>
> “瞧着吧，长不了！” 这是当地部分老居民的声音。
>
> “只要合理开发酒吧文化，酒香不会掩盖住老北京的味道。”自小在什刹海边胡同里长大的年轻人充满了信心。
>
> “这里近水，而且也没有三里屯那样的嘈杂，旁边还有那么多的古树和胡同，来这里喝酒是假，换心情才是真，酒吧装潢也有传统特色，也算是时尚和北京历史风貌很好的结合吧。” 一位常来什刹海泡吧的付先生吐露出心声。

作为城市规划专业的学生，我们意识到，在这一系列关于酒吧进入什刹海地区的讨论背后，隐含了历史文化街区在新时期保护与发展的过程中面临的机遇与挑战，即现代流行文化进入历史街区与当地文化的融合、冲突与影响。我们希望通过扎实的调研，理性而清晰地把现代流行文化在历史街区中的意义从“骂声”与“赞扬声”中剥离出来，为观者讲述一个古老历史街区在当代发展与再生的故事。

3

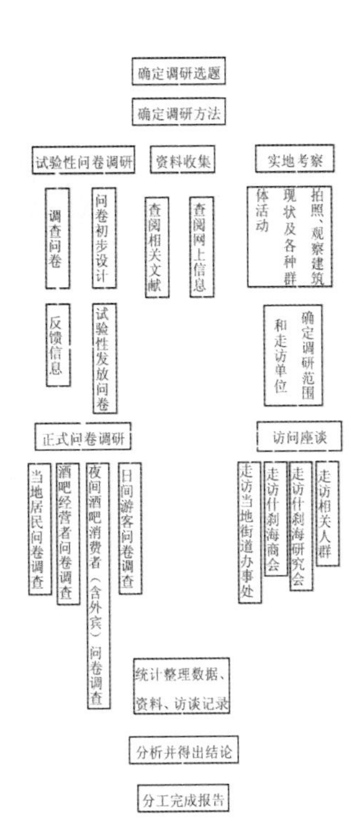

二、 调研思路及方法

本次调研主要采取资料收集、实地考察、问卷调查、访问座谈四种方法。

资料收集主要通过阅读关于社会调查方法，对历史文化街区保护与发展以及什刹海地区历史、地理、人口、经济、社会等方面的文献。实地考察主要是通过绘草图、摄影、笔记等形式记录什刹海地区近三年的格局变化及现状。问卷调查针对不同利益主体进行全方位考察。我们针对什刹海地区四类不同主体（包括日间游客、夜间酒吧消费者〈含外宾〉、当地居民、酒吧经营者），设计了不同问卷。共回收有效问卷 398 份，其中酒吧消费者 63 份，酒吧外国消费者 19 份，居民 182 份，日间游客 110 份，酒吧经营者 24 份。访问座谈的对象除了包括问卷调查所涉及的四类主体外，还涉及什刹海地区街道办事处、什刹海商会、什刹海研究会等部门。通过访谈的形式，我们对什刹海地区的现状及酒吧有了较深入的认识。

三、 调查结果分析

1. 聚焦酒吧

A. 缘起

“酒吧为什么会在这片看似与流行文化格格不入的传统街区繁荣起来？” 是我们关注的第一个问题。笔者认为，酒吧作为一种休闲娱乐产品和服务，一定服从市场经济条件下的供给需求规律，有必要从供给和需求两个方面寻找答案。

表 1

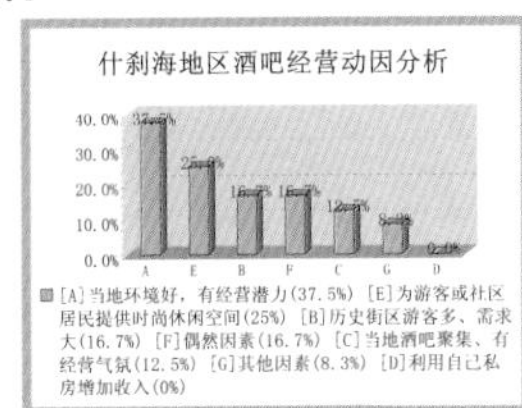

从酒吧经营者来看，什刹海地区在北京难得的优美环境自然是经营者最看好的一点。其次，虽然什刹海地区环境宜人，但缺乏能够停留的休闲空间，经营者认为酒吧的进入有较大的发展空间。同时，什刹海历史街区人气旺，为酒吧的繁荣提供了富有潜力的市场。（详见表1）。

从酒吧消费者来看，认为北京缺乏适合自己休闲娱乐场所的消费者占49.2%，可见随着人民生活水平的提高，高质量休闲娱乐场所已供不应求；一旦能够满足人们休闲交流的非正式空间被开辟出来，人们便“蜂拥而至”。

表 2

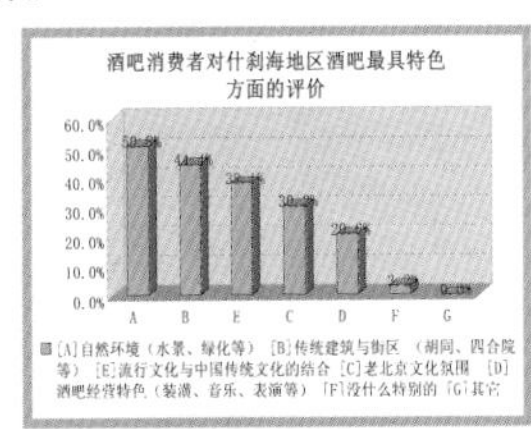

此外，泡吧者造访什刹海而非其它地方的酒吧原因何在？我们的调查显示，对于中外泡吧者，什刹海地区酒吧最具吸引力的因素依次是：“优美的自然环境”、“传统建筑与街区的存在”、“流行文化与中国传统文化的结合”、“老北京的文化氛围”，而“酒吧的经营特色”排在最后（详见表2、表3）。可见，消费者需要的是一种高文化品味、环境宜人的休闲交流空间，并非酒吧这种外来事物的原始特征，酒吧只是迎合消费者这种要求的具体形态。

我们可以看到：随着生活水平的提高，北京高品质休闲娱乐空间的匮乏导致其巨大的潜在市场。越来越多的人们需要什刹海地区这样拥有宜人自然环境和传统文化氛围的地方出现停留性的休闲交流场所，什刹海地区的酒吧恰恰满足了人们这种需求，在市场经济条件下，商家敏锐的嗅觉和迅速的行动飞快缩小了供给与需求之间的差距。

表 3

B. 演变

目前对酒吧进行专门研究的理论著作不多，普遍认为由于其高消费特征和外来文化特征，酒吧仍只属于少数人的休闲空间，与普通大众的日常生活保持着一定的距离。酒吧作为一种高消费的场所、炫耀性消费的舞台，与本地的日常生活保持距离，是区别身份地位与趣味的空间（包亚明等，2001）。

表 4

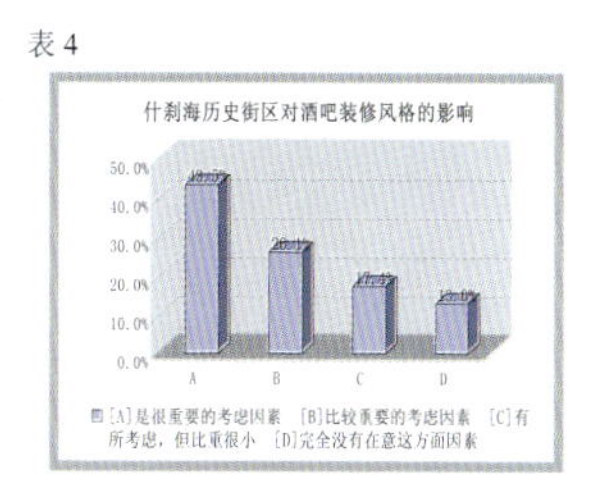

回顾什刹海的历史，自清末漕运不能进入此地之后，什刹海周围一带逐渐形成京城里最具大众性特色的消夏、游玩场所之一。“人民性”也因此成为什刹海不同于其他旅游景区的最大特色（费孝通，2002）。

由此产生的一个有趣的问题是：酒吧作为“少数人休闲场所”的外来流行文化，进入到什刹海这样一个具有“人民性”的传统历史文化街区之后，是“特立独行”还是“入乡随俗”？对于这一问题，我们从多角度进行了调研。

首先我们从酒吧本身的建筑装饰入手，因为建筑形态历来是文化的话语元素。

表 5

在什刹海地区我们明显可以看到，许多酒吧不论建筑立面还是内部装潢，都表现了向中国传统建筑风格靠拢的意图。比如“锯古斋”屋里不仅挂着老北京胡同的油画，还陈列了新木旧做的老式梳妆匣；“香草吧”的亭子间，很有情调的摆放着木桌、木椅、和卷了角的《纳兰词》；进入“左岸左岸”要先穿过竹林掩映的小院……调研结果也显示，绝大部分经营者在装修酒吧时会重点考虑当地原有的建筑风格，力求协调一致（详见表4）。

然而经营者意愿的表达，却并非能够得到所有人群的认可。认为酒吧的建筑风格与什刹海原有建筑风格比较协调的日间游客居多；但当地居民多持反面意见。由于缺乏地区内的整体规划与设计，那些完全靠经营者偏好装饰的小酒吧，成为负面意见的始作俑者（详见表5、表6）。

表 6

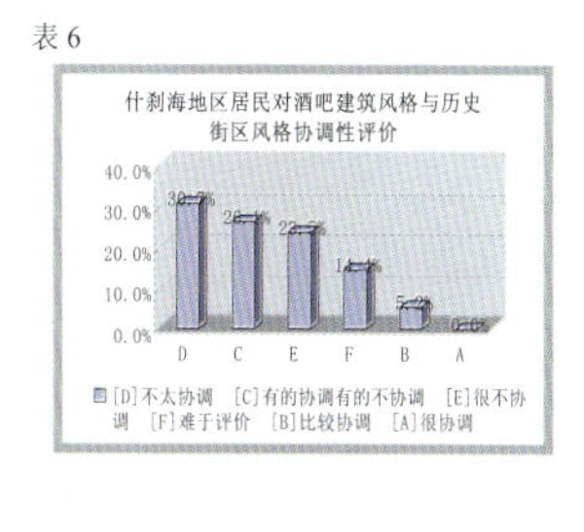

接着，我们从泡吧者入手，探究什刹海酒吧深层的文化气质。

表 7

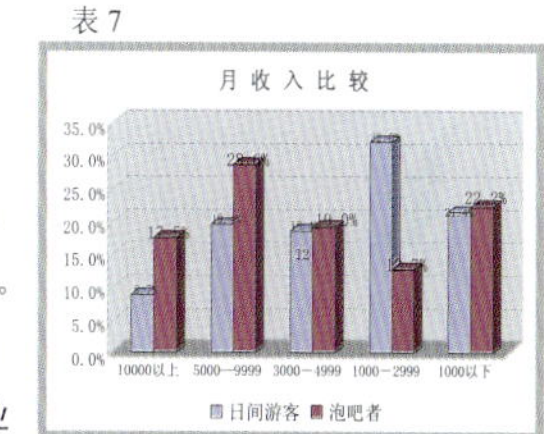

从收入水平来看，泡吧者的收入差别并不明显。通过日间游客与泡吧者的比较，也没有发现“泡吧族”的收入明显高于日间游客（见表7）。从职业来看，泡吧者从事的行业五花八门。其中被认为是“白领”阶层的经理人员和专业技术人员所占比例不到40%，而学生达到14.29%，商业

6

表 8

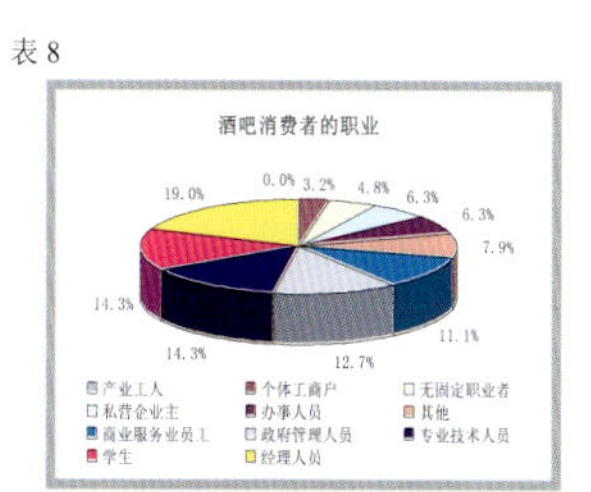

服务业人员的比重达到11.11%（见表8）。从光顾酒吧人群的自我认同来看，47.62%的人认为光顾什刹海酒吧的主体人群是“既有一定经济实力，又有一定文化修养的人”。而认同“有一定经济实力的人”与“普通大众”的比例都达到了22.22%（见表9）。这些结果证明，什刹海地区的酒吧已经不再是少数人高消费的场所，它为不同阶层、不同收入的人提供了休闲空间。什刹海酒吧赋予泡吧者的不是有钱人和外来文化的标签，而是中国传统的文化内涵。

表 9

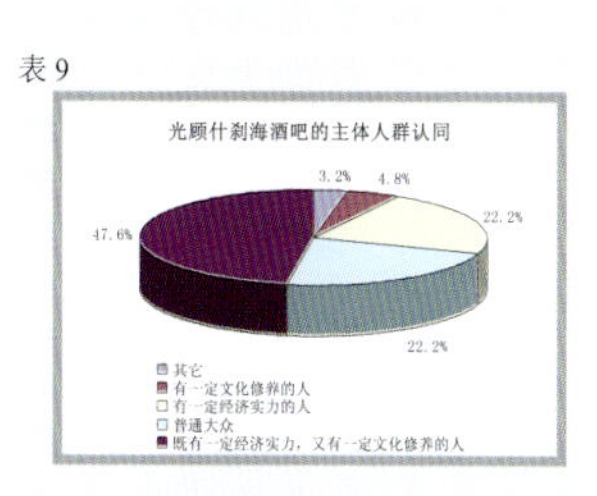

综合上述相关问题可以看出，什刹海地区的酒吧已有明显的本地化趋势。为迎合消费者的口味，酒吧无论从建筑风格还是文化氛围上都被既具特色的中国传统所同化。什刹海地区的酒吧不再是脱离大众的身份和地位的象征，而是已经融入了当地原有的“人民性”，渐渐演化成一种介于私密和公共之间的可停留性交往场所，成为什刹海地区公共活动空间的重要组成部分。

2. 关注传统历史街区

在关注酒吧之后，我们把焦点对准历史文化街区，看看“酒吧到底是什刹海这位温婉纯净的女儿的眉心一点朱砂痣，还是面庞两笔俗脂粉”。

A. 当地吸引力与活力的增加

表 10

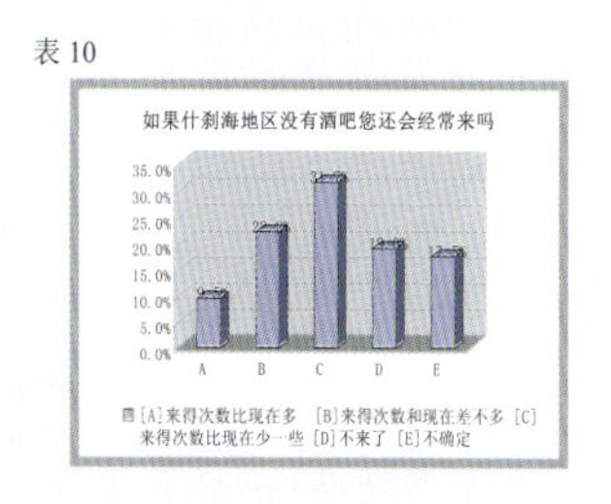

对于日间游客，“酒吧、餐饮等休闲娱乐活动”是仅次于“优美的自然环境”与“传统建筑、街区”的吸引因素。41.7%的人认为“酒吧的存在一定程度吸引了他们的到来”，50.5%认为“酒吧的存在增加了地区的吸引力与活力”。

7

表 11

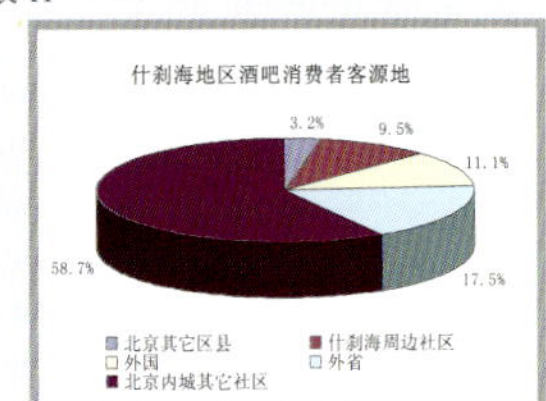

对于酒吧消费者，58.7%的人认同“酒吧的存在增加了地区的吸引力与活力”；绝大多数人认为什刹海地区酒吧最具吸引力的因素在于“流行文化与传统文化的结合”。对于“假设酒吧不再存在于什刹海历史街区，您（酒吧消费者）是否还会来该地区游览”这一问题，31.7%的人回答“来得次数会比现在少”，19.0%回答“将不来了”（见表10）。

显而易见，酒吧作为现代流行文化元素的进入，增加了什刹海地区的吸引力，是促进历史街区活力和人气的重要因素。

B. 服务人群、服务功能与服务半径的升级

表 12

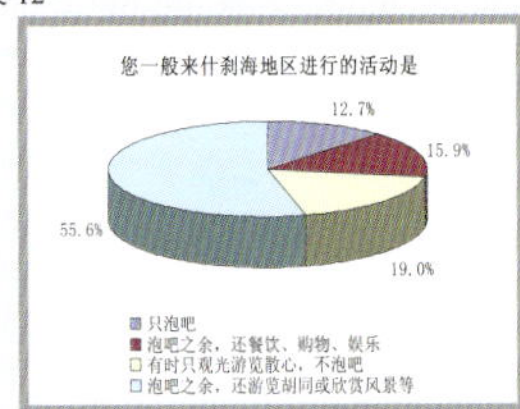

从酒吧客源地来看，什刹海本地消费者仅有9.52%（见表11）。酒吧的进入使什刹海地区从原来主要为周边居民服务的景区成为为整个城市及各地游客服务的场所。当消费者被问到“一般来什刹海地区进行何种活动”时，大多数人“在泡吧之余，还游览胡同、欣赏风景、餐饮、购物”，“只泡吧”的比例最少只占12.7%，因而单纯以泡吧为目的来到什刹海地区的消费者是少数（见表12）。

可见，酒吧作为一种休闲交流的“停留性”空间与什刹海地区原有的“观赏性”景观构成了互补而非替代关系，成为人们游览历史文化街区之余又一乐趣所在。

C. 地区经济的发展

表 13

	带动了地区旅游业的发展
日间游客	57.8
酒吧消费者	52.4
酒吧经营者	58.3
当地居民	40.7

首先，酒吧经营者所缴的税款直接增加了当地的财政收入。其次，酒吧的经营间接带动了地区其他服务业的发展。在酒吧数量增长最快的2004年，第一季度西城区旅游业纳税额达到512万元，占区级财政收入的0.5%。第三季度缴纳区级税收2.7亿元，占财政收入的9.3%。从我们的调研结果来看，日间游客、酒吧消费者、酒吧经营者以及当地居民，大部分人也认同这一点（见表13）。毋庸置疑，酒吧的进入带动了当地经济的发展。

8

D. 当地出现的问题

表 14

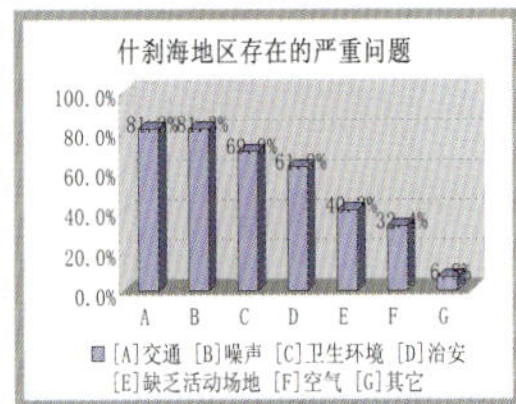

酒吧进入历史街区让人头痛的问题也不少。比如，泡吧者带来的机动化交通与原先狭窄的道路空间（尤其是胡同）产生了较为突显的矛盾；酒吧的音乐、歌舞表演产生噪声给当地居民生活造成相当的干扰；当地环境卫生和治安问题也较往日更加突出，表14反映了游客对当地存在问题的评价。

综上可以看到：虽然酒吧依靠什刹海的环境“发迹”，但酒吧并不“过河拆桥”。酒吧的进入增加了地区的吸引力，扩大了地区的服务半径，带动了地方经济增长，使什刹海地区摆脱了历史文化街区无人问津或依靠政府财政勉强度日的命运，反而焕发出勃勃的生机和活力，赢得了更多人的钟爱及自身发展的资金。但由于规划管理滞后等原因，也给地区的风貌、交通、治安、环境等方面造成压力，使什刹海的魅力有所“变味”。

什刹海酒吧自律协会会长汪晓红说道：“其实大家都明白，喜欢到这儿泡吧的人是冲着什刹海来的。每个到这来创业的老板都抱着不同的心态，有的因为喜欢这的环境和深厚的文化底蕴，有的是纯粹来淘金的。所以，他们经营酒吧的定位和理念也不尽相同。早期开张的酒吧体现了静美温馨的气氛，毫不张扬，与什刹海的大环境非常协调，可后来的个别酒吧则迎合了一些消费者的低俗取向，掷骰子、赌博等不良行为露头了，唱卡拉OK、放迪曲的闹吧也出来了。

3. 关注利益主体

在了解酒吧和历史文化街区的演化之后，我们开始关注什刹海地区的各个利益主体，在轰轰烈烈的酒吧大繁荣中，“谁受益，谁受害，他们是‘水火不容’还是可以‘互惠互利’？”

A. 聚焦经营者

酒吧经营者绝大部分不是什刹海地区的原住民，灵敏的商业嗅觉使他们不约而同进入了这块“风水宝地”，一半以上是租用当地居民的私房经营酒吧。酒吧规模有大有小，但资金回报率很高。他们也认识到酒吧扰民的问题，并认为居住区是历史街区内独特而不可或缺的风景，是吸引游客观光的重要因素之一。所以，从酒吧经营的角度考虑，他们也不愿激化与当地居民的矛盾（见表 15）。

9

某酒吧老板这样说：“什刹海是北京市的一个亮点，是西城区的聚宝盆，是老百姓共有的财富，作为酒吧经营者，我们不只想赚钱，更希望酒吧街能为什刹海添彩。”

表 15

酒吧经营者关于如何解决经营活动带来干扰的意见

100.0%
80.0%
60.0%
40.0%
20.0%
0.0%
A B C D

[A]自觉降低经营活动中对居民的干扰，达到多方协商的标准 [B]按政府相关规定，对受干扰居民进行经济补偿 [C]只希望由政府管理部门管制罚款 [D]搬出该地区，到其它非居住区地区经营

表 16

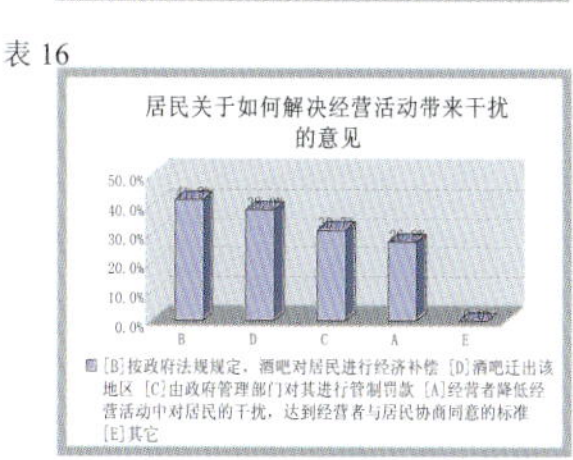

某居民说：“人多就乱，喝醉酒撒酒疯的，半夜使劲揿车喇叭的，往湖里扔酒瓶子的……什么人都有！”

什刹海地区在04年成立了什刹海酒吧自律协会——完全由酒吧经营者自发成立，目前有40多家酒吧自愿加入了自律协会，说明至少这些经营者就酒吧目前的危机意识和将来的经营理念达成了共识。这一点从协会初步拟定的章程中不难看出：会员应引导客人的消费品味，保护什刹海的文化韵味；积极参与政府部门的文化、旅游、民俗活动；不定期地探讨经营思路，提高从业人员的文化素养等。

有头脑的酒吧经营者已经意识到：那些与什刹海环境格格不入的内在垢病是眼前的繁华掩饰不住的，如果任其发展下去，什刹海酒吧恐怕很难再有明天。

B.聚焦居民

通过调研，我们发现酒吧对居民的影响不能一概而论。受益与否取决于他们是否参与到酒吧房屋租售或相关服务业中。

将私房租售给酒吧或相关行业经营者的居民一般能得到不薄的收入；还有一些居民选择自己经营小商店，销售旅游纪念品、食品等方式也改善了收入水平。但是，大多数人并没有在酒吧繁荣的过程中得到就业机会。酒吧的存在虽然增加了更多就业岗位，但是它更多吸纳了其它地区具有一定教育程度的年轻劳动力。当地无业居民大多年纪较大，教育程度不高，并不符合经营者的要求。

那么，当地居民的生活又有怎样的变化呢？——大部分居民没有光顾过当地的酒吧，甚至也从不打算去，他们认为酒吧影响了他们的正常生活，占据了他们的活动空间，破坏了当地的卫生治安环境和原本安谧的氛围。一半以上的居民对什刹海目前的居住环境表示满意，他们也认为居住区的存在是历史文化街区不可或缺的风景，增加了当地的老北京文化氛围和人气。

从居民的态度我们可以看出，他们对什刹海地区有很深的感情和自我认同，即使酒吧的经营影响他们的生

10

某居民说：“北京再也找不到像什刹海这样水多树多，街坊邻居好，生活自在的地方了。”

表 17

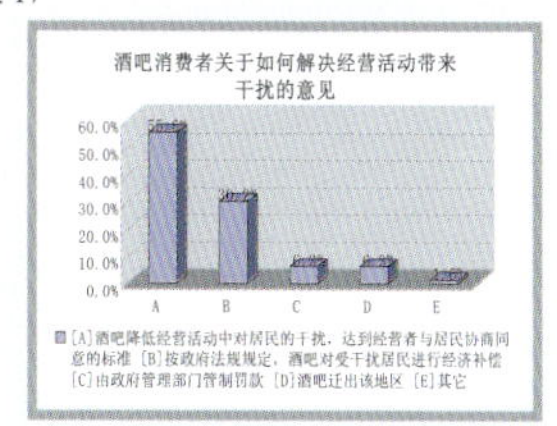

泡吧者李某：“在这里‘酒吧之意不在酒’，酒只是一种背景，文化才是主题。”

泡吧者闫某：“酒吧虽是娱乐场所，但音乐与酒以及装饰艺术赋予它一定的文化内涵，这其中包含着人文的关怀，是酒吧超于一般娱乐，而别有存在的另一层意义。”

泡吧者徐某：“什刹海可千万不要搞成收门票的公园，就像皇城根遗址花园那样，让平民百姓自由活动休闲。酒吧挺好的，但最好是‘静吧’。”

活也并不迫切的想要搬迁。他们认为酒吧这么火的生意是历史文化街区和当地老百姓的功劳，但是受益的却是经营者，居民不但没有受益，利益的侵害也没有令他们满意的补偿（见表16）。

C.聚焦泡吧者

泡吧者身份收入参差不齐，一个共同之处就是喜欢很放松又有情调的休闲方式，什刹海一带碧水环绕、绿树浓阴的优美环境和古朴醇厚的人文气息恰恰满足了这一点。他们也认为当地的居民是这种文化氛围的重要载体。

泡吧者对于什刹海酒吧赞许有加，他们不愿意什刹海成为“木乃伊”式死气沉沉的保护区，旺盛的人气、当地居民的老北京生活气息都是当地的宝贵之处。

综上可知：酒吧经营者、泡吧者和部分居民是酒吧进入的受益者，而大部分无力参与到酒吧经营和相关服务业中的居民的生活受到干扰（见表 17）。

四、 结语：历史街区的酒吧，何去何从？

1. 文脉

通过本次调研，我们发现：如果能够合理规划管理，什刹海地区那市井的喜气可与飘香的红酒相安无事，古老的院落也可与时尚的潮流各得其所。因此，针对什刹海地区酒吧发展的未来之路，我们提出了以下几点规划建议：

11

A. 引导当地酒吧经营向“静吧”转变

在人们的心目中，什刹海最迷人的地方始终是“小桥流水人家”的氛围，即使是泡吧者也喜欢“雅”和“静”的环境，而非吵闹噪乱。将酒吧向“静吧”的经营模式引导，既符合消费者的需要，又能从根本上解决噪声扰民对当地社区带来的影响，可谓是“多赢”的途径。

B. 对酒吧的建筑风格进行统一规划设计

什刹海街区完整展现了老北京传统建筑、胡同、街区与人民生活的原本风貌，而酒吧的进入，目前在一定程度上影响了历史街区的风貌。有必要对该地区的酒吧进行统一的规划与设计指导，协调好它与周边街区的建筑风格。唯有此，该地区才能保持旺盛的吸引力，酒吧也才能得到长远的发展。

C. 在规划管理中引入并重视“公众参与”

从我们的调查中看到，各方利益主体都十分认同当地居民存在的意义与价值。因而，我们必须协调酒吧经营对当地居民生活的干扰。其中最为柔和、积极的途径，便是搭建居民与当地酒吧经营者之间意见沟通与交换的平台，以供双方协商达成解决问题的统一意见。倾听居民的意见不能只走形式，需要落实到什刹海地区具体的管理制度中，让公众居民的声音硬朗起来。

D. 受益人群对受害人群进行补偿

当地居民是什刹海文化氛围的缔造者，酒吧则是这一文化氛围的受益者。在历史街区中受益的酒吧，对受到干扰的当地居民进行经济补偿，在《中华人民共和国环境法》所明确规定的范围之内，既合情又合法。同时这一措施也是我们调查中，居民、消费者、日间游客等主体普遍认同的做法。

12

2. 展望

2008年奥运在即，什刹海地区作为集中体现古都北京风貌的旅游景区，载满了国人无限的希望。是的，我们理想中新世纪的老街区——什刹海，应该是古朴而不古板的、鲜活生动而非死气沉沉的、既可远观又可亲近。我们希望通过合理有效的规划管理途径以及所有市民的共同参与和努力，让她向全世界人民展示有五千年历史的文明国度在新世纪实现伟大复兴——传统、开放、和谐的新图景！

五、参考文献

1、包亚明等，《上海酒吧：空间、消费与想象》，南京：江苏人民出版社，2001
2、陆扬 路瑜，大众文化研究在中国，天津社会科学，2003年第6期

六、附录：调查问卷样本

13

什刹海历史文化街区（日间）游客调查

尊敬的先生/女士：您好！

我们是来自某大学某学院的学生，正在进行社会调研，主题是关于现代流行文化进入历史文化街区对当地的保护与发展以及整个都市的意义。我们热诚的邀请您共同参与。我们保证，所有数据仅用于调研报告的写作。您只需将您的选择，在字母上画“√”即可！再次感谢您的大力支持与协助！

1. 您来过什刹海几次:[A]第一次 [B]偶尔 [C]经常 您以后是否还愿意再来？[A]是 [B]否 [C]说不准
2. 是什么因素吸引您到什刹海地区观光游览？（请至多选择三项）
   [A]自然环境（水景、绿化等） [B]传统建筑与街区 （胡同、四合院等）
   [C]老北京居民风俗习惯（黄包车、居民生活场景等） [D]休闲娱乐（酒吧、餐馆、特色商店等）
3. 您到这里进行的活动有（可多选）:
   [A]欣赏风景 [B]游览胡同、参观名胜 [C]泡吧 [D]健身锻炼、休闲 [E]购物 [F]其它________
4. 您认为什刹海居住区的存在对于该地历史街区保护区的意义与价值在于?
   [A]是历史街区内独特而不可或缺的风景，是吸引游客观光的重要因素之一 [B]增加了地区浓郁的老北京生活气息，使整个地区更有人气 [C]可有可无 [D]没有特殊意义 [E]完全没意义
5. 您认为什刹海周边的酒吧等商业的建筑风格是否与该地区的整体风貌相协调?
   [A]很协调 [B]比较协调 [C]有的协调有的不协调 [D]不太协调 [E]很不协调 [F]难于评价
6. 您认为酒吧这种时尚文化与什刹海这样的历史街区融合而给历史街区带来相当的活力是否合适?
   [A] 很合适 [B]比较合适 [C]没感觉 [D]不太合适 [E] 很不合适
7. 酒吧在该地区的存在与否是否会影响什刹海地区对您的吸引力?
   [A]影响很大，酒吧的存在吸引您的到来 [B]有一定的影响，酒吧的存在一定程度吸引了您 [C] 基本没有影响 [D] 有一定负面影响，酒吧存在干扰了您的活动，来得次数减少了 [E] 负面影响很大，以后不打算来了
8. 请您客观综合的评价，酒吧等商业发展给什刹海历史街区带来了哪些影响？（可多选）
   [A] 增加了地区活力和吸引力 [B] 带动了地区旅游业的发展 [C] 增加了部分居民的经济收入 [D] 为当地居民创造了就业机会 [E] 为中产阶级提供了时尚休闲场所 [F] 为普通大众提供了停留性交流空间 [G] 一定程度影响了部分居民的正常生活 [H] 一定程度占据了市民公共活动的部分空间 [I] 一定程度破坏了历史街区的风貌 [J]一定程度破坏了当地的环境治安等 [K]其它（请注明）__________
9. 请您综合地区与城市的利益，客观的评价酒吧等商业的进入对于历史街区保护和发展的影响
   [A] 正面意义大于负面意义 [B] 正面意义与负面意义参半 [C] 负面意义大于正面意义 [D] 难于评价
10. 您对于什刹海历史街区的保护与发展有哪些理解与建议?
    [A] 应保护历史原貌，限制商业、旅游、服务业发展 [B] 应保护历史原貌，适当发展商业、旅游、服务业 [C] 小规模搬迁住户，增加商业、旅游、服务业规模 [D] 大规模搬迁住户，扩大商业、旅游、服务业规模
11. 您对什刹海地区的整体评价是：[A] 很满意 [B]比较满意 [C]没感觉 [D]不太满意 [E] 很不满意
12. 您认为什刹海地区哪些方面有待改进？（请至多选三项）__________________________
    [A]交通 [B]噪声 [C]卫生环境 [D]治安 [E]缺乏活动场地 [F]空气 [G]其它___________________
13. 您来自：[A]什刹海周边社区 [B]北京内城其它社区 [C]北京其它区县 [D]外省 [E]外国
14. 您的年龄是：[A] 20 岁以下 [B] 20-25 岁 [C] 25-35 岁 [D] 35-50 岁 [E] 50 以上
15. 您的月收入大约在：[A] 10000 以上 [B] 5000—9999 元 [C]3000－4999 元 [D] 1000－2999 元 [E] 1000 元以下

什刹海历史街区酒吧消费者调查

尊敬的先生/女士：您好！

我们是来自某大学某学院的学生，正在进行社会调研，主题是关于现代流行文化进入历史文化街区对当地的保护与发展以及整个都市的意义。我们热诚的邀请您共同参与。我们保证，所有数据仅用于调研报告的写作。您只需将您的选择，在字母上画“√”即可！再次感谢您的大力支持与协助！

1. 您来什刹海泡吧的频率是：[A]第一次　[B]偶尔　[C]经常
2. 您认为北京目前适合您的休闲、交流场所是否充足?
   [A] 很缺乏　[B]比较缺乏　[C]没感觉　[D]较充足　[E]很充足
3. 您一般来什刹海地区进行的活动有（可多选）：
   [A]只泡吧　[B]泡吧之余，还游览胡同或欣赏风景等
   [C]泡吧之余，还餐饮、购物、娱乐　[D]有时只观光游览散心，不泡吧
4. 如果什刹海地区没有酒吧，您还会经常来此地吗？
   [A]来得次数比现在多　[B]来得次数和现在差不多
   [C]来得次数比现在少一些　[D]不来了　[E]不确定
5. 您认为什刹海地区的酒吧最具特色的是：(请至多选择三项)
   [A]自然环境（水景、绿化等）　[B]传统建筑与街区　（胡同、四合院等）
   [C]老北京文化氛围　[D]酒吧经营特色（装潢、音乐、表演等）
   [E]流行文化与中国传统文化的结合　[F]没什么特别的　[G]其它__________
6. 您对什刹海地区的整体评价是：
   [A] 很满意　[B]比较满意　[C]没感觉　[D]不太满意　[E] 很不满意
   您认为哪方面有待改进（可多选）：
   [A]交通　[B]噪声　[C]卫生环境　[D]治安　[E]水质　[F]空气　[G]其它
7. 请您综合客观的评价，酒吧等商业发展给什刹海地区带来了哪些影响？（可多选）
   [A]增加了地区活力和吸引力　[B] 一定程度破坏了历史街区的风貌
   [C]带动了地区旅游业的发展　[D] 一定程度破坏了当地的环境治安等
   [E]增加了部分居民的经济收入　[F] 一定程度影响了部分居民的正常生活
   [G]为中产阶级提供了时尚休闲场所　[H] 一定程度占据了市民公共活动的部分空间
   [I]为普通大众提供了停留性交流空间　[J] 为当地居民创造了就业机会
   [K]其它________________
8. 结合上题，请您综合客观的评价酒吧等商业的进入对于历史街区保护和发展的影响：
   [A]正面意义大于负面意义　[B]正面意义与负面意义参半
   [C]负面意义大于正面意义　[D]难于评价
9. 您认为什刹海居住区的存在对于该地历史街区保护区的意义与价值在于?
   [A]是历史街区内独特而不可或缺的风景，是吸引游客观光的重要因素之一

[B]增加了地区浓郁的老北京生活气息，使整个地区更有人气

[C]可有可无　[D]没有特殊意义　[E]完全没意义

10. 如果酒吧的经营活动对当地居民造成了干扰，您认为通过什么样的途径解决更合适？

[A]酒吧降低经营活动中对居民的干扰，达到经营者与居民协商同意的标准

[B]按政府法规规定，酒吧对受干扰居民进行经济补偿

[C]由政府管理部门管制罚款

[D]酒吧迁出该地区

[E]其它________________

11. 您对于什刹海历史文化街区的保护与发展有哪些理解与建议？

[A]保护历史原貌，限制商业、旅游、服务业发展

[B]保护历史原貌，适当发展商业、旅游、服务业

[C]小规模搬迁住户，增加商业、旅游、服务业规模

[D]大规模搬迁住户，扩大商业、旅游、服务业规模

12. 您认为光顾什刹海酒吧的主体人群是：

[A]有一定经济实力的人　[B]有一定文化修养的人

[C]既有一定经济实力，又有一定文化修养的人　[D]普通大众

[E]其他______________

1. 您来自：

[A]什刹海周边社区　[B]北京内城其它社区　[C]北京其它区县　[D]外省　[E]外国

2. 您的年龄是：

[A] 20岁以下　[B] 20—25岁　[C] 25—35岁　[D] 35—50岁　[E] 50以上

3. 您的教育程度：

[A]初中以下　[B]高中（中专）　[C]大学专　[D]大学本科　[E]硕士　[F]博士

4. 您的月收入为：

[A] 10000以上　[B] 5000—9999元　[C]3000－4999元　[D] 1000－2999元　[E] 1000元以下

5. 您的职业是：

[A]政府管理人员　[B]经理人员　[C]私营企业主　[D]专业技术人员　[E]办事人员　[F]个体工商户　[G]商业服务业员工　[H]产业工人　[I]无固定职业者　[J]学生　[K]其他_____

Shichahai Historical District Preservation Survey

Dear Sir or Madam:

We are college students from School of XXXX, XXXX University. We are now doing a survey, which is aimed to investigate the impact of trendy restaurants, bars and boutiques on the preservation and development of the Shichahai Historical District. We warmly invited you to participate in our survey. *You only need to print "√ " on the appropriate option or options to each question.* THANK YOU VERY MUCH FOR YOUR TIME & PARTACIPATION!

1. How often do you come to the bars around Shichahai Lake?

[A] Once in a while　　[B] Sometimes　　[C] Often

2. What do you usually do around Shichahai Lake?

[A] Only stay in bars　　[B] Besides staying in bars, also visit *hutongs*

[C] Besides staying in bars also shopping　　[D] Sometimes only visit *hutongs or courtyards*

3. If there were no bars or restaurants around Houhai Lake, would you still like to come?

[A] Yes, I even will come here more often.　　[B] Yes, I will still come here, but less than before

[C] I will come here as much as before　　[D] No, I don't think I will come here again

[E] I have no idea, since it's hard to say by now

4. What are the factors that attract you to come to the bars around Shichahai Lake ?

PLEASE CHOOSE NO MORE THAN 3 OPTIONS.　　[A] Natural scenery

[B] Traditional alleys and courtyards　　[C] Traditional life style of old town people

[D] Special traits of bars around this area　　[E] Combination of trendy and traditional culture

[F] Nothing special　　[G] Something else_______________

5. To what extent do you like the area around Shichahai Lake?

[A] To a very great extent　　[B] To a great extent　　[C] Neither small nor great extent

[D] To a small extent　　[E] To a very small extent

6. What aspects do you think should be improved around Shichahai Lake?

[A] Transportation　　[B] Noise　　[C] Environmental health　　[D] Public security

[E] Water pollution　　[F] Air pollution　　[G] Something else______

7. What do you think is the significance of the neighborhoods around Shichahai Lake?

[A] A very important attraction for tourists　　[B] A contribution to the regional vigor

[C] Neither necessary nor unnecessary　　[D] No special value　　[E] No value at all

8. How do you evaluate the impact of the trendy bars on the Historical District?

[A] Positive rather than negative　　[B] Neither positive nor negative

[C] Negative rather than positive　　[D] Have no idea. It's hard to say

什刹海历史文化街区商业经营者意愿调查

尊敬的先生/女士：您好！

我们是来自某大学某学院的学生，正在进行社会调研，主题是关于现代流行文化进入历史文化街区对当地的保护与发展以及整个都市的意义。我们热诚的邀请您共同参与。我们保证，所有数据仅用于调研报告的写作。您只需将您的选择，在字母上画“√”即可！再次感谢您的大力支持与协助！

1.您是________年在这开酒吧的？您是否是什刹海地区的居民？[A]是　[B]否

2.您酒吧所占用的房屋是：

[A]租用当地居民的私房　[B]从当地居民手中购买来的私房　[C]您自家的私房　[D] 其它________

3.您选择在什刹海地区经营酒吧的最初原因是什么？

[A] 认为当地自然环境好，有经营潜力　[B] 认为历史文化街区游客多、需求大　[C] 认为当地酒吧集聚，有经营气氛　[D] 希望利用自己的私有房产增加收入　[E] 希望为游客或社区居民提供时尚休闲空间　[F] 偶然因素　[G] 其它（请注明）________________

4.您在装修店面及经营的同时，是否考虑了与什刹海历史街区的整体风貌相协调？

[A] 是很重要的考虑因素　[B] 比较重要的考虑因素　[C] 有所考虑但比重很小 [D]完全没有在意这方面因素

5.历史街区的传统文化特色是否在一定程度上影响了您的经营理念？如果有，请给出简要说明。

[A]有很大程度的影响　[B] 有比较大程度的影响　[C] 有所影响，但比重较小　[D]完全没有影响

简要说明____

6.您认为什刹海地区的酒吧与北京其它地区相比，优势在于？（请至多选择4项）：________________

[A] 自然环境优美（水景、绿化等）　[B] 氛围静谧　[C]有传统建筑与院落街区　[D] 有老北京居民的生活氛围与文化气息　[E] 酒吧经营有特色（装潢、音乐、表演等）　[F]诸多观光客作为客源　[G] 没什么特别的

7.您认为什刹海地区居住区的存在对于您的酒吧经营的意义与价值在于？

[A]是历史街区内独特而不可或缺的风景，是吸引游客观光的重要因素之一[B]增加了地区浓郁的老北京生活气息，使整个地区更有人气　[C]为酒吧提供了部分客源　[D]可有可无　[E]没太有意义　[F]完全没意义

8.您对于什刹海历史街区的保护与发展有哪些理解与建议？

[A] 应保护历史原貌，限制商业、旅游、服务业发展　[B] 应保护历史原貌，适当发展商业、旅游、服务业　[C] 小规模搬迁住户，增加商业、旅游、服务业规模　[D] 大规模搬迁住户，扩大商业、旅游、服务业规模

9.请您综合客观的评价，酒吧等商业发展给什刹海历史街区带来了哪些影响？（多选）

[A] 增加了地区活力和吸引力　[B] 带动了地区旅游业的发展　[C] 增加了部分居民的经济收入　[D] 为当地居民创造了就业机会　[E] 为中产阶级提供了时尚休闲场所　[F] 为普通大众提供了停留性交流空间　[G] 一定程度影响了部分居民的正常生活　[H] 一定程度占据了市民公共活动的部分空间　[I] 一定程度破坏了历史街区的风貌　[J]一定程度破坏了当地的环境治安等 [K]其它________________

10.请您综合地区与城市的利益，客观的评价酒吧等商业的进入对于历史街区保护和发展的影响

[A]正面意义大于负面意义　[B] 正面意义与负面意义参半　[C] 负面意义大于正面意义　[D] 难于评价

11.如果您的经营活动对当地居民造成了干扰，您希望通过什么样的途径解决？

[A] 自觉降低经营活动中对居民的干扰，达到多方协商的标准　[B] 按政府相关规定，对受干扰居民进行经济补偿　[C] 只希望由政府管理部门管制罚款　[D] 搬出该地区，到其它非居住区地区经营　[E] 其它___

什刹海历史文化街区居民意愿调查

尊敬的先生/女士：您好！

我们是来自某大学某学院的学生，正在进行社会调研，主题是关于现代流行文化进入历史文化街区对当地的保护与发展以及整个都市的意义。我们热诚的邀请您共同参与。我们保证，所有数据仅用于调研报告的写作。您只需将您的选择，在字母上画“√”即可！再次感谢您的大力支持与协助！

1. 您到过酒吧消费吗：[A]没去过，也不打算去 [B]偶尔 [C]经常 [D]没去过，但有机会打算去

2. 酒吧的进入后您对什刹海地区的印象是：

   [A]历史文化街区 [B]有现代元素的历史文化街区 [C]风貌被破坏的历史文化街区 [D]现代娱乐场所

3. 您对什刹海地区的整体评价是：[A] 很满意 [B]比较满意 [C]没感觉 [D]不太满意 [E] 很不满意

4. 您认为什刹海地区哪些方面有待改进？（请至多选三项）

   [A]交通 [B]噪声 [C]卫生环境 [D]治安 [E]缺乏活动场地 [F]空气 [G]其它____________

5. 您认为什刹海周边的酒吧等商业的建筑风格是否与该地区的整体风貌相协调？

   [A]很协调 [B]比较协调 [C]有的协调有的不协调 [D]不太协调 [E]很不协调 [F]难于评价

6. 请您客观综合的评价，酒吧等商业发展给什刹海历史街区带来了哪些影响？（可多选）

   [A] 增加了地区活力和吸引力 [B] 带动了地区旅游业的发展 [C] 增加了部分居民的经济收入 [D] 为当地居民创造了就业机会 [E] 为中产阶级提供了时尚休闲场所 [F] 为普通大众提供了停留性交流空间 [G] 一定程度影响了部分居民的正常生活 [H] 一定程度占据了市民公共活动的部分空间 [I] 一定程度破坏了历史街区的风貌 [J]一定程度破坏了当地的环境治安等 [K]其它____________

7. 如果酒吧的经营活动对您的正常生活造成了干扰，您希望通过什么样的途径解决？

   [A] 经营者降低经营活动中对居民的干扰，达到经营者与居民协商同意的标准 [B] 按政府法规规定，酒吧对居民进行经济补偿 [C] 由政府管理部门对其进行管制罚款 [D] 酒吧迁出该地区 [E]其它______

8. 您是否参与了与旅游、酒吧相关的服务业（如出租/出让房屋，开放院落，经营小店等）[A] 是 [B] 否

9. 如果有条件，您是否愿意参与到旅游相关服务业中（如开放自家院落供游客参观）？[A] 是 [B] 否

10. 如果酒吧经营活动对您的生活的干扰可以通过相应方式得到解决，您认为酒吧这种时尚文化与什刹海这样的历史街区融合来带动地区发展的方式是否合适？

    [A] 很合适 [B]比较合适 [C]没感觉 [D]不太合适 [E] 很不合适

11. 请您综合客观的评价酒吧等商业的进入对于历史街区保护和发展的影响

    [A]正面意义大于负面意义 [B] 正面意义与负面意义参半 [C] 负面意义大于正面意义 [D] 难于评价

12. 您认为什刹海地区居住区的存在对于酒吧经营的意义与价值在于?

    [A]是历史街区内独特而不可或缺的风景，是吸引游客观光的重要因素之一 [B]增加了地区浓郁的老北京生活气息，使整个地区更有人气 [C]为酒吧提供了部分客源 [D]可有可无 [E]没太有意义 [F]完全没意义

13. 您对于什刹海历史街区的保护与发展有哪些理解与建议？

    [A] 应保护历史原貌，限制商业、旅游、服务业发展 [B] 应保护历史原貌，适当发展商业、旅游、服务业 [C] 小规模搬迁住户，增加商业、旅游、服务业规模 [D] 大规模搬迁住户，扩大商业、旅游、服务业规模

14. 您家目前有几口人：[A] 2 人及以下 [B] 3 人 [C] 3-5 人 [D] 5 人以上

15. 您家目前有几代人：[A] 1 代人 [B] 2 代人 [C] 3 代人 [D] 4 代人

16. 您的家庭人均月收入约为：[A] 10000 以上 [B] 5000—9999 元 [C]3000－4999 元 [D] 1000－2999 元 [E] 1000 元以下

17. 您的住房是：[A] 公房 [B] 私房

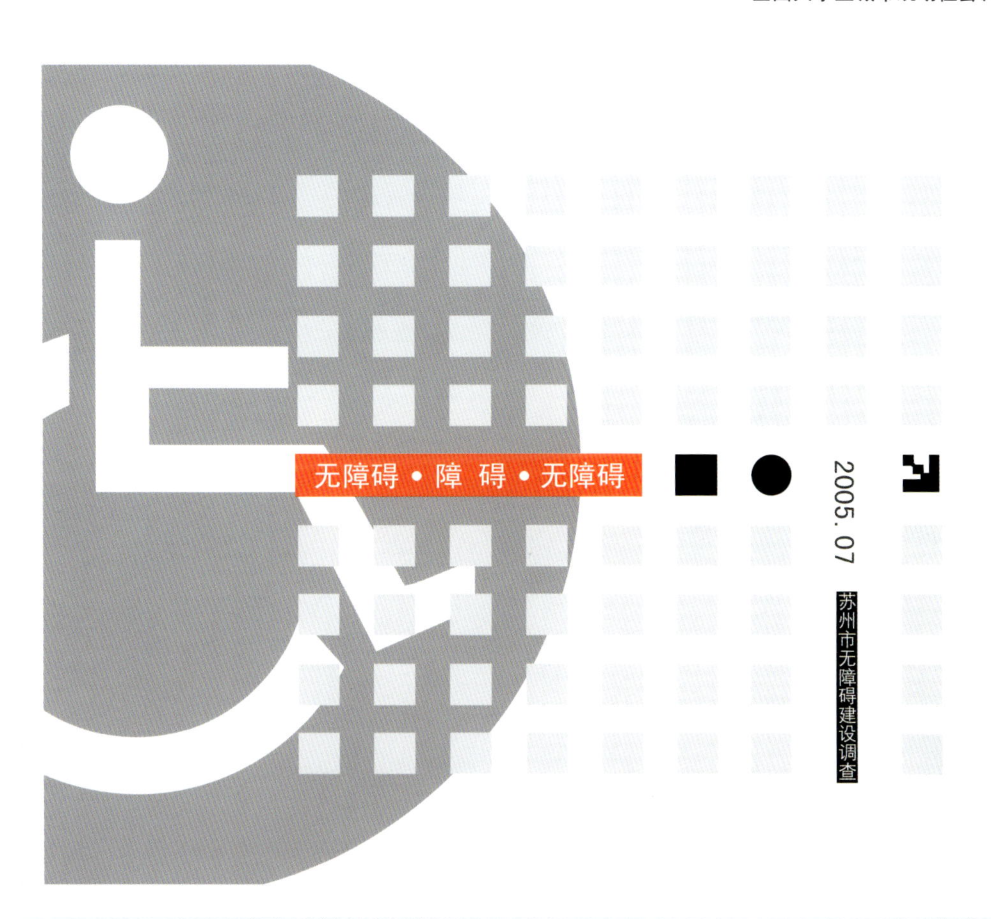

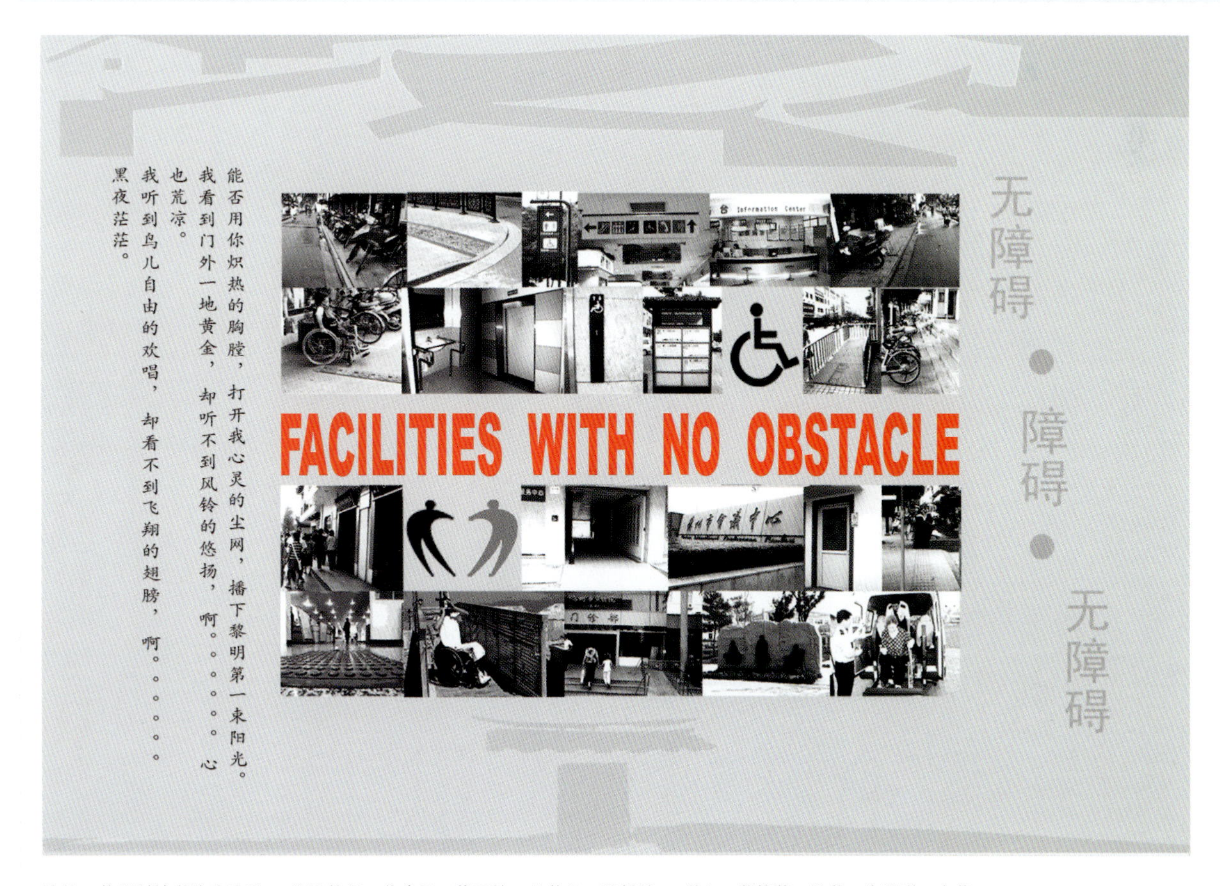

院校：苏州科技学院建筑系　指导教师：范凌云、蒋灵德、金英红、曹恒德　学生：薛艳蓉、孙菲、朱恩琪、高俊

FACILITIES WITH NO OBSTACLE

目 录

［无障碍·障碍·无障碍］

苏州市无障碍建设调查报告

FACILITIES WITH NO OBSTACLE

摘要：

无障碍建设是方便全体公民参与社会活动的公益性建设，是城市文明建设不可缺少的内容，是社会进步的象征。

本文从城市现代化建设、维护残疾人根本利益的角度出发，分别就残疾人的出行方式、满意度等方面的调查，分析得出无障碍环境无论在建设、管理维护还是使用过程中均存在一定的“障碍”，并通过借鉴国内外的先进理念，提出残疾人互助式时间银行，建议普及男女如厕共进等设施。

关键词：

残疾人 社会生活参与 无障碍设施 出行方式 满意度 问题 对策

ABSTRACT：

There is no obstacle to build that is the public welfare construction helping all citizens participate in social activities, it is the urban civilization that builds indispensable content , it is a symbol of social progress. This text sets out from city modernization construction, angle maintaining disabled person's fundamental interests, part trip code, satisfaction investigation of disabled person, analyse and draws that there is not obstacle environment no matter certain " obstacle " exists while the construction, management are safeguarded or uses , and through drawing lessons from the advanced idea both at home and abroad, put forward disabled person's helping each other type time bank, propose facility of popularizing men and women and enter altogether such as the lavatory etc.s.

［无障碍·障碍·无障碍］

苏州市无障碍建设调查报告

1

FACILITIES WITH NO OBSTACLE

无障碍·障碍·无障碍

苏州市无障碍建设调查报告

KEY WORDS:
Disabled person　Social life is participated in　facilities with no obstacle　Trip code　Satisfaction　Problem　Countermeasure

一、前言

1.1 关于“无障碍”的认识

“无障碍”是一个有关社会全方位的共同需求，不仅政府需要无障碍，居民也需要。居民当中，不仅健康人有无障碍要求，残疾人和老年人的无障碍要求更为强烈。对他们来说，由于社会保障水平很低，生活中不确定因素很多，利益支持体系比较脆弱，他们大多数对无障碍的期望更加急切。所以，城市政府对无障碍环境进行规模性投入和建设的行为与全社会的需求没有根本冲突。但是，我们在现实生活中却看到，这个群体对一些无障碍设施并不使用或很少使用，有时甚至会消极抵触，表现最为突出的就是舍弃“盲道”占用非机动车道，既阻碍交通又容易引发交通伤亡事故。这就值得我们仔细去思考，政府积极努力的目的为何与这个群体的要求存在如此大的鸿沟？症结在哪里？如何解决？

我们认为，问题的关键在于“无障碍”体系不健全，硬件软件不配套。国内外一些实践证明，并非有了物质设施，达到一定的量化指标就是无障碍，甚至无障碍并不一定等同于非要达到一定的量。真正意义上的无障碍在于体系的不断完善和保持体系活力，能够应对不断变化的情况，使社会走向真正意义上的整合。因此，应从无障碍体系现存的“障碍”现实出发，探讨无障碍建设的新方略。

1.2 确定调查范围

苏州市古城区、新区、工业园区。

1.3 调查思路

本报告首先对构成无障碍体系的两种主体的行为描述，主要来自残疾人和管理部门的行为分析，试图通过无障碍设施的一些实证性调查来解释无障碍、障碍之间的冲突是怎样展开的，冲突的背景是怎样的。我们希望运用本调查报告的有限资料来分析：在无障碍环

2

FACILITIES WITH NO OBSTACLE

无障碍·障碍·无障碍

苏州市无障碍建设调查报告

境的建设活动中，残疾人、管理机构、无障碍设施之间是怎样交互作用的？特别是从残疾人的出行方式和对城市生活的满意度来调整无障碍规划设计，从政府的作为来改进管理行为。

1.4 调查流程与框架

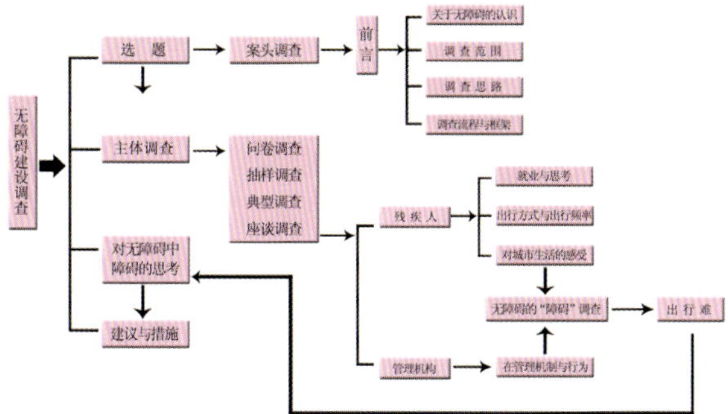

- **案头调查法：** 文献资料法
- **问卷调查法：** 一般适用于涉及面较广、需听取各方意见的课题。关键是要把握好问卷设计的合理性、分发渠道的畅通及一定的回收率。
- **抽样调查发：** 适用于大范围的调查，抽取样本要注意随机性合一定的代表性。
- **典型调查法：** 及麻雀解剖法。主要用于对于新鲜经验或有苗头性、倾向性问题的调查。关键在于对个别典型的深入解剖核对全局情势的正确把握，才能把个体推向一般，发挥典型的导向作用。
- **座谈调查法：** 以主持座谈会的形式，让座谈对象把知道的情况都讲出来。

3

FACILITIES WITH NO OBSTACLE

二、残疾人：就业与生活调查

调查的主题：残疾人如何看待自己这个群体，怎样评价、体会自己的社会生活参与。被调查者属于残疾人群体的中、下层。分析发现，残疾人的外出就业、参与城市社会生活欲望持续高涨，但因出行不便，内心焦虑有所增加。

2.1 抽样法和样本特征

目前苏州市残疾人口达25.9万人，占全市人口的4.39%。其主要分布情况如表（2-1）所示。

2.1.1 概述

从统计数据可以看出，残疾人大部分集中在老城区，占64.86%，新区、园区各占20.03%、15.10%。其中听力、语言残废所占比重最大，占45.56%（如表2-2所示）。

2.1.2 抽样原则

为了保证被调查者比较熟悉苏州的无障碍建设情况，且了解残疾人生活，使访谈内容有较好的丰富性、代表性，问卷设计规定：被调查者年龄须在25-45周岁之间，在苏州居住须超过半年以上，有外出工作经历的，工作时间也在半年以上。

2.1.3 抽样地点及抽样法

调查地点：残疾人活动中心、盲人诊所、聋哑学校，这是大多数残疾人短暂逗留比较集中的地方。前两处根据他们在此地喜好集体集聚、相近成群的特征，抽样采取按"群"抽取，一般每10人抽取2位，10以下抽取1位。第三处则以班级为单位抽样，每班抽取10人。这种抽取样法虽属于非概率抽样，但具有一定程度的随机性。商业、广场等处则采用随机抽样和访谈的调查方式。

4名调查成员，历时3天，共访谈100名残疾人，获得有效问卷92份。

2.1.4 样本的人口特征

从性别构成来看，男性占77%，女性占23%；从年龄构成来看，35-45岁占85%，25-35岁占10%，其余占5%；从婚姻状况来看，已婚占81%，已婚中已自立门户占74%；从文化程度来看，初中

表2-1

表2-2

苏州市无障碍建设调查报告

无障碍·障碍·无障碍

FACILITIES WITH NO OBSTACLE

及初中以下占90%，高中占7%，高中以上3%。本次样本调查的主要特点是，平均年龄为30-40周岁，已婚者的比例较高，生活阅历相对丰富。

从残疾人就业来看，有劳动能力的人中85%就业，其中男性占80%，女性占20%。除了福利企业，一般企事业单位按1.5%的比例为残疾人提供就业岗位。他们从事的行业主要是盲人推拿、针灸、商业服务业、个体私营、家电维修业，仍有大多数在企事业单位，还有一部分靠家里支撑。整体来说，残疾人的生活来源和收入属于社会比较低的层次。

总的来说，这是一批与城市经济仍然密切相关的人口，在多元化岗位就业中，收入属于中等或中偏低，从事较为艰苦工作的弱势群体。

2.2 残疾人出行方式、出行频率的变化

这是一群有较长外出经验的残疾人群体，对他们进行了详尽的问卷调查和座谈。

● "出行目的？"

工作占34.62%，休闲娱乐占19.23%，购物占23.08%，医院占3.85%，其他占11.54%（如表2-3所示）。这一结果证明残疾人的出行都有一定的目标性。

● "出行方式？"

调查结果显示如表2-4，这一结果表明，有组织的出行方式比较少，管理机构的运作范围及影响力仍然有限。

● "出行频率？"

残疾人出行问题是一直以来的难题，然而仍有70.37%的人经常出行（如表2-5所示）。这说明社会提供就业岗位的多元化趋势，刺激残疾人的外出。

● 当问及未来3、5年内外出规模变化趋势预测时，55%的人预测会增加，20%认为会减少，10%认为变化不大，另外15%回答不清楚。回答不清楚的人中，多数人倾向的判断是这与未来的经济形势成正比。

2.3 对城市生活的感受

● "你对目前的工作是否满意？"当前有工作的人中，50%表示比较满意，25%表示不满意，

表2-3

表2-4

表2-5

苏州市无障碍建设调查报告

无障碍·障碍·无障碍

FACILITIES WITH NO OBSTACLE

其余25%说不清楚。

- “与前几年相比，城市对无障碍设施的建设有何变化？”57%认为变好了、5%认为变坏了，38%说不清楚。
- “你对目前的无障碍设施是否满意？”从对设施满意程度来看，公园满意度最高，其次是交通，再次商业街或中心区，接着是公共建筑、市政、居住等，普遍反映所在居住区没有无障碍设施。
- “与前几年相比，城市市民对残疾人的态度有何变化？”55%认为变好了，10%认为变坏了，还有35%说不清楚，因为有些人对残疾人的态度很友好，而有些人则表现的恶劣，所以无法做出整体判断。
- “与前几年相比，城市管理人员对残疾人的态度有何变化？” 50 %认为变好了，10%认为变坏了，40%说不清楚。

从满意度测量来看，无论是城市管理部门，还是市民、受访残疾人的满意度，都有一定程度的提高，感受满意者明显多于不满意者。但是据了解，残疾人在出行过程中仍会遇到来自多方面、多形式的“障碍”，造成残疾人“出行难”。为此，我们针对这个问题展开解剖麻雀式的调查。

三、残疾人出行、满意度调查

3.1 苏州市无障碍设施现状

苏州市无障碍建设始于20世纪90年代初，市区127条城市主干道目前全部实现无障碍，盲道总长达388公里；新建小区、建筑的无障碍设施率达100%；市区有六条街的公交车站候车区设置了提示盲道；路口无障碍坡道4817处，坡化率76.5%；市区主要交通路口安装了过街语音提示。初步形成以点带线，以线带面的无障碍道路系统。

新建、改建的35个现代化公园广场中28个设有无障碍出口、坡道。2002年以来新建、改建的74座公厕均为无障碍厕所。

苏州盲人植物园内坡道

石路步行街行进盲道

【无障碍·障碍·无障碍】

苏州市无障碍建设调查报告

6

FACILITIES WITH NO OBSTACLE

新建的一批文化、体育、购物、旅游、休闲、政务等中大型公建均有方便残疾人的出口、相应的无障碍设施。

2月底，苏州市被建设部、民政部、全国老龄办、中国残联正式命名为全国首批“无障碍设施建设示范城”。

无障碍示范街——东大街位于苏州市南面，是全市范围内无障碍建设起步较早、建设较完善的示范街之一。这里的无障碍设施无论是人性化的盲道铺设，或是公交站台的盲文提示牌，还是无障碍标志牌布点规划，无不体现出社会对这一弱势群体的关怀。

3.2 残疾人的无障碍设施使用情况调查

调查对象特征：由苏州市残疾人分类构成图可以看出，听力、语言障碍的人数比例最高。但是从对无障碍设施的依赖程度来看，肢残和视力障碍人士更为突出。为此，在主体调查中，我们将这两类残疾人作为调查重点。被调查对象中，盲人或弱视者占38%，肢残者占59.6%，其他2.4%。

调查地点：残疾人活动中心、盲人按摩诊所、聋哑学校以及一些具有代表性的街道、单位。

调查方法：采用座谈与典型地段实地调查相结合的方法。

3.2.1、盲人出行问题调查

对于问卷中“您认为在出行过程中最不方便的地方？”这一问题，被调查的盲人反映的问题包括以下几个方面（如表3-1所示）：

- **盲　道**（52%）

概念：盲道是一种可以引导盲人行走的通道。国际标准的盲道表面有两种固定的凸起图案，长条形的是行进盲道，圆点形的叫提示盲道。

现在苏州市区盲道总长388公里，占道路总长的62.6%，但是，盲人在出行的时候还是会遇到健全人难以想象的困难。被调查的盲人们这样说：

“我们根本不走盲道，会撞上广告牌或其他东西，走慢车道更安全！”

东大街盲文站牌

东大街无障碍标识牌

表3-1

【无障碍·障碍·无障碍】

苏州市无障碍建设调查报告

7

FACILITIES WITH NO OBSTACLE

被占用的盲道

盲人过街语音提示系统

石路工行低位柜台

“在广场仿佛置身于大海，辨不清东南西北，不知该往哪走。”

调查中发现盲道缺乏一定的连续性和整体性，很多盲道会被表面肌理光滑的窨井盖切断，被灯柱、广告牌、非机动车占用；公共建筑门前经常存在“盲道断头”的现象；数公里长的盲道上几乎没有遮阳、避风挡雨、小憩足设施。

由于广场的空旷性，置身其中很容易迷失方向感。因此，广场的盲道应具有明确的导向性，引导盲人去广场中的休息区。

● 交叉口语音提示（32%）

对盲人来说，出行原本就是一项挑战，由于视力方面的障碍，语音提示便成为了他们的“眼睛”。苏州市部分街道的交叉口也安排了语音提示，但是我们仍听到这样的心声：

“有语音提示，但很少开的，或者信息提示比较慢，这样过街还是很危险！”

“（语音提示）声音太大了，几个混在一起，根本听不清楚。”

这些“眼睛”不但没有给盲人朋友带来光明，而且里面还隐藏着不少的交通隐患。

● 商场、超市导购（9%）

购物，对盲人来说也是一件可望不可及的事情。

“进了商店不知道往哪里走，人又多，自己麻烦，别人也麻烦。”

“在超市里我们很难找到要买的东西，即使找到了也不知价钱。”

苏州几乎没有一家商店在入口处到服务台一段铺设盲道，也很少看到高度适合乘轮椅者使用的柜台、公用电话、自动售货柜等。这也是服务不够人性化的体现。

国外大型商场超市都有导购员，但在苏州甚至全国也不多见．

● 其　他（7%）

除了以上的几点不便之外，被调查者还反映：

（1）“同时进站几辆车，我使不知道哪辆是我要坐的，车辆驶进站的时候很容易轧着脚。大家都觉得进站那么缓，你还躲不开吗？但盲人怎么可能知道！”——一位盲人这样说。

通过调查发现，车站与道路无障碍设施连接不顺畅，由于现阶段苏州大部分车站设在分隔带上，

8

FACILITIES WITH NO OBSTACLE

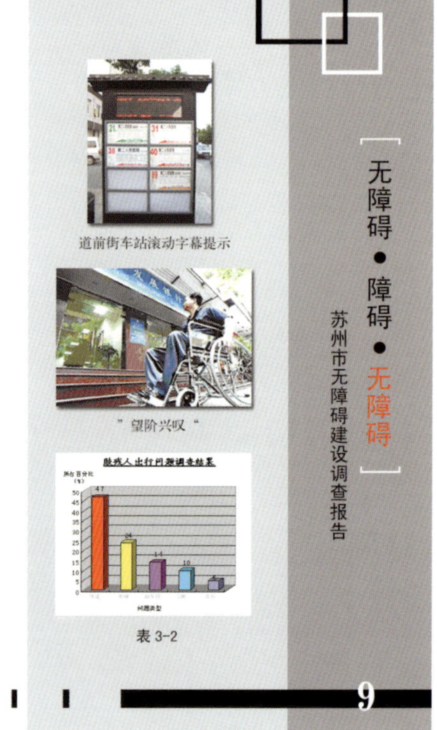

道前街车站滚动字幕提示

“望阶兴叹”

表 3-2

残疾人从人行道到车站必须穿过慢车道，危险性很大。

大部分车站候车区虽设有盲道、汽车到站的语音提示装置，但为听力障碍者提供信息的屏幕装置很少，盲文站牌也很少见。

苏州公交车只具备语音报站系统，少量高档公交车装置滚动字幕提示。公交车进站时个别司机操作不规范，进站提前甚至不播放进站信息，若客流量大，基本没人能顾及到残疾人，更不用说帮助他们上、下车。

（2）“像我这样的是不可能有私房钱的，呵呵。”——一位盲人在等待妻子填写存款单时说。

这主要源于银行有些服务不人性化，盲人无法独立完成打密码、填写存单等活动。

3.2.2　肢残人出行问题调查

同样，针对问卷中“您认为在出行过程中最不方便的地方？”的问题，被调查的肢残人反映的是以下方面（如表 3-2 所示）：

● 坡　道（47%）

虽然近几年苏州的无障碍建设比以前已有很大进步，但仍有不少公共建筑未设置破道或设计不规范。

“我家附近的银行没有坡道，这些事都是我妻子代劳。”

“我在一次验收中尝试亲自坐轮椅上坡，结果发现重心后仰，倘若真发生的话，后果不堪设想。”——残联相关负责人向我们描述。

“我曾见一家银行的坡道非常豪华，水磨石材料，没少花钱！但遇到刮风下雨，恐怕连姚明也上不去吧！”

不少重要地段建筑出入口未设置坡道，对于这些高高的台阶，乘坐轮椅者只能望阶兴叹！

当然我们不能要求所有公建入口都设有坡道，但既然有就应符合规范，否则只会给残疾人带来安全隐患。一个符合轮椅上下的坡道，坡度不得大于 1/12，坡道斜面应选用质地粗糙的材料，增大摩擦力，同时坡道两侧应有扶手。

9

FACILITIES WITH NO OBSTACLE

调查中发现观前等商业较为集中的地段，人行地道均缺少轮椅坡道，乘轮椅者被迫放弃使用。

● 电 梯（24%）

残疾人朋友们反映随着近几年无障碍设施的建设，医院、图书馆或新建的大型建筑都有残疾人专用电梯，但是，仍有部分商场、超市、饭店未设专用电梯。

商场、超市内多以扶手电梯居多，但这并不适用于残疾人。

无障碍电梯内除了门宽要求，还应增设扶手、低位按钮、盲文按钮等。但这些辅助设施的普及率还不高。

● 专用车泊车位（14%）

肢残者大多以残疾车代步，虽然解决了独自出行的难处，但很多地方尤其是中心商业区，根本没有残疾车的专用停车位，即使有，收取的费用也比一般车辆要高出很多。

“停一辆残疾车的地方我们可以停好几部自行车，收费高也是应该的啊！”——某商业区自行车管理员这样说。

“我有了这个车哪都能去，但能停的不多，让停的地方收费又太贵了。”

距离出入口最近的停车位应预留给残疾人使用，但是很多公共建筑、广场的残疾人专用停车位严重不足甚至没有。

残疾人本来就属于社会弱势群体，出行还要付出如此高的代价，无形中将他们阻挡在这些地区之外。

● 公共厕所（10%）

近几年苏州加大对无障碍设施的建设力度，很多街道上都设有残疾人专用厕所。很多残疾人都反映有并且使用过这些厕所。但是使用中还存在一些问题：

“我一个人进去，虽然有扶手，但还是很吃力。我需要我爱人帮忙，但是男厕，她进不来。”

“有些厕所没有指示牌，找不到！”

看来仅有无障碍厕所还不够，其他相关设施还要做到位，这样才能给残疾人一个人性

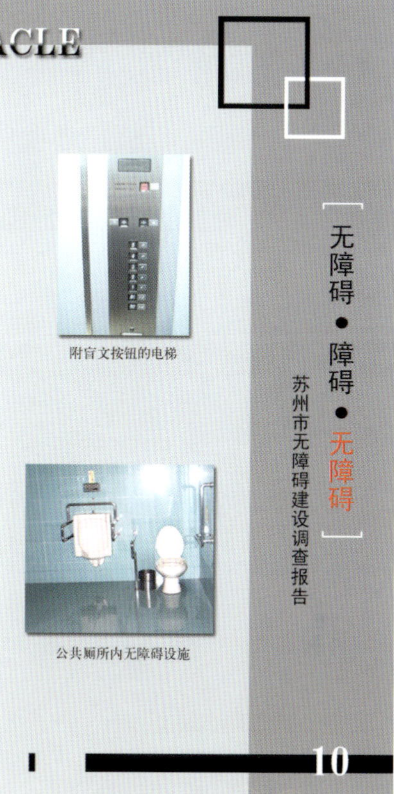

附盲文按钮的电梯

公共厕所内无障碍设施

无障碍·障碍·无障碍

苏州市无障碍建设调查报告

FACILITIES WITH NO OBSTACLE

化的无障碍环境。

● 其 他（5%）

除了以上几个问题，被调查者还提到以下问题：

（1）“有个朋友住平江区，这几年政府花钱改造，门前多了一座桥，但对坐轮椅的人来说，根本没法过，每天要兜一个大圈子才能回家。”

政府在进行古城改造的同时，往往会忽略残疾人的出行问题。

（2）“很多景点只是在残疾人日那天对我们优惠，其他时间都不优惠的。”

政府在考虑给残疾人优惠政策时，不应该“限时限刻”，要实实在在为他们做些事情。

调查过程中，我们发现居住区是无障碍建设中一个“被遗忘的角落”。仅有园区少量小区或新建的小区有配套的无障碍设施。“我们小区内没有残疾人、所以不需要建设无障碍设施！”——某小区管理员这样解释道。

自开展创建全国无障碍设施示范活动后，苏州市政府及有关部门投入财政性资金1.5亿元，用于无障碍设施的建设和改造。但是投入这么多钱，为什么残疾人还是出行难呢？出行难的“障碍”在哪里？原因何在？

四、 对无障碍中“障碍”的理性思考

带着上述疑问，我们走访了有关政府管理部门，主要观点有三个：

其一，政府对无障碍建设的推进作用与其他职能结合不够，突出表现在建设总是超前于相关设计规范，管理条例和办法运作。

其二，政府与残疾人沟通渠道不够畅通，不能切实了解残疾人的真正需要和对无障碍设施的使用效果，重“量”轻“质”倾向较为严重。

其三，残疾人主动参与意识不强，面对无奈的现状态度消极，表现为少出行、不出行，或采取抵触行为等。

五、 建议与措施

● 建 议：

工业园区万杨香樟公寓高层住宅入口

无障碍·障碍·无障碍

苏州市无障碍建设调查报告

FACILITIES WITH NO OBSTACLE

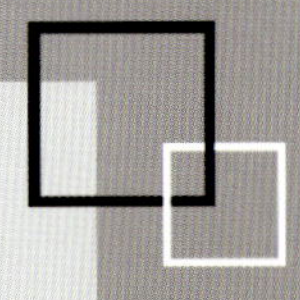

5.1 将无障碍设施的建设提高到更高层面，在全市进行全方位的开展和完善。使所拥有的设施能被充分利用，使建设的成本与使用效果的“性能价格比”达到最佳组合。

5.2 根据残疾人的居住分布密度及相关因素，结合城市的功能布局， 无障碍设施的设计引导和控制目标。

5.3 建立完善的法律保障体系，保证无障碍建设的实施能够顺利进行。

5.4 加大宣传力度，普及无障碍知识，让全社会都来关心残疾人和老年人。

● **措 施**

5.5 实施残疾人互助时间银行。即由残疾状况较轻、自理能力、出行能力较好的一群残疾人照顾相对较弱的，把他们所付出的劳动按时间统筹，并存入银行，为日后自己享受同等的待遇支付给他人。

5.6 实施男女如厕共进设施，这种厕所在日本已较为普及，它从根本上解决了夫妻双残如厕难的问题。

[参考文献]
[1] 苏州市无障碍设施建设资料选编，2005(3)
[2] 苏州市无障碍设施建设发展规划说明
[3] 金 磊．无障碍设计——城市现代文明的重要标志．随想杂谈，北京，2003（12）
[4] 汪光焘．开创无障碍设施建设工作的新局面．建设经纬，2002（12）

后记

新春来临之除夕夜，央视在春节晚会向世人展示了中国残疾人艺术团的经典节目《千手观音》。那一刻，千手观音让人们震撼了。这群来自无声世界的聋人，静穆纯净的眼神，娴静端庄的气质，婀娜柔媚的千手，金碧辉煌的色彩，脱俗超凡的乐曲……美得令人窒息，炫得让人陶醉。光与影，梦与手绽放出层层叠叠的佛光普照，博爱四射的神圣之美。无声天使的舞姿，令现实中的一切污秽顿失。那是一种美与文化的结合，那美来自内心与凡世的安宁，那美来自灵魂和精神的升腾。

摘自网蝶《天使不说话——来自“千手观音”的震撼》

千手观音表达的是“度一切众生，广大圆满无碍”之意。那么我们作为社会的一分子，城市的建设者，就更有责任为残疾人扫清障碍，化“不便”为“便”，为残疾人开一扇门，铺一条路，化“障碍”为“无障碍”，用心去营造一个和谐的社会。

附表一：残疾人个人情况调查问卷

时间：____月____日____（时）
地点：__________________
天气：__________________

您好！我们是城市规划专业的学生，为了更好的了解苏州市无障碍建设，我们进行本次问卷调查。本问卷为不记名填写。衷心感谢您的支持！

（备注：视力障碍者由调查成员代为填写）

1、您的性别：
A、男　B、女

2、您是本地人吗？
A、是　B、不是（您来自________，在苏州居住________年）

3、您的残疾情况：
A、肢残　B、精神　C、智力　D、视力
E、听力、语言　F、多重（含两种以上）

4、您的年龄：
A、25-35岁　B、35-45岁
C、45-50岁　D、50岁以上

5、您的婚姻状况：
A、已婚，且已自立门户　B、已婚，但未自立门户　C、未　婚

6、您的受教育程度：
A、未受过教育　B、小学　C、初中
D、高中　E、高中以上

7、您目前的职业情况：
A、盲人推拿、针灸　B、商业服务业　C、企事业单位
D、个体私营、家电维修业　E、由家里支撑

8、您的收入情况：
A、300元以下　B、300-500元　C、500-800元
D、800-1000元　E、1000元以上

——谢谢您的配合！

附表二：残疾人出行及满意度调查问卷

时间：____月____日____（时）
地点：________________
天气：________________

您好！我们是城市规划专业的学生，为了更好的了解苏州市无障碍建设，我们进行本次问卷调查。本问卷为不记名填写。衷心感谢您的支持！

（备注：视力障碍者由调查成员代为填写）

出行问题：

1、您一周内的出行频率？
A、经常　B、一般　C、偶尔　D、基本不出行
选择D请简述理由！________________________

2、您一般出行的目的是什么？
A、工作　B、购物　C、学习（包括购书、阅览）
D、娱乐、休闲　E、就医就诊　F、其他________

3、您最喜欢去的地方是哪里？
A、工作单位　B、商场、超市　C、图书馆
D、影剧院　E、医院　F、银行
G、旅游景点　H、公园、广场　I、活动中心
请按照喜欢程度排列顺序________________________

4、您通常选择怎样的出行方式？
A、步行　B、自行车或电动车　C、公交车
D、出租车　E、残疾人专用车

5、您喜欢结伴出行还是独自出行？
A、结伴出行　B、独自出行　C、不清楚
选择C请简述理由！________________________

6、您认为在出行过程中最不方便的地方是：
A、盲道被占用　B、交叉口无语音提示　C、室内电梯
D、商场、超市无导购　E、上、下公交车无辅助设施
F、建筑入口坡化率不够　G、无专用停车位　H、公共厕所
I、其他
请按照不方便程度大小排序________________________

7、您对未来3、5年的出行规模的预测？
A、会增加　B、会减少　C、变化不大
D、不清楚

满意度调查：

8、您对目前的生活状况是否满意？
A、比较满意　B、不满意　C、说不清楚

9、您对目前的工作是否满意？
A、比较满意　B、不满意　C、说不清楚

10、您对目前的无障碍设施是否满意？
A、居住区　B、公园　C、商业街（或中心区）
D、交通状况　E、公共建筑　F、市政设施
请按照满意程度高低排序________________________

11、与前几年相比，城市对无障碍设施的建设有何变化？
A、变好了　B、变坏了　C、说不清楚

12、与前几年相比，城市市民对残疾人的态度有何变化？
A、变好了　B、变坏了　C、说不清楚

13、与前几年相比，城市管理人员对残疾人的态度有何变化？
A、变好了　B、变坏了　C、说不清楚

最后，请简述您理想中的“无障碍”应该是怎样的？

——谢谢您的配合！

附表三：现场踏勘实地调查记录表

时间：____月____日____（时）
地点：____________________
天气：____________________
调查员：____________________

一、城市道路无障碍设施

1、人行道在交叉口、街坊路口、单位出入口及人行横道等处是否设置缘
石坡道：
A、是　　B、不完全有　　C、否

2、盲道是否被占用：
A、是　　B、不完全是　　C、否

3、盲道材质是否符合标准
A、是　　B、不完全符合　　C、否

4、道路交叉口是否有语音提示：
A、有且开着　　B、有但关闭着　　C、没有

5、公交站台是否有盲文指示牌：
A、是　　B、不完全有　　C、否

6、公交进站是否报站：
A、是　　B、不完全有　　C、否

二、建筑物无障碍设施

7、建筑入口是否设有坡道：
A、有专用坡道　　B、与汽车坡道混用　　C、无坡道设计

8、坡道的坡度设计是否合适残疾人使用：
A、合适　　B、不合适

9、是否设有残疾车专用泊车位：
A、是　　B、否

10、建筑室内盲道设置情况：
A、有盲道　　B、无盲道

11、建筑室内地面铺砖情况：
A、太光滑，不利于行走　　B、光滑度适中

12、公建内服务台是否有适用于残疾人专用的较低的柜台：
A、是　　B、不完全有　　C、否

13、图书馆是否设有盲文阅览室：
A、是　　B、不完全有　　C、否

14、建筑内电梯使用情况：
A、有无障碍电梯　　B、有无障碍电梯，但被占用，不方便使用
C、无无障碍电梯，但有相关辅助设施
D、无无障碍电梯，且无相关辅助设施

15、厕所是否有专用蹲位：
A、是　　B、否

三、居住区无障碍设施

16、有无残疾人公寓：
A、有　　B、没有　　C、不清楚

17、居住区公建配套设施中是否考虑无障碍设施？
A、有　　B、不完全有　　C、没有

18、室外公共活动场地（绿地）是否考虑无障碍设施？
A、有　　B、不完全有　　C、没有

19、居住区内是否设置残疾人专用厕所？
A、有　　B、不完全有　　C、没有

城市规划专业社会综合实践调查报告

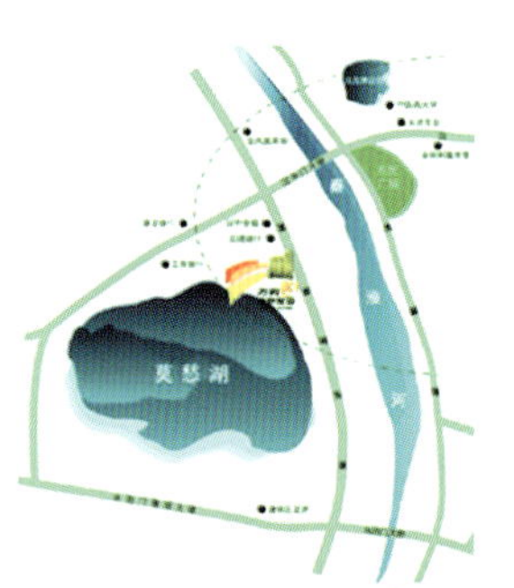

“我所知南京之骄视世界，则自台城至太平门，沿后湖二千丈一段之Promenade，虽巴黎之Champs-Eises不能专美。因其寥廓旷远，雄峻伟丽，据古城俯远眺，有非人力所计拟及者……而钟山徐比邱垤……仅维籍此绵延不尽，高巍严整，文艺复兴时代之古堞环绕之，乃如人束带而立，望之俨然，且亲切有味。于是寄人幽思，宣泄愁绪，凭吊残阳，缅怀历史，放浪歌啸，游目畅怀，人得其所……”

——《徐悲鸿艺术随笔》

注：文中后湖即指玄武湖

公园真是“公有”吗？

——南京市玄武湖、莫愁湖公园豪宅现象调查报告

公园真是“公有”吗？

目　录

INVESTIGATION REPORT

HAVE YOU OWN THE GARDEN ?

南京市玄武湖、莫愁湖公园豪宅现象调查报告

院校：南京工业大学建筑与城市规划学院　　指导教师：刘晓惠　　学生：蔡玮玮、崔丽丽、陈韶龄、储旭

公园真是“公有”吗？

[摘要]　公园是人民生活中不可或缺的一部分，是属于城市里每个人的。公园也是公共资源，是城市规划设计关注的内容。由于种种因素的影响，目前城市公园面临着各种问题，其中公园周边兴建豪宅造成公共空间的侵蚀，导致公众利益受到损害。针对这一现象，我们对南京市玄武湖和莫愁湖公园周边豪宅现象进行了调研。通过问卷、访谈等方式了解普通市民、业主以及专家对这个问题的看法，探寻问题的症结，并提出对现状的改善措施和建议，希望促进问题的解决以及未来公园周边土地建设需考虑的因素。

ABSTRACT：　Park is an important part of human life .It belongs to every person who lived in the city. AS public resources ,park has been focused by Urban design.Nowadays, city parks have confronted to varied problems caused by something . One of what is encroaching the public space as a result of building park houses around the park .It also do harm to the civil right. Concerned to this phenomenon ,we make a investigation of the park houses around XuanWu Lake and MuoChou Lake .In order to make a sense of the views on park houses of which the citizen ,inhabitent and specialist opinioned .Hoping to settle with the problems, in order to give advise to future Urban planning.

[关键词]　玄武湖　莫愁湖　公园豪宅　公共空间

KEY WORDS:　XuanWu lake　MoChou lack　Park House　Public Space

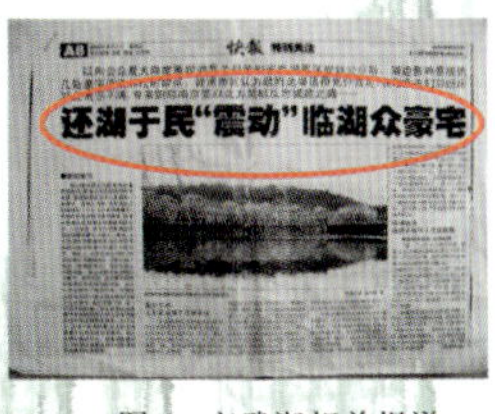

图1　玄武湖相关报道

图2　乌龙潭相关报道

引言：

依山傍水是人们理想的生活境界。南京紫金山与玄武湖两两相望，使南京成为一座枕山环水的美丽城市，而玄武湖公园则尽现了这个十朝古都山水城林的典型风貌。曾几何时，玄武湖畔建起了形形色色的豪宅，令秀丽的玄武湖风光部分被掩，成为南京市民心中的痛。2005年3月15日，南京玄武湖景区详细规划在科技会堂公示，引发了来自社会各阶层的不同声音。按照规划，玄武湖公园应向公众最大限度开放，并充分展现其烟波浩淼的湖景，其中一直以来颇受争议的湖畔豪宅将面临不得不搬迁的命运。

在南京，玄武湖豪宅绝不是孤例。近几年，利用公园和自然风景资源兴建的豪宅还有多处：紫金山麓的“帝豪花园”，莫愁湖畔的“万科金色家园”和“名湖雅居”，月牙湖……，花神湖……，乌龙潭……等等。人们关注豪宅不只因为其“看得见风景的房间”及昂贵的天价，而是它们大多以各种方式影响甚至剥夺了公众的权利，造成对公共空间的侵蚀。由此引起公众的不平和责难，并导致社会心态失衡，甚至不同利益集团的心理对峙，而这对于构筑和谐社会显然是不和谐的声音。公园的概念和实物自19世纪末从欧美舶入，就被认为是民主社会的“公器”，其开放性和公共性本无可争议。近百年来公园成为社会民主和公正公平的标杆。随着时代的变迁，公园的社会标杆意义并没有改变。对公园豪宅的关注，不仅牵动着社会“神经”，而且从城市规划设计的角度，也绝对是一敏感问题。面对拆改玄武湖豪宅而涉及数亿资金的“问责”或“买单”，无论对谁都将是何其沉重的负担。今天我们关注的不仅是现象本身，更重要

公园真是“公有”吗？

主要调查居住小区分布图

图3　玄武湖部分
（湖景花园、盛世华庭、金陵御花园）

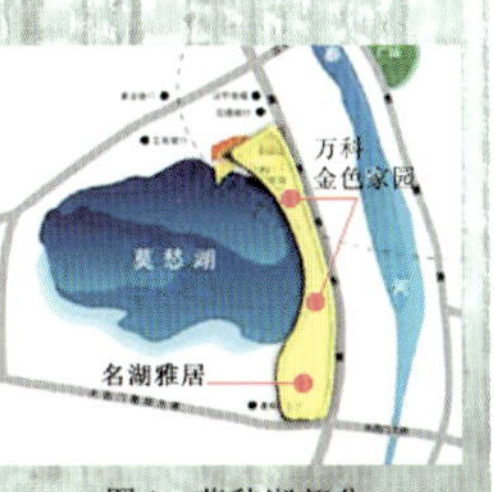

图4　莫愁湖部分
（万科金色家园、名湖雅居）

的是关注这一现象引发的冲击波和负面影响。为此，我们选取了玄武湖与莫愁湖作为调查样本，对公园豪宅现象进行调查，并通过问卷、访谈等方式了解普通市民、豪宅业主及有关专家的看法、想法及建议。为最终问题的解决寻求依据、方法和答案。

1. 调研的基本情况说明

1.1调研目的和意义

公园属于公共空间和公共资源，公园豪宅的出现，对公共空间的侵蚀造成不良的影响，受到广泛关注。我们希望通过对这一事件和现象进行调查，听取与事件相关的各方的不同意见，以便更好地、理性地认识不同利益群体之间的矛盾，维护公共利益，缓和冲突，促进和谐社会构建。进一步，从城市规划设计管理的角度出发，也有利于从积极方面推动事情的合理解决，真正落实“还湖于民”，防范和制止这种现象的再度出现，为今后涉及此类项目的规划设计提供相关依据和参考。

1.2调研对象

1.2.1调研区域的确定

为了使调研结果具有说服力，我们选择了南京最具代表性的公园：玄武湖公园和莫愁湖公园及其周边的居住小区进行调查。通过区位图可见，玄武湖东南岸，从北到南分布着湖景花园、盛世华庭和金陵御花园三处楼盘，它们均处于玄武湖的要害位置；而莫愁湖东岸则完全被万科金色家园和名湖雅居包围。

1.2.2. 访谈及问卷调查对象的选择

对于玄武湖和莫愁湖畔公园豪宅的调查，涉及到普通市民、小区业主和专家学者，他们对此各有自己的观点。市民是城市的主人，公共空间的使用者，他们的意见具有广泛的代表性。业主也是市民，但因为拥有豪宅，又扮演了入侵公共空间的角色，维护自身的权益是他们的基本权利。而专家学者则从专业角度能够较客观公正地看待这一现象。这些不同的意见与建议代表了来自社会不同的声音，也是我们调查公园豪宅侵蚀公共空间现象的主要依据和信息来源。

1.3调查方法与步骤

1）实地勘察法

在第一轮调查中，为全面准确地反映玄武湖、莫愁湖现象，我们走访了公园景点、居民区、规划局、园林局、房地产公司等相关部门，并采取摄影、速记的方式记录下玄武湖、莫愁湖周边的现状。

2）问卷调查法

在调查中，针对业主、市民及游人、专家学者发放问卷120份，回收有效问卷118份，有效率98.3%。

3）访谈法

公园真是"公有"吗？

包括市民、业主与南京市规划局、南京市园林局、南京市房管局有关人员的访谈。

4）查阅资料，学习文献

通过报刊以及网络了解了关于玄武湖与及莫愁湖周边豪宅现象的情况，并学习了《公园设计规范》等相关法规和文献资料。

5）调查步骤图

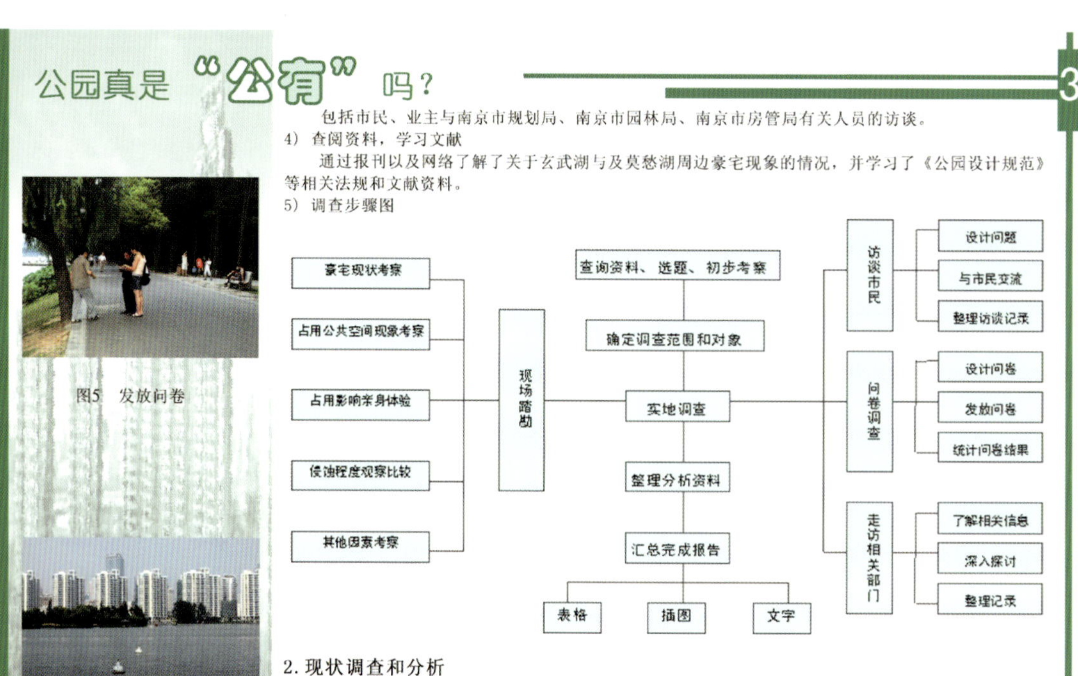

图5 发放问卷

图6 玄武湖沿湖豪宅景观

2. 现状调查和分析

2.1现状概况

2.1.1目击印象

玄武湖公园：沿玄武湖东岸分布的几处楼盘占据了玄武湖东南岸最好的景观视域：盛世华庭均为2-3层别墅，对玄武湖东岸景观影响不大；湖景花园则为多层和小高层住宅，虽距水岸较远，但其高层住宅一字排开，形体呆板，使玄武湖东岸天际轮廓缺乏变化；金陵御花园贵宾楼依山傍水，其高耸的形体与

鲜艳的色调与古城墙显得格格不入。

莫愁湖公园：万科金色家园位于莫愁湖畔二道埂子，和名湖雅居一起形成一道屏障，把2公里长的沿岸湖景严严实实地遮挡起来。站在莫愁湖畔眺望东岸，其天际轮廓是一排毫无变化的平屋顶，且因莫愁湖水面较小，在近岸高层建筑的强势压迫下，犹如百姓形容的"洗脚盆"一般。

2.1.2关于公园豪宅的基本信息

表1 关于公园豪宅的基本信息

小区名称	建成年代	占地面积（公顷）	建筑面积（平方米）	建筑高度和色彩	距公园的距离	楼盘价格
湖景花园	2004年	8	122，000	6层和12层：灰色	约150M	7149
盛世华庭	1999年	22	150，000	2-3层：黄色	约200M	约8000
金陵御花园	1995年	无处查考	无处查考	2-3层和22层：红色	约50M	约15000
万科金色家园	2003年	5．1	144，000	17层：黄色	紧贴	约7000
名湖雅居	2005年	0．3	19，400	22层：黄色	紧贴	约7500

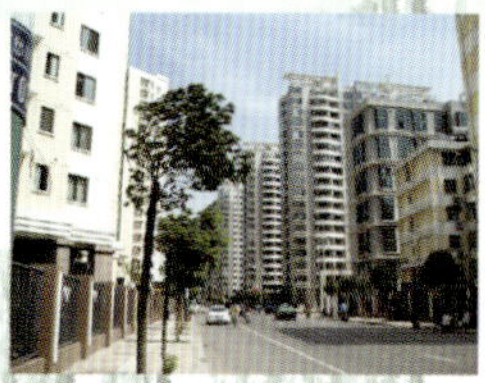

图7 二道埂子现状

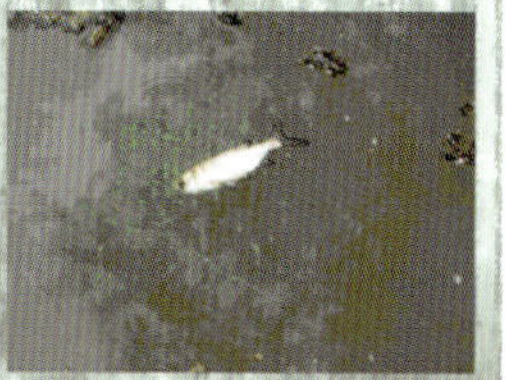

图8 莫愁湖卫生堪忧

2.2对自然环境和景观的影响

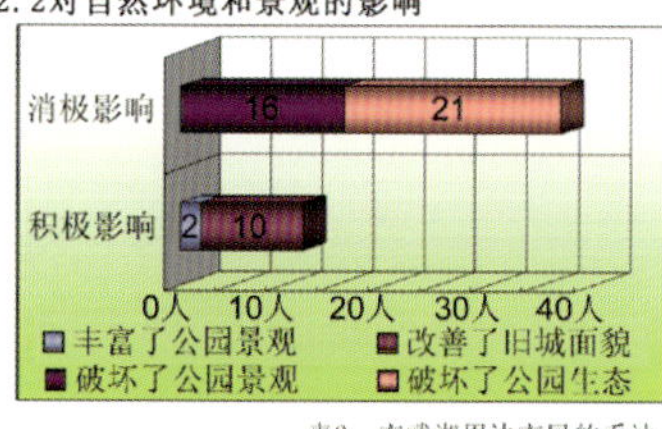

表2 玄武湖周边市民的看法

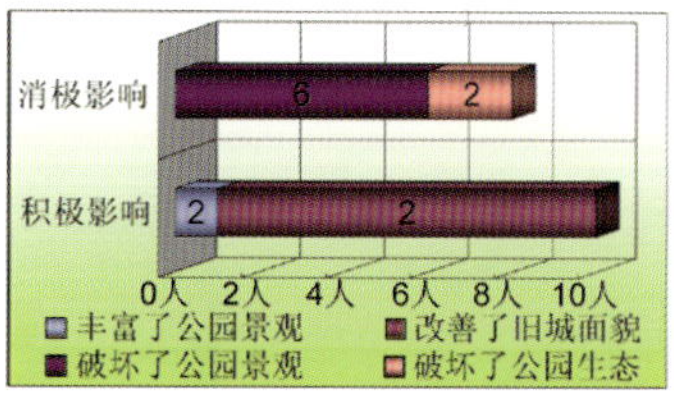

消极影响 6 2
积极影响 2 2
0人 2人 4人 6人 8人 10人
丰富了公园景观 改善了旧城面貌
破坏了公园景观 破坏了公园生态

表3 莫愁湖周边市民的看法

2.2.1影响了公园的生态环境

1)水质污染

莫愁湖边正在建设的居住小区将污水直接排到湖中，严重污染了湖水。

2)卫生死角

在居住小区与玄武湖之间的地段卫生环境极糟糕，成为无人管理的卫生死角。

3)机动车尾气污染

公园真是“公有”吗？ 5

玄武湖周边居住小区的私人汽车随意进出公园，不仅排放废气，污染公园环境，而且鸣喇叭，破坏公园安静祥和的气氛。

4）施工脏乱破坏公园景观

公园内一些在建工程及民工住处暴露在外，建筑垃圾和生活垃圾随意堆置，有碍观瞻。

2.2.2影响了公园景观和城市景观

通过图表可见，人们认为公园豪宅对城市景观的影响，消极多于积极，且莫愁湖畔豪宅消极影响更多一些。

1）玄武湖畔小区建筑，体量较大，颜色艳丽，影响了该地区山水城林的整体风貌。不仅建筑风格与城墙不协调，影响了历史文化气息，破坏了城市山水相依的天际轮廓线。

2）莫愁湖畔高层建筑仿佛屏障一般，围困住莫愁湖，不仅遮挡了东岸观赏湖景的视野，而且在莫愁湖内东眺，其天际轮廓平直呆板。也使莫愁女雕像在高耸的建筑背景前静默无奈，令历史氛围荡然无存。

图9 玄武湖无人看管区

图10 莫愁湖工地

2.3公园豪宅对社会环境的影响

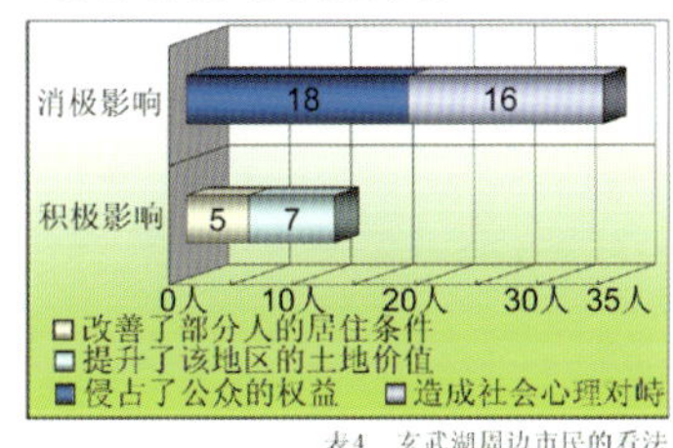

表4 玄武湖周边市民的看法

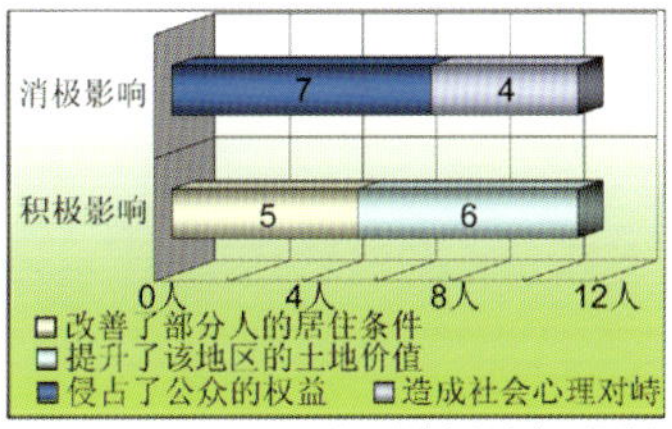

消极影响 7 4
积极影响 5 6
0人 4人 8人 12人
改善了部分人的居住条件
提升了该地区的土地价值
侵占了公众的权益
造成社会心理对峙

表5 莫愁湖周边市民的看法

2.3.1 “公园”与“私园”之争

通过问卷统计可见：市民普遍认为公园豪宅侵占了公共利益，侵蚀了城市公共空间。公园属于公共资源，不能成为少数人的“私园”。玄武湖公园和莫愁湖公园作为城市重要公共空间，应该对广大市民开放。而小区的建造在一定程度上将大众排除在外，只有小区业主才能欣赏公园美景，导致了公共景观“私有化”，侵犯了公众权利。

2.3.2 业主权益与大众利益之争

政府对玄武湖东岸豪宅处置使业主们十分不满。他们大多数人赞成玄武湖改造，但他们的利益又有

INVESTIGATION REPORT

HAVE YOU OWN THE GARDEN？

公园真是“公有”吗？ 6

谁来保障？政府部门认为，从南京城市整体及未来发展角度考虑，玄武湖地区必然是一块城市“绿肺”，小区用地不应为私人用地。而对于这些破坏环境的设施，不可避免要进行适当调整，这必然影响到业主利益。

2.4成因分析

公园周边为什么会出现这么多的豪宅？成因是多样复杂的，经过调查、分析、研讨，我们认为主要原因可归纳如下：

2.4.1 公园风景作为优质资源可以使房地产增值，这已成为政府和开发商们的共识。因此，公园临近土地通过拍卖可获得比一般土地更高的价格，这是政府所希望的。而开发商的前期投入也会因为风景资源的卖点而获得丰厚回报。

2.4.2 地方政府对旧城改造和城市形象塑造有强烈愿望，但缺乏充裕的资金，而治理环境，包括拆迁安置、景观重塑等都需要大量投入。在这种情况下，政府将需改造的地块卖给开发商，在获取利益、环境治理和改善形象方面获得多赢结果。莫愁湖畔二道埂子在万科开发之前是有名的棚户区，脏、乱、差的代名词，现在这一地区已成为高尚居住区，环境整洁，建筑亮丽，土地升值。政府在调控土地开发模式上做得很不够，没有考虑到公园周边土地作为城市景观和公共利益敏感地带规划的特殊性，让公园变成了“私园”和“私家湖”。

2.4.3 在市场经济的大潮下，公权和私权不甚明了，法理和法规不够健全，导致公共空间、公共利益观念的集体缺失。无论是政府、开发商、设计师还是业主，都缺乏强烈的公众意识。在立项、设计等方面缺少法规约束，使公众利益受到侵害。

2.4.4 政府、公众与开发商作为三股影响城市建设的主要力量，三者之间地位不平衡，公众处于绝对的弱势地位。开发项目只是开发商与政府之间的事。由于信息不对称，公众很难在项目过程中施加影响。结果，往往只好面对公众利益受损的无奈事实。

图11 玄武湖沿湖景观

图12 莫愁湖万科金色家园

3. 寻求解决之道

进一步，我们通过调研，征询相关各方对现存豪宅问题的解决方案：

3.1普通市民的意向

您认为应如何解决公园豪宅问题？
A、拆除 B、功能置换
C、改进保留 D、其他

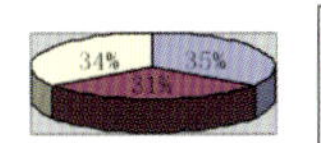

A拆除
B功能置换
C改进保留
D其它

表6 玄武湖部分

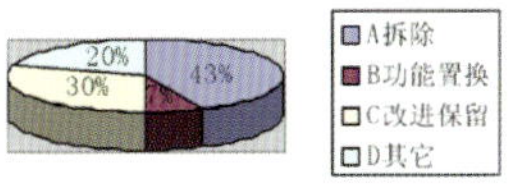

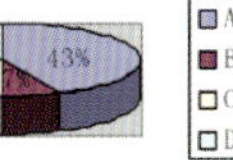

A拆除
B功能置换
C改进保留
D其它

表7 莫愁湖部分

INVESTIGATION REPORT

HAVE YOU OWN THE GARDEN？

公园真是“公有”吗？ 7

分析：由问卷统计可知，普通市民在对玄武湖周边豪宅处理上，选择拆除、功能置换和改进保留三种方式的人数相当，分别是35%，31%和34%。而由于莫愁湖周边公园豪宅侵占公共空间现象较为严重，且对城市公园景观影响较大，有43%的市民倾向于拆除。

3.2豪宅业主的意向

□如果您居住的小区存在占用公共空间的问题，您倾向于用什么方式解决呢？
A、保留并改进　B、使用功能置换
C、拆除建筑　D、其他＿＿＿＿

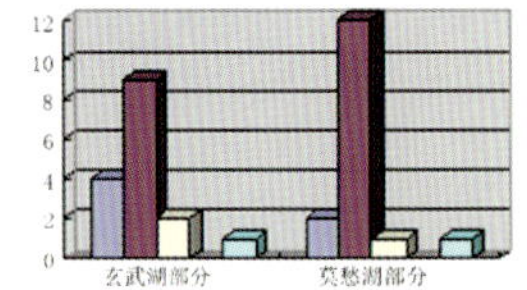

表8　玄武湖部分　　表9　莫愁湖部分

□如果您居住的小区存在占用公共空间的问题，您倾向于用什么方式解决呢？
A、保留并改进　B、使用功能置换
C、拆除建筑　D、其他＿＿＿＿

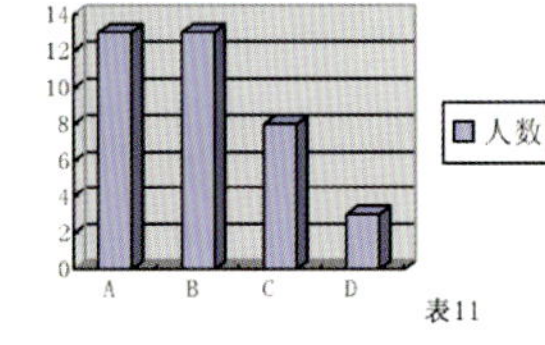

表10　业主意向

分析：由问卷统计可知，小区业主普遍都选择改进保留和功能置换的方式解决这一问题。在面临不得不搬迁时，业主们更倾向于以相近条件的住房调剂解决问题，而没有一个业主选择拆除建筑和货币补偿。

3.3专家学者的意向

您认为应如何解决公园豪宅问题？
A、拆除　B、功能置换
C、保留并改进　D、其他

表11

分析：通过问卷调查可见，专家们对于公园豪宅占用公共空间的现象持有比较客观公正的观点。对豪宅的处理应视影响程度和外部因素来选择不同的解决方式。

公园真是“公有”吗？ 8

3.4总结

关于公园周边豪宅的处置，不同的群体表达了不同的意见。对于影响公园景观、侵蚀公共利益的豪宅应予以拆除，反映了政府听取民意，促进和谐社会发展的意愿。但小区业主是通过合法途径购置住宅，他们的权益也应该受到保障。

4．结论与建议

4.1结论

4.1.1综合调查结果，公园豪宅对环境的负面影响主要体现在三方面：自然环境、景观环境和社会环境。

1）自然环境的影响可以通过加强生态保护，治理水体污染，禁止机动车出入，改善大气质量，强化公园环境综合治理，采取多项措施，实现公园自然环境的保护和改善。

2）景观环境的影响主要体现在建筑破坏了山水风景的和谐感、连续性和完整性。但不同楼盘不同建筑对景观环境影响程度不同，应进行更加细致的考察分析，做出实事求是的景观环境影响评估，以作为建筑拆改的依据。

3）社会环境的影响似乎更深刻一些，公园豪宅对公众的漠视和对公共空间的侵蚀确是不争的事实。市民表现出强烈的对公众权利的维护和对公共事务的关心，并在利益博弈中寻求更多的参与权与话语权，体现出社会民主意识的进步。从缓和社会心理冲突的角度，对一些对景观影响较小的建筑的整改可采取功能置换的方式，改变其居住用途，代之以公益性的功能，如养老院、幼儿园、少年宫、社区活动中心或社区医院。

图13　金陵御花园与玄武湖距离分析

4.1.2公园豪宅的出现表现了城市规划管理还存在着某些疏漏。一些专家说，“还湖于民”是好事，但几年前湖景豪宅也是政府批建的，现在又提出拆除或迁出。政策的随意性太大，政府城建规划中的科学性和前瞻性亟须提高。从批建豪宅到拆除豪宅，体现了政府构建和谐社会、有错必纠的真诚态度，也折射出在民主化社会进程中城市规划设计及管理观念的改变，包括在城市规划中关注公共利益，引导公众参与，这些都需要更多的制度保障，对此还有待于进行更多的研究和思考。

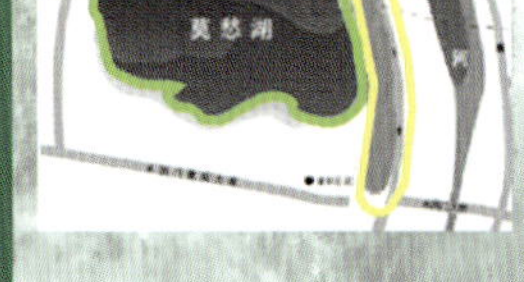

图14　莫愁湖环湖道路分析

4.1.3在公园豪宅现象中涉及另一个利益群体是小区业主，他们因为身份特殊而被推向公众的对立面，但他们本身并没有错，他们通过市场购置的合法产业并没有违法违规。按照最新颁布的《物权法》，维护自身利益是公民的基本权利。如何调节社会矛盾，调和不同群体的利益，政府需要在法制和市场的框架内，充分运用诚信、魄力和智慧化解这道难题。

4.2建议

4.2.1运用规划设计技术对现状的改善措施

1）开辟可供公众沿湖畔行走的公共通道（PUBLIC WAY）

为了改变当前公众无法接近湖岸，沿湖畔散步欣赏风景的现状，在公园与其紧邻的小区建筑之间开辟一个公共通道。公共通道的概念来源于北美公共空间穿越私人土地时开辟的通道。玄武湖目前有环湖路围

公园真是"公有"吗？

绕，矛盾不很突出：莫愁湖周边群众呼声较高，应充分考虑公众需求，开辟环湖通道。
2）充分开发湖畔现有空地改变当前湖畔环境恶劣，利用率低下的现状。通过对现有湖畔闲置空地进行规划设计，布置运动休闲场地，并建立配套公共服务设施，进行环境综合治理，增添公共空间的活力。
3）对湖畔影响景观的建筑进行具体分析，分别采取不同的方法适当改变其形式、高度和色彩。

4.2.2未来公园周边土地规划设计对策

1）城市规划要具有科学性和前瞻性

针对公众和专家提出的政府应该提高城建规划中的科学性和前瞻性，这就需要充分重视和听取群众和专家的意见，更理性一些，目光投得更远一些，应尊重规划的科学性、前瞻性和严肃性，不应在实施中随意更改，并通过制度法规保障城市规划的连续性和完整性。

2）项目听证，公众参与

在调查中我们发现，玄武湖、莫愁湖畔的居住小区在建成前，绝大多数的市民是毫不知情的，建成后引发了一系列的争议。城市并不是少数人的城市，不能只通过少数人的意志来决定城市的命运。将规划公开化、透明化，在立项之初召开项目听证会，引导公众参与，广泛征求市民意见，不仅是对城市负责，更是民主的体现。

3）规划公示，彰显民主

城市规划设计阶段过程中的公示规划，是市民参与的另一种方式。既避免了规划的片面性，又充分给予市民参与其中的机会。公众在这样的过程中体验到民主化的机制和过程。市民或公众作为一股社会力量确立自身的地位和话语权，在城市规划设计中发挥不可替代的积极作用。

4）立法保障城市景观资源利用的公益性和可持续发展

针对公共景观资源通过各种貌似合理的方式被个体或小团体侵占的事实，为保证景观资源成够为公众所共享，在城市总体设计或城市景观规划中应把城市中的公园及山水风景资源确定为景观敏感地带，严格论证和控制项目开发，强化城市设计引导和规划法规约束并制订一些不可逾越的原则。这些地带和原则通过立法确认，无论个人或集体都无权肆意开发和利用。城市景观应该是"公益"的，且是可持续发展的，不仅我们现在可以欣赏到秀丽的玄武湖、莫愁湖，我们的后代也可以站在我们曾经站过的地方畅想未来。

5)提高市民对城市的归属感，保护城市的公共空间

市民应该成为城市的主人，应具备强烈的公共意识，城市里的一草一木一砖一瓦都属于全体市民。只有当市民对城市的归属感增强，保护城市公共空间的意识提高以后，才可能防范并减少其他个人或集体对城市公共空间的侵蚀。

INVESTIGATION REPORT

HAVE YOU OWN THE GARDEN ?

南京市玄武湖、莫愁湖公园豪宅现象调查报告

公园真是"公有"吗？

5. 结语

在两个多月的调查中，无论是普通市民、小区业主还是专家，都向我们表达了他们的意愿，让我们了解到公园作为城市公共空间的重要性和这一现象中存在的矛盾。为此我们提出了自己的想法及建议。

我们相信，只有让城市公园回归普通市民的怀抱，城市才会变地更加和谐，城市公园才会更加有活力。

[参考书目]

1. 约翰.O.西蒙兹，俞孔坚等译.《景观设计学》.中国建筑工业出版社.2000年
2. 北京市园林局.《CJJ48-92公园设计规范》.中国建筑工业出版社.1993年1月
3. 石楠.《试论城市规划中的公共利益》.《城市规划》2004年第28卷第6期
4. www.js.xinhuanet.com
5. www.e-njhouse.com
6. www.people.com.

INVESTIGATION REPORT

HAVE YOU OWN THE GARDEN ?

南京市玄武湖、莫愁湖公园豪宅现象调查报告

附录1

市民与旅游者的调查问卷

时间：_______月_______日_____（时）　　调查员：________________

尊敬的市民：

您好，我们是城市规划专业的学生，为了更好地了解您对此地段的看法，为城市公共空间的规划与管理提供依据，我们进行本次针对市民与旅游者的调查。

此次调查所有问卷均为匿名，调查结果将用于更好的进行城市规划以及管理。感谢您的大力支持和配合。（本资料“属于私人单项调查资料，非经本人同意不得泄漏。”《统计法》第三章14条）

说明：请在“□”中打勾，在“______________”中填入相关内容。

您的年龄_______性别_______职业_______

1、您认为公园属于公共资源吗？

A、□属于　B、□不属于　C、□我不知道

2、您认为公园作为优质资源，周边的土地应该做什么用途？

A、□居住　B、□公共设施（如幼儿园、养老院等）　C、□绿地广场

D、□经营性的商业　E、□其他

3、您认为将公园作为城市景观的一部分重要吗？

A、□十分重要　B、□比较重要　C、□不是很重要　D、□无所谓

4、您认为公园边豪宅小区对公共空间有哪些影响？（可多选）

	□积极影响	□消极影响
景观环境	□丰富了公园景观 □改善了旧城面貌	□破坏了公园景观 □破坏了公园的自然生态环境
社会人文环境	□改善了部分人的居住条件 □提升了该地区的土地价值	□侵占了公众的权益 □造成社会心理对峙
影响程度	□没影响 □有一点 □很大 □没注意	□没影响 □有一点 □很大 □没注意

5、您认为应如何解决公园豪宅问题？

A、□拆除　B、□功能置换　C、□改进保留　D、□其他____________

6、您觉得公园周边地段建设项目立项是否应引入公众听证制度？

A、□应该　B、□不需要　C、□无所谓，作用不大

*************您答完这份问卷后感到还有什么需要补充吗？如有，请写在下面*************

谢谢您真诚的合作！　2005.6

附录1

小区内业主的调查问卷

时间：_______月_______日_____（时）　　调查员：________________

尊敬的住户：

您好，我们是城市规划专业的学生，为了更好地了解您在此居住的实际情况，为城市公共空间的规划与管理提供依据，我们进行本次针对小区内居民的调查。

此次调查所有问卷均为匿名，调查结果将用于更好的进行城市规划以及管理。感谢您的大力支持和配合。（本资料“属于私人单项调查资料，非经本人同意不得泄漏。”《统计法》第三章14条）

说明：请在“□”中打勾，在“______________”中填入相关内容。

您的年龄_______性别_______职业_______

1、吸引您在此居住的因素是什么？

A、□周边环境优美　B、□交通便利　C、□小区质量　D、□其他__________

2、您认为公园属于公共资源吗？

A、□属于　B、□不属于　C、□我不知道

3、您认为公园边豪宅小区对公共空间有哪些影响？（可多选）

	□积极影响	□消极影响
景观环境	□丰富了公园景观 □改善了旧城面貌	□破坏了公园景观 □破坏了公园的自然生态环境
社会人文环境	□改善了部分人的居住条件 □提升了该地区的土地价值	□侵占了公众的权益 □造成社会心理对峙
影响程度	□没影响 □有一点 □很大 □没注意	□没影响 □有一点 □很大 □没注意

4、如果您居住的小区存在（3）中的问题，您倾向于用什么方式解决呢？

A、□保留并改进　B、□使用功能置换　C、□拆除建筑　D、□其他________

5、如果您的个人住房面临搬迁，您希望以何种方式解决？

A、□市场规则下的货币搬迁　B、□以相近条件的住房调剂

C、□住房补偿　D、□货币补偿　E、□其他__________

************您答完这份问卷后感到还有什么需要补充吗？如有，请写在下面************

谢谢您真诚的合作！　2005.6

INVESTIGATION REPORT　HAVE YOU OWN THE GARDEN？

公园真是“公有”吗？

附录1

专家与学者的调查问卷

时间：_____月_____日___（时）　　　　　　　　调查员：______________

您好：

您好，我们是城市规划专业的学生，为了更好地了解您在此居住的实际情况，为城市公共空间的规划与管理提供依据，我们进行本次针对政府官员及专家的调查。

此次调查所有问卷均为匿名，调查结果将用于更好的进行城市规划以及管理。感谢您的大力支持和配合。（本资料“属于私人单项调查资料，非经本人同意不得泄漏。”《统计法》第三章14条）

说明：请在“□”中打勾，在“____________”中填入相关内容。

您的年龄______　　性别______　　职业______

1. 您觉得公园周边地段建设项目是否应重点考虑公共性质？
   A、□应该　B、□不应该　C、□无所谓
2. 您认为公园周边的建筑的什么因素对公园的景观有影响？
   A、□建筑高度　B、□建筑体量　C、□建筑轮廓　D、□ 建筑色彩　E、□ 其它
3. 您认为公园的景观是否应结合城市设计？
   A、□非常必要　B、□应该　C、□没什么　D、□根据具体情况
4. 在城市总体设计中是否应设置城市景观敏感地段？
   A、□应该　　B、□不需要　　C、□无所谓
5. 您认为公园边豪宅是否涉及到对公共空间的侵蚀？
   A、□影响很大　　B、□有某方面影响　　C、□影响很小　　D、□没有任何影响
6. 您对公园边豪宅有什么感受？（可多选）

	□积极影响	□消极影响
自然环境及景观	□丰富了公园景观	□破坏了公园景观
	□改善了旧城面貌	□破坏了公园的自然生态环境
社会人文环境	□改善了部分人的居住条件	□侵占了公众的权益
	□提升了该地区的土地价值	□造成社会心理对峙
影响程度	□没影响	□没影响
	□有一点	□有一点
	□很大	□很大
	□没注意	□没注意

7. 您认为应如何解决公园豪宅问题？
   A、□拆除　　B、□功能置换　　C、□保留并改进　　D、□其他__________
8. 您觉得公园周边地段建设项目立项是否应引入公众听证制度？
   A、□应该　　B、□不需要　　C、□无所谓，作用不大

INVESTIGATION REPORT

HAVE YOU OWN THE GARDEN ?

公园真是“公有”吗？

附录 2

调查问卷统计汇总表

市民及游人卷：发放 60 份

选项 \ 题号		1	2	3	4	5	6
A	人数	58	2	44		24	42
	比例%	96.7	3.3	73.3		40	70
B	人数	0	24	16		12	2
	比例%	0	40	26.7		20	3.3
C	人数	2	40	0		20	16
	比例%	3.3	26.7	0		33.3	26.7
D	人数		4	0		6	
	比例%		6.7	0		10	
E	人数		9				
	比例%		15				

小区业主卷：发放 30 份

选项 \ 题号		1	2	3	4	5
A	人数	9	29		23	2
	比例%	30	96.7		76.7	6.7
B	人数	10	0		7	18
	比例%	33.3	0		23.3	60
C	人数	16	1		0	7
	比例%	53.3	3.3		0	23.3
D	人数	1			0	0
	比例%	3.3			0	0
E	人数					1
	比例%					3.3

专家学者卷：发放 30 份

选项 \ 题号		1	2	3	4	5	6	7	8
A	人数	30	25	15	28	20		13	30
	比例%	100	83.3	50	93.3	66.7		43.3	100
B	人数	0	28	15	0	10		13	0
	比例%	0	93.3	50	0	33.3		43.3	0
C	人数	0	13	0	2	0		8	0
	比例%	0	43.3	0	6.7	0		26.7	0
D	人数		15	0		0		3	
	比例%		50	0		0		10	
E	人数		5						
	比例%		16.7						

INVESTIGATION REPORT

HAVE YOU OWN THE GARDEN ?

南京市玄武湖、莫愁湖公园豪宅现象调查报告

附录3：访谈录

公众逐渐意识到“城市里的公园，属于你，属于我，属于居住在这个城市的每个人”。而在公园边建居住小区侵犯了公众的权益。对于玄武湖与莫愁湖畔公共空间私人占用的现状调查，市民、业主、专家对此有各自的看法。市民是公共空间的拥有者，业主所在的居住小区扮演了占用公共空间的角色，而专家可以从专业的角度客观地看待这一现象。他们的意见与建议代表了来自社会不同的声音，这些都是我们对玄武湖与莫愁湖畔公共空间私人占用现象的调查依据。下面是我们对一位市民和一位小区业主及一位专家的访谈记录。

市民访谈录

被访者职业：会计　　性别：女　　年龄：43岁　　地点：玄武湖公园

调查员：　在新一轮的《玄武湖景区总体规划》中将盛世华庭将被拆除，金陵御花园与贵宾楼远期考虑拆除，对此您有什么看法？

市民：　盛世华庭这些房子一层就是一户，单价少说也要一万元，没有两百万元以上根本住不起！难道有钱就可以把整个玄武湖买下来？玄武湖应当留给大家共享。像金陵御花园那样影响了玄武湖景观的，拆除是应当的。

调查员：这些豪宅在建成前后，您知道相关的信息吗，比如这里将要建什么、建筑有多高？

市民：　我们完全不知道啊，我们不经常来玄武湖，隔了一段时间过来，发现有新的房子盖起来，都是给有钱人住的，开发商把公共风景卖给少数人了——我们是进公园看楼房，人家倒是买房子看公园。公园是我们大家的，这边要建什么应该问问我们大家的意见啊！

调查员：　规划中，要将盛世华庭转置出来搞旅游风光带，改建为集茶社、酒吧为一体的商业区“金粉水乡”，您觉得合适吗？

市民：　我觉得本来拆那些房子是为了把玄武湖还给我们，我们想要的就是一个完完整整的大自然，我们来公园就是为了放松休息的，这种嘈杂的商业区，难道就不会对玄武湖公园造成影响了吗？

小区业主访谈录

被访者职业：工程师　　性别：男　　年龄：45岁　　地点：盛世华庭

调查员：　您住在这里多久了？

业主：　两三年吧

调查员：　这里的房价比其他地段都要高，甚至是他们的几倍，那么当初是什么原因促使您在此地购房的呢？

业主：　其实原因很多，主要来说有以下的几个方面。首先因为这里是城市中心区，交通地理位置非常好，出行购物都非常方便。其次因为靠近玄武湖，自然景观优美，每天都可以到湖边散步有益于身心健康。再次就是小区质量好，这一片都是高档住宅，无论是从安全、服务设施还是住宅本身都是高要求的，居住在这里其实也是一种身份的象征。

调查员：玄武湖作为公共资源应该属于大家，对于玄武湖周边这些豪宅的存在，有很多市民

认为不仅破坏的自然景观，而且使得玄武湖成为私有财产，政府部门也有拆除豪宅的意向，您作为业主对此问题有什么看法呢？能否谈谈？

业主：　我也听闻政府要出台拆除这些住宅的指令，在其他人的眼中，我们是受益者，可以每天欣赏到玄武湖的景色，但在另一方面其实我们也是受害者啊。我很支持玄武湖的规划，但是当初我们也是花高于其他住宅几倍的房价购买现在的住房的，谁回想到才住了不到五年的时间，政府又要拆，我们不能卖，不能租，自己住着又不踏实。市民认为他们的权益受到了侵害，但是他们在玄武湖里面还是能看到玄武湖啊，他们的利益政府来保障，那我们的利益又有谁来保障呢？

专家学者访谈录

被访者职业：南京市规划局工作人员　　性别：男　　年龄：38

问：请问您是怎样看待玄武湖、莫愁湖畔公共空间被豪宅侵占的现象？

答：玄武湖、莫愁湖畔的用地应该属于公共空间，不应该变成私有用地，这样的区域公众难以进入，可以说这些豪宅损害了公众的利益，我很不赞同在公园边兴建这样的“富人区”，这也导致了社会不同利益集团之间的心理对峙，对城市的和谐发展很不利。

问：请问这次《玄武湖景区总体规划》中将盛世华庭拆除的目的是什么？

答：盛世华庭自1993年建成以来，一直有很多关于恢复其公共性的争论，因此此次规划中提出将此地改为公共设施用地和公共绿地，并通过建设一些商业设施以增加玄武湖东侧的活力。

问：如果将盛世华庭改建为一些商业设施会不会是另一种意义上对公共空间的侵占？

答：我们也考虑过这样的问题，但是如果彻底将这块土地作为广场绿地等用途，政府一方面没有那么多的资金，另一方面玄武湖东侧的活力可能会不够。

问：对于远期考虑拆除的金陵御花园与贵宾楼，您有什么看法？

答：当初建的时候，这两处就存在较大争议。这次规划，目的是美化南京城，保护好南京的‘绿肺’，对那些破坏景观的设施，不可避免地要进行适当的调整。这会影响到部分人的个人利益，我们以为应以服从整体利益、维护整个大环境为宜。

问：面对这样的现象，您觉得规划部门有没有失职的地方？

答：我认为在不同时期，人们的想法是不一样的，就象在战争时期人们就想着胜利一样。规划部门在当时的情况下，作出的决定是和当时情况有关的。我也不否认，规划部门的规划前瞻性与科学性有待提高。

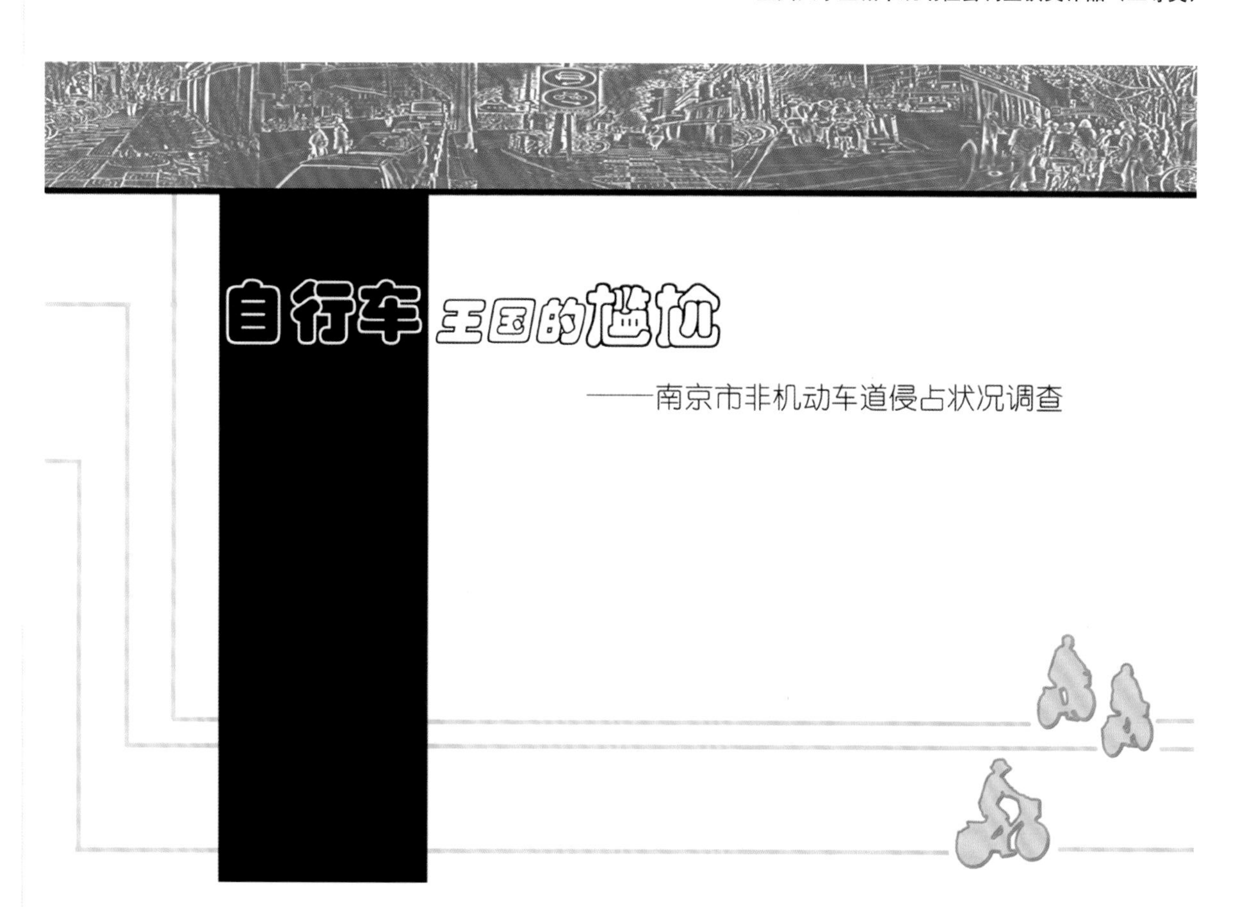

自行车王国的尴尬

——南京市非机动车道侵占状况调查

目　录

图　录

院校：南京大学城市与资源学系城市规划专业　　指导教师：芮富宏、黄春晓　　学生：李明烨、常有、汤培源、范小妮

前言

还记得年少时学踩单车的情景吗？小心翼翼地上车，紧紧地攥着车把，目不转睛地盯着前方，直到车后父母的手松开——无论是成功还是失败，前方的路已属于我们自己……

从此，我们学会了骑车，从小学到高中，从大学到第一份工作，自行车始终作为我们必不可少的工具伴随我们成长。然而，渐渐地，我们不再会为一辆新的永久牌自行车骄傲，也没有了那份骑车郊游的闲适心情：因为儿时骑车的伙伴已开上了气派的“宝马”，因为骑车一族每天要忍受狭窄的车道、尾气、噪声和安全的威胁……

城市的机动化时代真的到来了吗？

骑车的人真的会越来越少吗？

城市“畅通工程”的代价是越变越窄的自行车道吗？

骑车者自身又是如何看待这些问题的呢？

……

带着这一连串的问题，我们踏上了这次调查之旅，以期从城市规划的角度分析城市非机动车道被侵占的现象。

[摘要] 我国作为“自行车王国”，自行车年产量和拥有量都位居世界首位，然而近年来，随着城市交通机动化的发展，许多城市出现了非机动车被侵占的现象，这给骑车者带来了不便。通过调研，本文从可持续的城市发展方向重审了自行车交通的意义，从人文关怀的角度倾听了骑车人的心声，由此提出加强规范约束和疏解路段矛盾的措施。

[关键词] 非机动车道　侵占　人性化　规范

1调查的意义与方法

1.1调查的意义

我国城市目前的居住结构、环境保护需要和居民经济条件决定了自行车交通存在的必然性和现实性。

据统计，自行车仍然是当前我国城市最主要的交通方式。在我国的许多城市，自行车担负着40%左右的居民的出行，这一比例远远高于公共交通和小汽车交通。然而，随着城市化进程的加速，城市交通的机动化发展，不少城市出现了非机动车道被侵占的现象。因此，城市中的非机动车使用者每天都在忍受着这种非人性化尺度的交通空间以及尾气、噪声和安全的威胁。

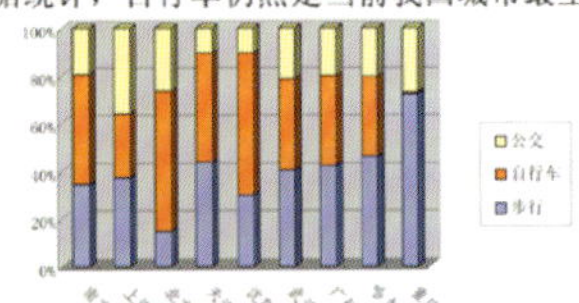

图1.2 中国九大城市的出行方式比例

作为城市的规划者，从城市可持续发展的角度重新审视城市交通机动化的利弊，从社会公平的原则考虑各个社会群体的利益，尤其是相对弱势的群体的利益，为非机动车的通行创造良好的环境和条件具有重要的现实意义。

1.2调查的对象

为了客观地反映南京市非机动车道被侵占的状况，我们首先对南京市内环线以内的主次干路车道展开普查（如图所示），共调查主干路35条，次干路29条；然后根据普查结果，选取问题集中、具代表性的城市次干路珠江路作为重点调查对象深入调查 。

图1.1 自行车的三大优势

图1.3 普查范围——南京内环线以内

1.3调查的方法

本次调查主要采取资料收集、实地考察、问卷调查、座谈访问四种方法。

■ **资料搜集** 包括国内外最新的关于城市交通，尤其是非机动车通行方式的文献，以及目前南京市非机动车使用状况的统计资料等。

■ **实地考察** 包括测量普查范围（南京市内环线）以内各主干路、次干路的非机动车道宽度，拍摄和记录非机动车道被侵占的方式和程度等。

■ **问卷调查** 将被调查人群定位为珠江路的非机动车使用者。进行问卷调查时将珠江路划分为四个路段分别发放等量的《针对非机动车使用者的调查问卷》共计200份，回收有效问卷183份，问卷有效率为90.15%。

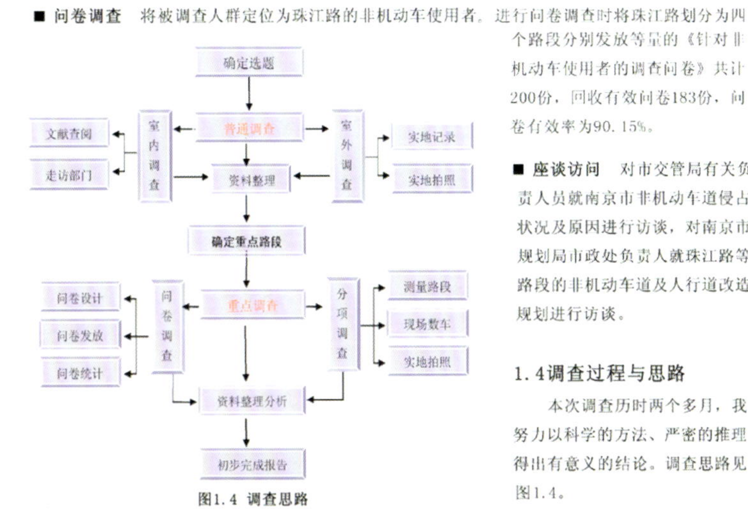

图1.4 调查思路

■ **座谈访问** 对市交管局有关负责人员就南京市非机动车道侵占状况及原因进行访谈，对南京市规划局市政处负责人就珠江路等路段的非机动车道及人行道改造规划进行访谈。

1.4调查过程与思路

本次调查历时两个多月，我努力以科学的方法、严密的推理得出有意义的结论。调查思路见图1.4。

2一般情况调查

2.1南京市自行车使用状况

2004年，南京市在交管部门注册的非机动为280万辆，人均拥有自行车0.93辆，基本达到饱和状态。

表1 南京市居民出行比例

年份	步行	自行车	公交	出租	摩托车	其它
1986	33.1	**44.1**	19.2	0.1	0.3	3.2
1997	25.45	**57.91**	8.19	0.92	2.16	5.37
1999	23.57	**40.95**	20.95	1.71	5.24	6.54
2001	26.31	**40.78**	24.43	1.02	2.71	4.74
2004	19.85	**38.66**	29.82	1.48	4.06	6.13

表2 各种交通出行方式高峰比例预测

交通方式	2010年(%)
步行	19
自行车	**41**
小汽车	9
公共汽车(轨道)	25
其他	6

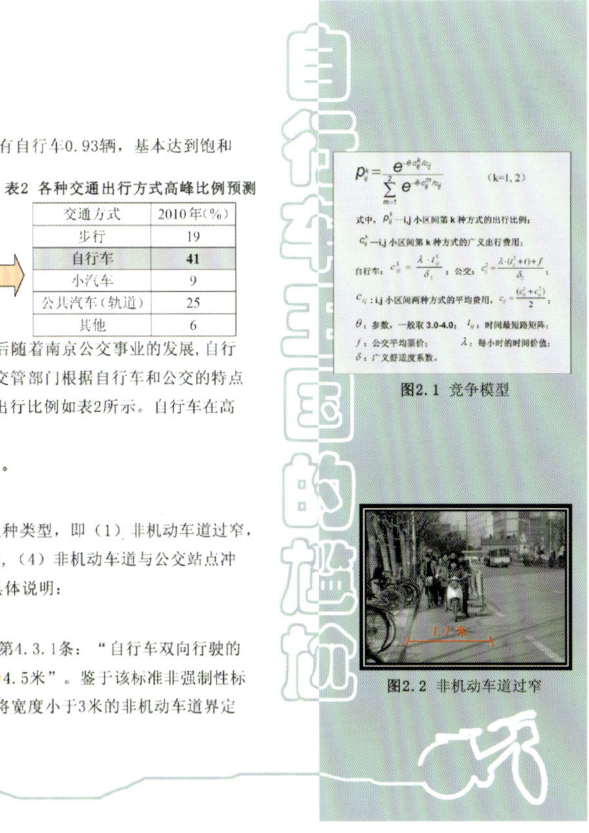

图2.1 竞争模型

由表1可知，自行车是南京居民最主要的出行方式。1997年之后随着南京公交事业的发展，自行车的出行比例尽管有所下降，但仍然保持的相当比重。通过查阅交管部门根据自行车和公交的特点建立的竞争模型[1]，我们了解到2010年主城区各种交通方式高峰出行比例如表2所示。自行车在高峰期保持了41% 的出行比例。

结论1：近期内，自行车仍是南京市居民主要的出行方式之一。

2.2南京市主城区街道非机动车道的侵占现象严重

根据普查的情况，我们将非机动车道被侵占的表现形式分为五种类型，即（1）非机动车道过窄，（2）非机动车道与人行道合并，（3）非机动车道被路边停车所占，（4）非机动车道与公交站点冲突，（5）其它侵占方式（包括摊贩占道和行人占道等）。以下具体说明：

2.2.1非机动车道过窄

非机动车道宽度的标准是参照《城市道路交通规划设计规范》第4.3.1条：“自行车双向行驶的最小宽度宜为3.5米，混有其它非机动车的单向行驶最小宽度应为4.5米”。鉴于该标准非强制性标准，且在调查过程中，我们发现大部分道路没有达到该标准，便将宽度小于3米的非机动车道界定为“过窄”。

典型路段为学府路、马府街。

图2.2 非机动车道过窄

2.2.2非机动车道与人行道合并

非机动车道与人行道合并则是交管部门在车道入口处，通过指示牌引导自行车上人行道行驶的交通管制措施。道路资源实现了重新分配：机动车道新增了一个车道的宽度，而骑车者和行人被压缩至原有的人行道。

典型路段为珠江路、白下路。

2.2.3非机动车道被路边停车所占

非机动车道被路边停车所占是指在划定的非机动车道内停放机动车或非机动车，骑车人群被挤到快车道，与机动车混行颇有几分“激流勇进”的豪迈。

典型路段为天津路、江苏路。

2.2.4非机动车道与公交站点冲突

非机动车道与公交站点的冲突是指在没有绿化隔离带的道路上，公交车站点上下车人群路线与非机动车道上的骑车人群路线产生冲突。每当有公交车到站，便会出现骑车者一头“扎”进等车人堆的混乱景象。

典型路段为进香河路、升州路。

2.2.5其它侵占方式

包括摊贩占道和行人占道等现象。由于人行道窄或被占用，行人只得到非机动车道与自行车混行；行人没有安全感，骑车人被迫左右避让。

典型路段为广州路、雨花路。

2.2.6侵占街道资料汇总

由下表可知，在我们调查的南京市内环线以内的35条主干路和29条次干路中，84.4%存在非机动车道被侵占的现象，其中车道过窄占15.6%，非机动车道与人行道合并占23.4%，停车占位占43.8%，非机动车道与公交站点冲突占29.7%；而次干路的侵占状况与主干路相比更为严重，调查的次干路调查的主干路中77.1%有侵占现象。调查路段中，珠江路集中了上述5种侵占方式，侵占问题严重。

图2.3 与人行道合并

图2.4 被路边停车所占

图2.5 与公交站点冲突

图2.6 行人占道

05

表3 主干路侵占状况一览表

问题 路名	A	B	C	D	E
模范中路		★		★	
新模范马路				★	
湖南路					
北京西路					
北京东路		★			
汉中路					
中山东路	★				
建邺路	★	★			
白下路		★			
升州路		★	★	★	
建康路			★		★
集庆路	★				
长乐路					★
集合村路		★	★		
虎踞北路					★
凤台路			★		
山西路			★		
中山北路			★	★	★
云南路			★		
上海路			★	★	★
莫愁路		★	★		★
中央路					★
中山路					
中山南路					
进香河路				★	
洪武北路		★		★	
洪武南路				★	
中华路					
雨花路			★	★	★
太平北路					
太平南路	★				
龙蟠中路					
龙蟠南路					★

表4 次干路侵占状况一览表

问题 路名	A	B	C	D	E
广州路			★	★	★
珠江路	★	★	★	★	★
拉萨路				★	★
永庆巷					★
华侨路		★	★		
长江路					
石鼓路		★	★	★	
淮海路	★				
羊皮巷			★		
户部街				★	
常府街				★	
秣陵路			★		
小火瓦巷			★		
太平巷			★		
娃娃桥	★				
马府街	★				
马道街					
江苏路		★	★		
西康路		★			
虎踞关					★
宁海路					★
牌楼巷	★	★	★		
管家桥	★		★		
王府大街			★	★	
鼎新路			★		
仙鹤街			★		
丹凤街	★	★	★	★	
长白街			★	★	
江宁路			★		★

注释： A自行车道过窄　B和人行道合并

C停车占道　D公交停靠冲突

E其他（小摊占位、人行道过窄、施工占道）

结论2：南京市主城区的主次干路的非机动车道侵占现象十分严重，其中以珠江路最为典型。

06

3深入调查

3.1珠江路概况

珠江路是南京市中心区重要的东西向次干路，中段路幅约28米，交通饱和度已达1.5，是南京交通压力最大的次干路之一，有严重的非机动车道侵占现象，给通过该路段的骑车者带来了不便。

3.2珠江路非机动车使用人群——相对弱势的群体

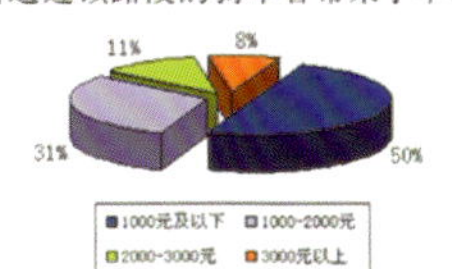

图3.1 使用人群收入统计

调查中我们了解到珠江路的非机动车使用者的收入情况如图所示，月收入1000元以下者占50%，月收入2000元以下者占81%，而3000元以上高收入者仅占8%；

与之对应的职业分布如图所示，其中学生占29.5%，其次是企业职员占20.2%，商业、服务业人员占14.2%，而机关干部仅占2.7%。

图3.2 使用人群职业统计

当问到“是否有在未来5年内购置私家车的打算”时， 52.5%的人选择“不会买”或“没想过”18.6%的人选择此打算在“5年以后”。

结论3：珠江路非机动车使用者收入偏低，职业领域集中于学生、企业职员和商服业人员，从社会阶层来看，骑车人群属于相对弱势的群体，在近期内大部分人无购置私家车的计划。

3.3珠江路非机动车道侵占对使用者造成的影响

3.3.1骑车者对路况的评价——普遍表示不满

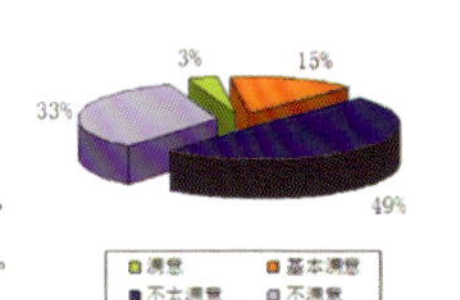

图3.3 骑车者满意度统计

在问卷调查中，我们了解了珠江路非机动车使用者对目前的路况的满意度，结果如图所示，33%的骑车者选择“不满意”，49%的骑车者选择“不太满意”，仅有3%的骑车者选择“满意”。这一结果与我们的预期是相符的。

结论4：珠江路非机动车使用者普遍对路况条件表示不满。

07

3.3.2骑车者的无奈之举——被迫骑上机动车道

在对珠江路的实地观测中，我们发现很多骑车者并不按照交通规则在非机动车道或人行道（合并路段）行驶，而是行驶到机动车道。针对这样一种危险的行为，我们进行了问卷调查。当问到“在珠江路您是否会骑车行驶于机动车道”时，结果如图所示，有11%的骑车者选择“几乎每次都会”或“经常会”，43%的骑车者选择“偶尔会”，仅有23%的骑车者“从来不会”骑于非机动车道。

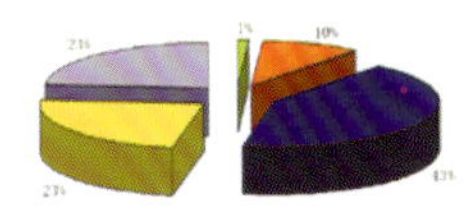

图3.4 骑上机动车道的频率统计

根据这一情况，我们继续深入了解了骑车者上机动车道行驶的原因。

图3.5 骑上机动车道的原因统计

原因一：“非机动车道过窄”（41.0%）

在珠江路有非机动车道的路段，我们测量了非机动车道的宽度，南侧测量地点为南京金华铭办公设备有限公司段，总宽度为2.50米，其中路缘石0.30米；北侧测量地点为新华书店段，总宽度为2.40米，其中路缘石0.30米。可见这一宽度无法适应珠江路非机动车的流量，是缺少人性化的交通尺度。

原因二：“没有专门的非机动车道”（35.0%）

珠江路的非机动车道与人行道的合并路段约占全路段的45%，根据实地观测结果，我们发现在合并路段选择行驶于机动车道的人数超过50%。

表5 非高峰小时合并路段上机动车道和人行道行驶的非机动车数量

南侧			北侧		
人行道	机动车道	总数	人行道	机动车道	总数
403	422	825	361	378	739
48.8%	51.2%	100%	48.8%	51.2%	100%

观测时间2005年5月24日10点—11点，观测地点：新世界大厦门前（南侧）、中国农业银行门前（北侧）

08

表6 高峰小时合并路段上机动车道和人行道行驶的非机动车数量

南侧			北侧		
人行道	机动车道	总数	人行道	机动车道	总数
450	687	1137	390	840	1230
39.6%	60.4%	100%	31.7%	68.3%	100%

观测时间 2005 年 5 月 20 日 17 点—18 点，观测地点：新世界大厦门前（南侧），中国农业银行门前（北侧）

为此，我们对合并路段的情况进行了调查。由于珠江路是南京的电子商业街，行人数量很多，而合并路段的宽度在 5-6 米之间，参照《道路工程》第八章第三节："大城市商业街人行道最小宽度宜为 5 米"，可知合并路段的宽度明显无法满足人车混行的要求。

合并路段在宽度不足的情况下未根据骑车者需求作任何改造，仍然保留原有人行道的设计样式，中部设有 0.8-1.2 米的盲道。骑车者为避让行人经常骑上凹凸不平的盲道。调查过程中，一位骑车者向我们反映："雨天在人行道上骑车很困难。尤其是在盲道上，车子会打滑，常有人摔倒。"此时的盲道显然已成为一种装饰，不仅盲人难以使用，骑车人也是望而生畏。

此外，合并路段路面凹凸不平，与机动车道有没有平整的坡道相连，骑车者要经受颠簸之苦。

原因三："非机动车道被停车所占"（38.8%）

停车侵占非机动车道分为两种情况，如图所示，分别是机动车占道和非机动车占道。在珠江路这两种情况都有体现，其中非机动车占道更为严重。这主要是因为珠江路没有专门的非机动车道停车场，非机动车采用沿路停放的方式。这使得原本狭窄的非机动车道更加拥挤。尤其是合并路段，双边停车占用了近 4 米的宽度，行人尚需穿梭其中，骑车者只能"望路兴叹"了。

原因四："非机动车道被摊贩所占"（31.1%）

珠江路大量兜售软件的摊贩在非机动车道尤其是合并路段上拉客，也造成了非机动车道的拥挤。

其它原因（23.5%）

"机动车道上车少"和"机动车道上行车路线顺畅"也是骑车人骑上机动车道的原因。侵占的非机动车道带来的不仅是机动车道短期内的通畅，也是骑车者的不便。

结论5：骑车者骑上机动车道并非是他们无视交通规则，而是他们"应对"被侵占的非机动车道的无奈之举。

图3.6 相对较宽的盲道

图3.7 凹凸不平的路面

图3.8 非机动车占道

图3.9 机动车占道

自行车王国的尴尬

09

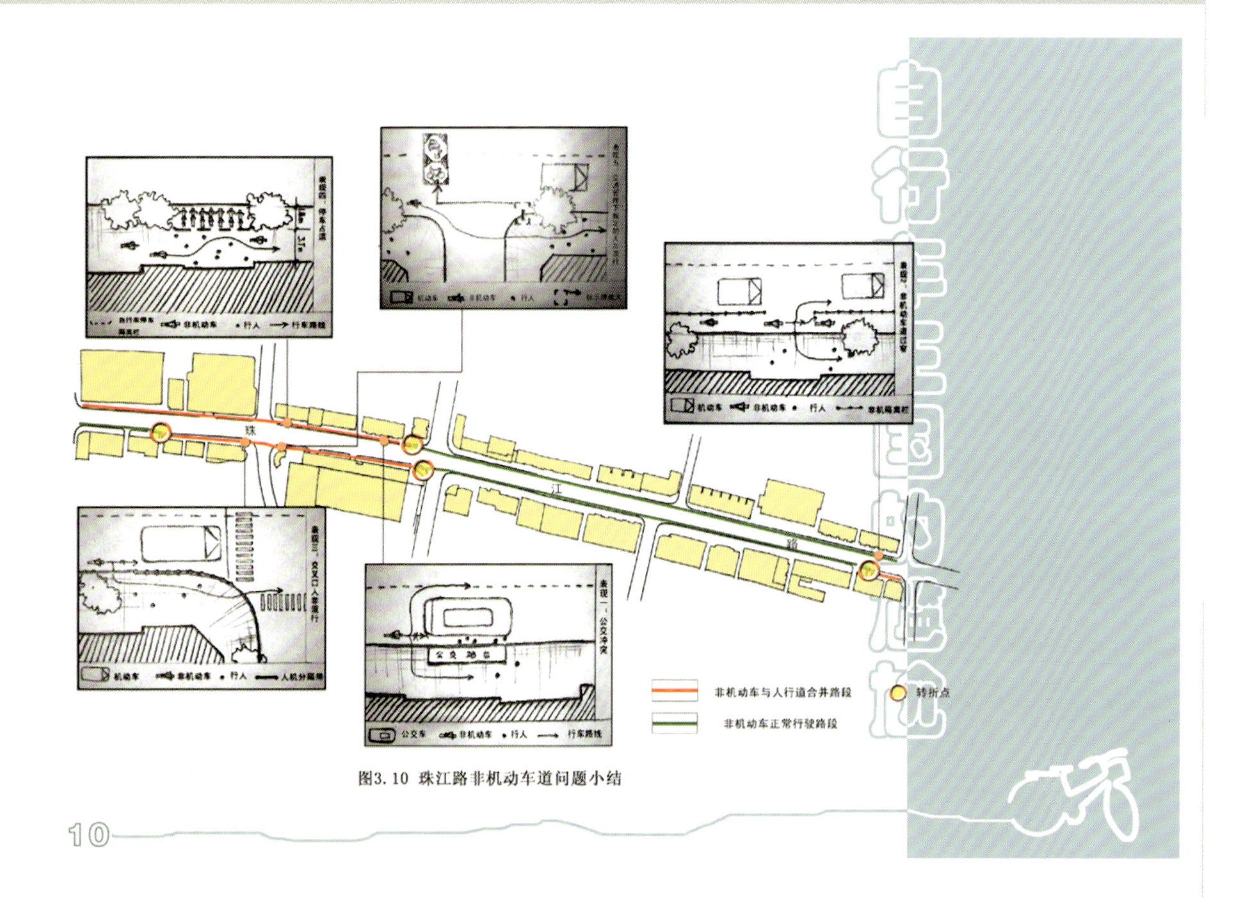

图3.10 珠江路非机动车道问题小结

自行车王国的尴尬

10

3.3.3骑车者的心理感受与需求

当问到“您骑车行驶于机动车道的最大感受是什么”时，结果如图所示，40%的人选择“危险”，23%的人选择“方便”，分别有15%的人选择“宽敞”和“快速”。可见，骑车者已经意识到行驶于机动车道的危险性，但出于行车方便快捷的考虑，他们宁可选择危险性高却宽敞的骑车环境。可以想像，骑车者穿行于快速通行的机动车之会产生一种焦躁不安的紧张情绪，每天的通勤经历对于他们来说毫无乐趣，只会增添一份身心上的疲惫。

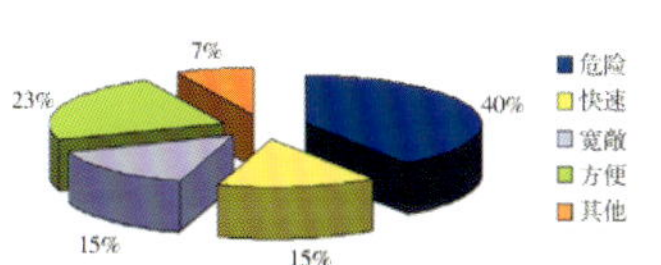

图3.11 行驶于机动车道的心理感受统计

图3.12 对骑车环境需求统计

那么，骑车者对于适宜的骑车环境的需求又是怎样的呢？我们让骑车者对非机动车道的要素进行排序，通过设置权重计算得出以上结果。

结论6：骑车者需要路面状况良好、宽度适宜、没有机动车和行人干扰的人性化的骑车环境。

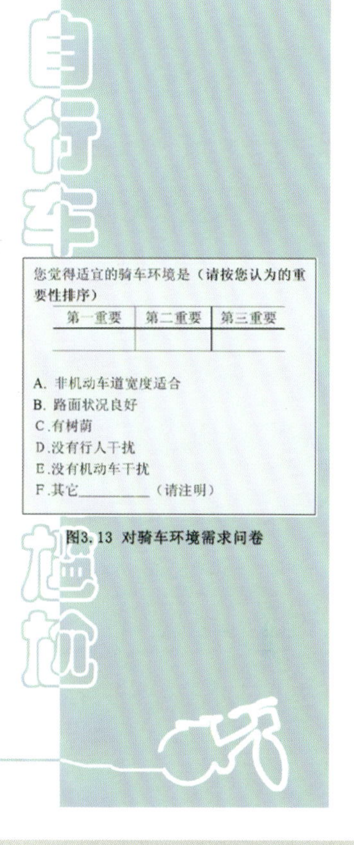

您觉得适宜的骑车环境是（请按您认为的重要性排序）

第一重要	第二重要	第三重要

A. 非机动车道宽度适合
B. 路面状况良好
C.有树荫
D.没有行人干扰
E.没有机动车干扰
F.其它＿＿＿＿＿（请注明）

图3.13 对骑车环境需求问卷

4原因分析

4.1有关部门的解释

在调查过程中，我们就南京市非机动车道被侵占的情况及原因访谈了市交管局和市规划局的有关负责人员。他们的对此的解释可概括为以下两点。

4.1.1 观点一：片面强调城市交通机动化趋势

南京市交通规划研究所有限责任公司某经理如是说：“城市交通的机动化是必然的趋势，今后骑车的人会越来越少，合并非机动车道也是顺应这种趋势。”

4.1.2 观点二：“坐车”领导不知“骑车难”

交管局科研所某所长曾提到：“*我也骑车啊，也觉得不方便，不公平的因素是存在的，但现在主要是考虑机动车的畅通；你们学生的想法比较幼稚，我们是要讲政治的，领导是坐车的，出现堵车现象，就会要求有关部门采取措施。*”

结论7：有关部门片面强调城市交通机动化的趋势，没有认识到自行车作为一种清洁、便利的交通方式在我国存在的必然性和现实性；有关领导没有深入了解群众“骑车难”的体会，仅凭主观判断做出决策。

4.2规范的约束性弱

《城市道路交通规划设计规范》第4.3.1条：“自行车双向行驶的最小宽度宜为3.5米，混有其它非机动车的单向行驶最小宽度应为4.5米”。由于该标准非强制性标准，所以交管部门对于非机动车的压缩合并具有一定的随意性。骑车者的权益得不到有效的维护。

图4.1 相关规范

5建议

5.1宏观政策引导——可持续的交通方式

建设部副部长仇保兴在来我校期间作的《我国城镇化的机遇与挑战》的报告中，明确指出了城市交通交通机动化是我国城镇化的一大危机，提出要鼓励公交发展和步行的出行方式，保留自行车交通，走可持续发展的道路。他还幽默地举了一个例子：美国正在将原来的高速公路改造为自行车专用道。因为许多美国人认为与其开了两小时车后回家踩自行车健身还不如踩着自行车去上班。

我们呼吁：在政策方面，国家应当注重对可持续的交通发展方式的引导，保留自行车的交通方式，避免重蹈覆辙，走发达国家迂回式发展的老路。

5.2规范强制约束——变“不宜”为“不得”

我们建议在《城市道路交通规划设计规范》中关于自行车的道路的通行宽度条款中对于非机动车道的宽度以及路面的平整度作强制性规定，在没有特殊理由的情况下不得将人行道与非机动车道合并。根据我们调查的结果，大城市次干路非机动车道宽度不得小于3.5米，路面必须平整无障碍。

自行车王国的尴尬

5.3规划设计解决

5.3.1城市自行车专用道的规划

开辟自行车专用道，可有效分解城市主次干道交通流量，提高路网利用率。城市规划者可利用支路，开辟独立的自行车专用道，形成系统。具体做法是：选取自行车流量大的支路，对机动车采用一些障碍设计加以限制：平整路面，布置照明和绿化，创造优美宜人的骑车环境，设计意向图如图所示。

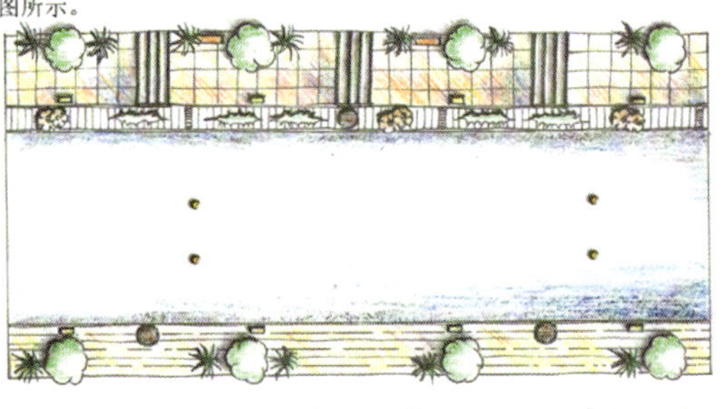

图5.1 自行车专用道设计意向一

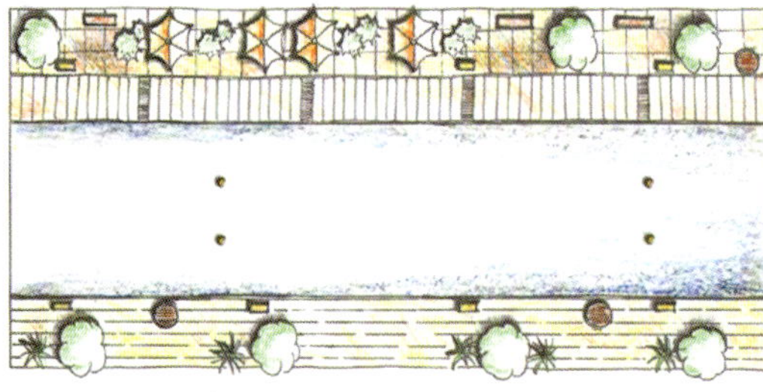

图5.2 自行车专用道设计意向二

13

自行车王国的尴尬

5.3.2合并路段的疏解措施

在近期，考虑到主城区许多路段不可能拓宽，我们建议对于合并路段采取以下疏解措施（以珠江路为例）：

措施一： 利用支路或地下空间实行非机动车集中停放管理，将目前的路面停车空间用于非机动车和行人的通行，具体设计如图所示；

措施二： 改造合并路段路面，平整路面，在有高差处增设平缓的坡道，将盲道移置合并路段内侧，把宽度设计为0.4-0.5米；

措施三： 规定沿街店铺不得将私有物品如空调室外机等置于街道上，店门一律向内侧开，以减少对于合并路段的占用。

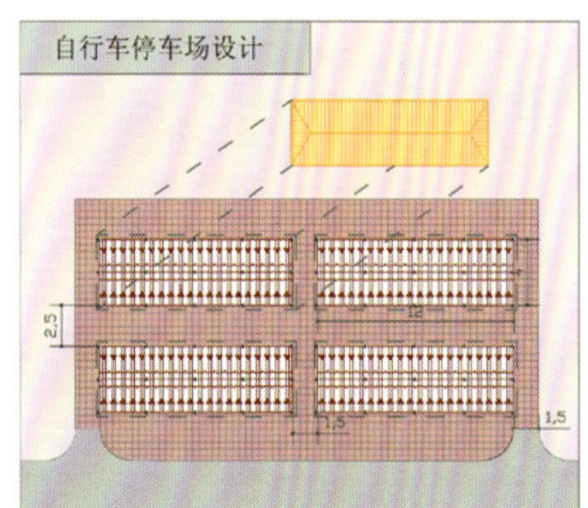

图5.3 自行车停车场设计图

改造前，
店门向外开放，阻碍行人交通；店铺空调滴水严重，使行人无法靠着内侧行走

改造后：
店门向内开放，使人行道的宽度的一充分利用，并设置行人休息座椅。

图5.4 店门改造设计

14

结语

在两个多月的调查中，我们骑车体验了南京内环线以内的64条主次干路的非机动车道，真切地感受到车道侵占给骑车者带来的不便，一些热心的调查者向我们反映的情况更是让我们对他们每日必经的尴尬和无奈深有感触；而通过走访有关部门，我们了解到问题的另一面——有关部门强化城市交通机动化的发展的导向，忽视自行车作为一种清洁、便利的交通方式对我国城市可持续发展的重要意义。

作为未来的城市规划工作者，我们希望以自己的微薄之力，唤起社会的共识，以更科学的发展观念，更人性化的规划理念，进行城市规划工作，为城市非机动车使用者创造一份舒适、安全的通行环境。

参考文献

[1] 毕衍蒙等，《南京市道路交通管理规划（2001-2010）》，南京市公安局交通管理局，2001.8

[2] 国家技术监督局、中华人民共和国建设部联合发布，《城市交通规划设计规范》，1995，北京

[3] 徐家钰，程家驹，《道路工程》，同济大学出版社，1995.8

15

附录一

针对非机动车使用者的调查问卷

您好！我们是城市规划专业的学生，为了了解珠江路的非机动车道的状况，发现现存的问题，我们希望通过该问卷了解您的一些看法。真诚地感谢您的合作！！（请在您认为合适的选项上打勾）

（本资料“属于私人单向调查资料，非本人同意不得泄露。”——《统计法》第三章十四条）

您的年龄：□二十岁以下　□二十岁到三十岁　□三十岁到五十岁　□五十岁以上

您的性别：□男　□女

您的职业：□机关干部　□企业管理人员　□科研、教学、技术人员　□个体劳动者　□文化、卫生、体育工作者

自由职业者　□商业、服务业人员

□企业人员　□离退休人员　□下岗职工　□学生　□其他____（请注明）

您的月收入情况：□1000元及以下　□1000-2000元（含2000元）　□2000-3000元（含3000元）　□3000元以上

1. 您主要的出行方式为

A.步行　B.自行车　C.助力车　D.私家车　E.出租车　F.公交

2. 您的工作地点距离住处骑车用时大约为

A.5～15分钟　B.15～30分钟　C.30分钟～1小时　D.1小时以上

3. 您是否有在未来5年内购置私家车的打算？

A.不会买　B.1—3年　C.3—5年　D.5年以上　E.没想过

4. 您在珠江路会骑车行驶于机动车道吗？

A.几乎每次都会　B.经常会　C.偶尔会　D.很少会　E.从来不会

上题选“从来不会”的请跳至第7题

5. 您选择骑车行驶于机动车道的原因是（多选）

A.没有专门的非机动车道　B.非机动车道过窄

C.非机动车道被停车所占　D.非机动车道被摊贩所占

E.机动车道上车少　F.行车路线顺畅

6. 您骑车行驶于机动车道的最大感受是什么？

A.危险　B.快速　C.宽敞　D.方便　E.其它______（请注明）

7. 您对于珠江路自行车行驶路况条件是否满意？

A.满意　B.基本满意　C.不太满意　D.不满意

8. 在珠江路人行道和非机动车道合并的路段上若有标识，您会行驶于人行道上吗？

A.几乎每次都会　B.经常会　C.偶尔会　D.很少会　E.从来不会

上题选“几乎每次都会”的请跳至第10题

9. 您不行驶于人行道的原因是（多选）

A.人行道不平坦　B.人行道上人多　C.人行道上停车多　D.人行道上摊贩占道

E.其他__________（请注明）

10. 您觉得适宜的骑车环境是（请按您认为的重要性排序）

第一重要	第二重要	第三重要

A.非机动车道宽度适合　B.路面状况良好　C.有树荫　D.没有行人干扰

E.没有机动车干扰　F.其它_________（请注明）

耽误了您的宝贵时间，谢谢！

附录二

访谈纲要

1、近年内南京市居民出行结构比例以及相关预测；

2、南京市机动车、非机动车的数量；

3、南京市自行车、私家车、公交的发展情况和政策导向；

4、南京市内环线以内各主要路段的机动车非机动车流量；

5、采取非机动车道与人行道合并的路段状况及原因解释；

6、非机动车道宽度的规范要求以及实际情况；

7、路边停车占用非机动车道的解释；

8、珠江路非机动车道的侵占、合并的情况及发展过程；

9、珠江路改造的相关规划情况。

附录三

问卷结果统计表

选择人数单位：人

题号＼选项	A	B	C	D	E	F	合计
1	15	122	15	1	2	28	183
2	66	72	40	5			183
3	53	23	30	34	43		183
4	2	18	77	43	43		183
5（多选）	64	75	71	57	22	21	
6（选做）	61	22	22	35	11		
7	6	27	89	61			183
8	58	35	50	25	15		183
9（选做）	29	92	50	24	7		
10.1	46	58	19	16	41	3	
10.2	45	39	15	46	36	0	
10.3	30	35	29	46	37	2	

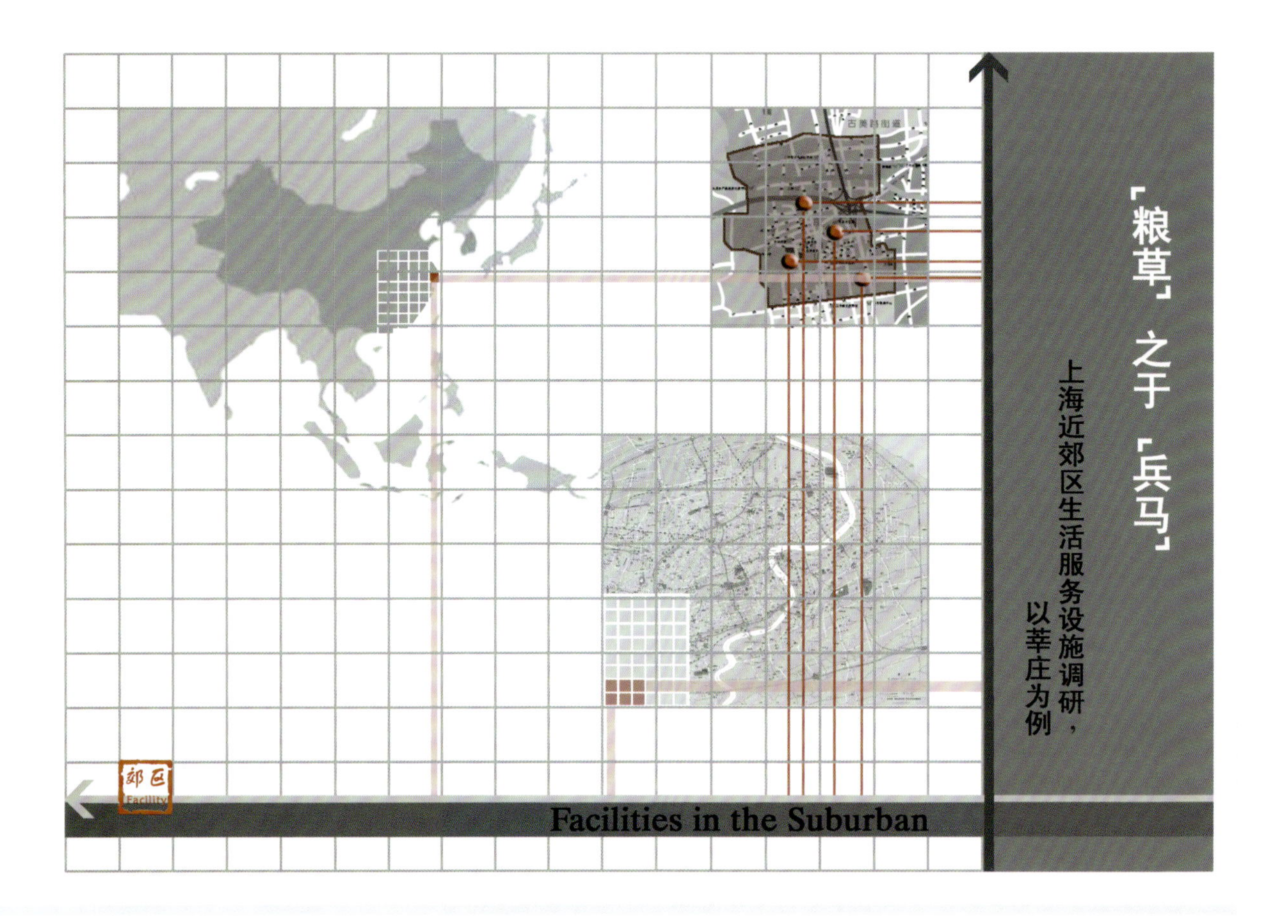

目录

院校：同济大学建筑与城市规划学院城市规划系　　指导教师：张尚武、张剑涛　　学生：焦姣、沈丹凤、宋雯君

“粮草”之于“兵马”

——上海近郊区生活服务设施调研，以莘庄为例

摘要：随着上海旧城更新步伐的加快，加之市民对良好居住环境的追求，人口向郊区迁移的特征越来越明显。本文以上海莘庄生活服务设施现状为调查对象，针对郊区居民对生活服务设施的消费特征及服务设施的类型、规模、分布进行研究，探究郊区商业服务设施的配置与分布的合理性，从而为郊区生活服务设施的布局提供规划建议。

关键词：近郊区　莘庄　消费行为　生活服务设施

图 1　莘庄地区位置及与地铁 1 号线的关系

图 2　调查范围及问卷发放点

1 调查内容及分析框架

1.1 调查背景

随着上海城市的不断发展，中心区出现了人口密集、地价昂贵、交通拥挤、环境污染等城市问题，促使人口、就业岗位、工商服务业等大量外迁，出现一种由集中化向分散化扩展的现象。

20 世纪 90 年代，上海经历了大规模的市政建设和旧城改造以及产业结构的“退二进三”，形成第一轮人口外迁高潮。近年来，越来越多的人主动选择在郊区居住，又出现了第二轮外迁高潮。

莘庄地处上海中心城西南，随着上海第一条轨道交通（地铁一号线）的建成，莘庄成为上海最早发展起来的交通主导型的中心城人口疏散地（图1）。莘庄地区房地产二十世纪九十年代中期开始起步，目前，这里中高档住宅的建筑面积约50万平方米。

1.2 课题确立

莘庄地区是上海1990年以来迅速兴起的以居住功能为主，并以新开发的商品住宅为主的地区。这些较短时间内大规模的集中居住开发，配套生活服务设施是否得以同步建设，新迁入居民的生活是否便利，是本次调查希望明确的问题。

调查以新迁入居民对生活服务设施的满意程度为切入点，以莘庄居民消费特征和莘庄生活服务设施现状为研究对象，通过对该地区居民的构成、居民对生活服务设施的需求和消费行为为特征进行调查，分析郊区商业服务设施配置与分布的合理性，进而对郊区发展中生活服务设施的布局提供依据。

1.3 调查过程

本次调查共进行了两轮（图2、图3）。

第一轮调查着重于莘庄基本人口构成，发放问卷500份，有效问卷495份。采用入区、入户调查方式，涉及江南苑、银都新村、开诚新村等11个不同类型

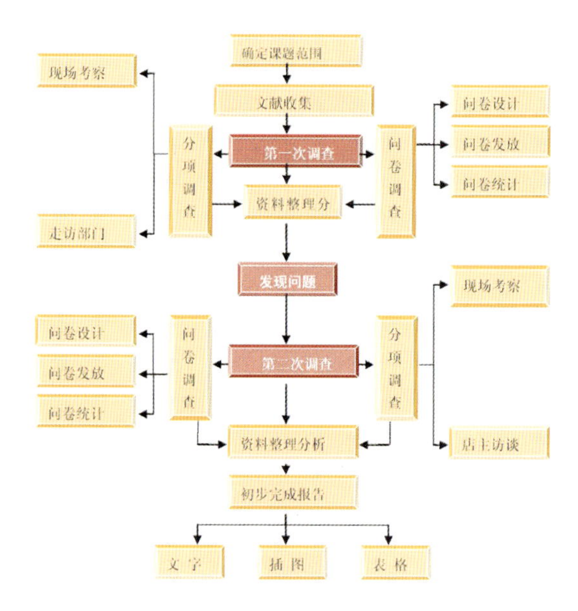

图3 调查过程与调查内容

的小区。通过第一轮调查发现：在对生活服务设施满意度调查中，为了追求良好居住环境而迁至莘庄的居民里，有43.9%的人认为服务设施不完善；70%以上的人选择地铁、公交、出租车作为出入莘庄的主要交通工具。

第二轮调查发放问卷100份，有效问卷98份。主要针对居民对生活服务设施的满意度及其消费行为和消费心理，发放点以莘庄地铁站为主，也包括超市、餐饮、绿地等服务设施周边。并选择工作日进行户外调查，提高样本多样性。

1.4 分析过程和方法

整个研究分析过程共分为三个阶段：（图4）

I　调查前期，收集关于国内外郊区化的文章、报道以及上海郊区化的相关文献。对所选择的调查地区进行实地考察，初步认识当地郊区化状况；

II　针对该区居民进行问卷调查，了解他们的基本资料、消费意愿等，并对该区居委会及居民进行访谈，深入了解情况，建立分析框架；

III 查找研究课题的相关理论，作为研究分析的依据，运用EXCEL、SPSS、GIS等软件进行数据分析，对分析结果进行整理、判断，提出建议。

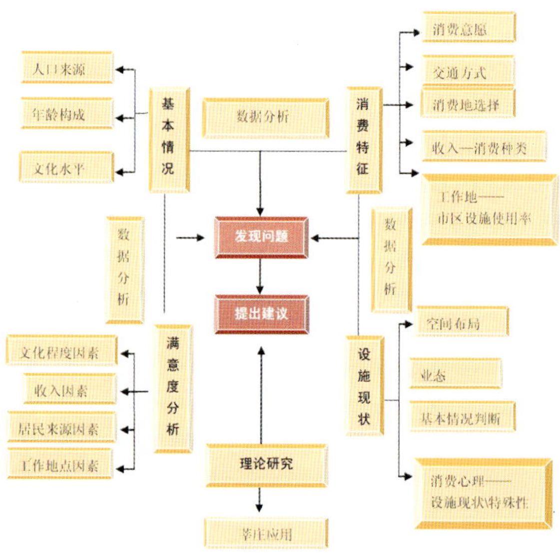

图4 研究分析框架

2 莘庄地区居民基本情况

调查本地区消费者人口构成、收入水平、教育程度、职业等并进行分类整理，分析其对生活服务设施种类、布局等可能产生的影响。

2.1 人口来源多样化

莘庄地区人口呈现来源多样化的特征，在被调查者中，70%为市区迁入与外地迁入者，其中市区迁入的人口比例高达 42.2%（图 5）。

人口来源多样化要求服务设施相应多样化。

2.2 中青年消费群体比例突出

被调查居住人群以中青年为主，占到总人数的 70%（图 6）。

基于莘庄居住人口的年龄分布状况，其服务设施需求偏时尚化。

2.3 文化程度普遍较高

调查对象的文化程度普遍较高，以大专、本科以上为主，大专以上学历超过总人数的 75%（图 7）。

莘庄人群的文化程度构成要求服务设施高品位、个性化。

2.4 中高收入群体比重大

对所有问卷进行收入项处理，可知：月收入在 2000-4000 元和 4000-8000 元段构成了郊区居民的主体，分别占 32.86%、33.06%，8000 元占到 13.2%以上。这直接决定了他们的消费水平，并影响当地商业服务的项目和价位设定（图 8）。

2.5 居住地与工作地分离的现象明显

在调查的 493 人中，在中心区工作的人占 38.34%，排名第一；其他郊区为

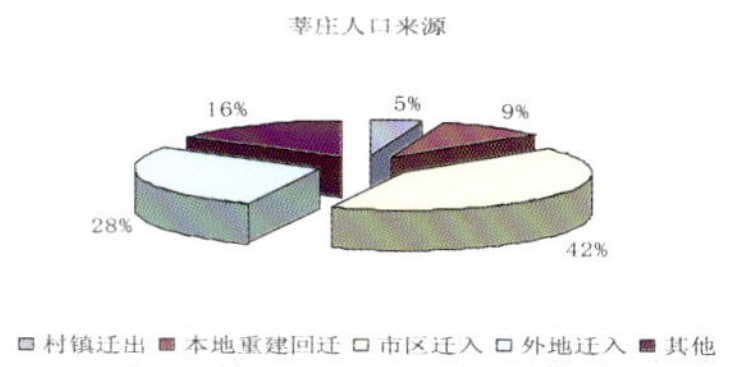

图 5 莘庄地区人口来源构成

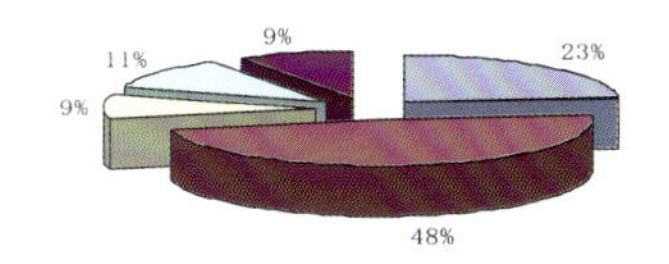

图 6 莘庄地区人口年龄构成

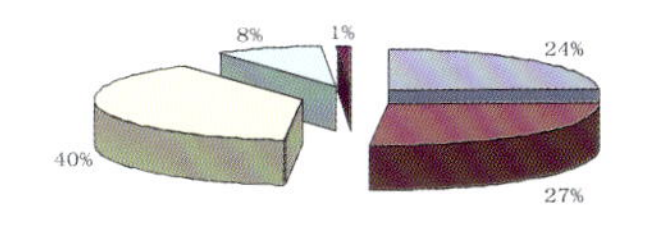

图 7 莘庄地区人口文化程度构成

27.99%；本地为 22.11%；其他为 10.14%（图 9）。

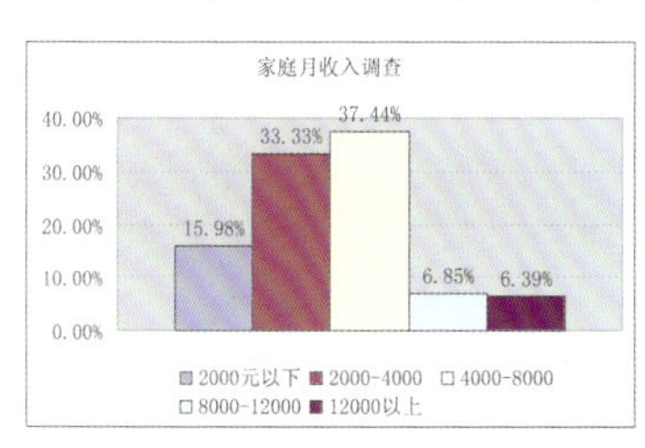

图 8 居民家庭月收入调查

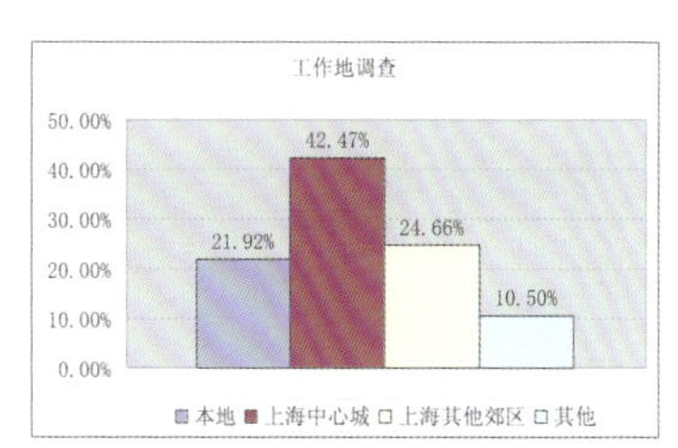

图 9 居民工作地调查

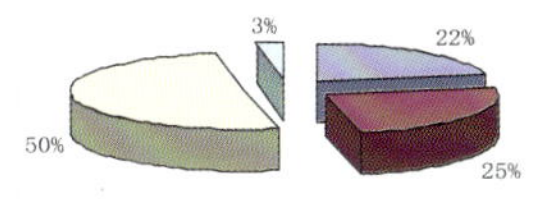

图 10 莘庄地区人口迁入的原因分析

3 居民消费意愿与行为特征

3.1 对莘庄地区的居住环境有较高的心理预期

迁入莘庄的人口中，市政动迁占 21.9%，追求良好居住环境占 50.7%。这说明，迁居莘庄的人口中，很大比例上是主动积极的郊区化，对莘庄服务设施的水平有较高的心理预期（图 10）。

3.2 居民对莘庄服务设施的满意度不高

居民迁入后，对莘庄服务设施的满意度不高，在对生活服务设施满意度调查中，为了追求良好居住环境而迁至莘庄的居民中，有 43.9%的人认为服务设施不完善，尤其女性，原因是针对女性的服务设施较少，如专卖店、服装商厦、美容沙龙等（图 11）。

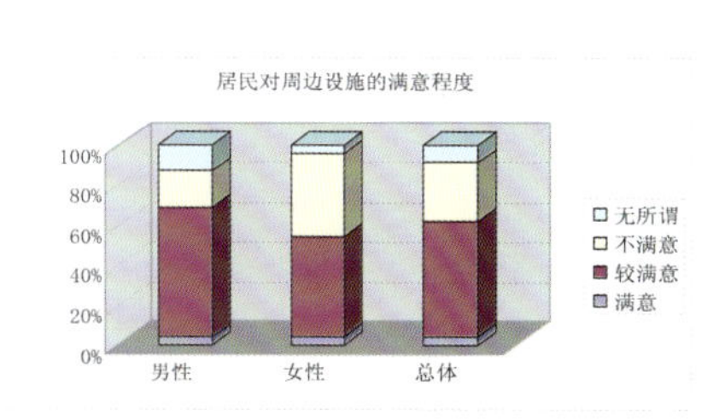

图 11 居民对周边服务设施的满意程度

3.3　消费意愿与消费空间

居民有就近的消费意愿，但实际只有日常购物可以满足当地居民的需求，而健身、餐饮、美容美发、娱乐等与居民的就近消费意愿存在差距，耐用品消费基本不在本地完成。说明该区缺乏大型、优质的商厦，服务业的郊区化尚需完善。

日常生活必需品多在本地消费，对休闲娱乐消费地的选择则趋于多元（图12）。

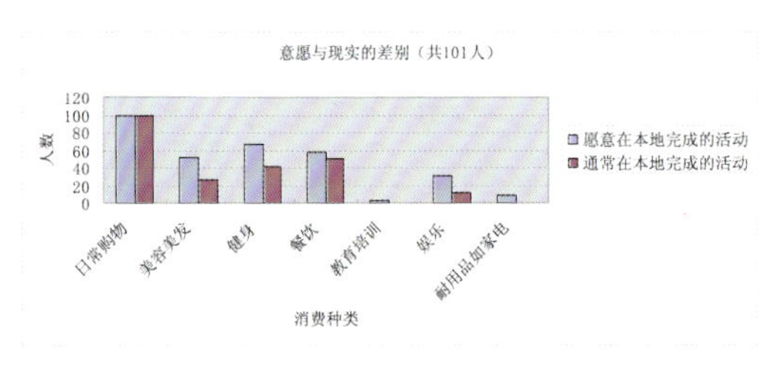

图 12　居民消费意愿与现实的差距

3.4　出行方式与消费空间差异

不同交通方式的选择与消费者的购物习惯相关。消费空间上，对业态的需求差异对应不同的时耗承受意愿（图13）。

交通方式选择调查，57%的人选择步行（图14）。

居民购买日用消费品频率高，接受的购物距离短，因此往往采用步行到达。所以，以步行为主的交通方式在一定程度上说明莘庄的服务设施以提供家庭日用消费品为主（图15 、图16）。

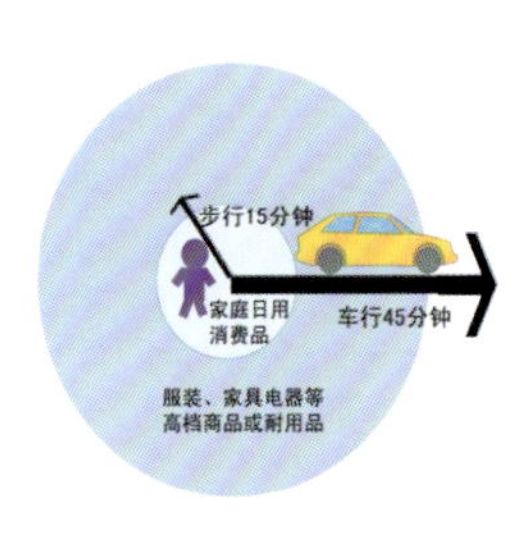

图 13　出行时间、距离与消费特征

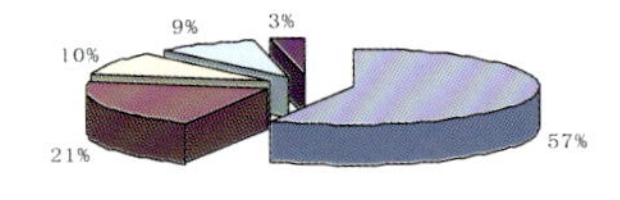

图 14　居民消费交通方式选择

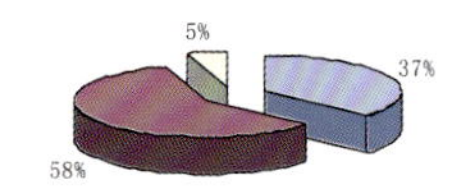

图 15　居民日常消费的空间分布

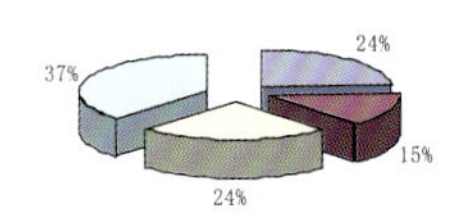

图 16　居民休闲娱乐消费的空间分布

3.5　收入越高对消费类型的多样化要求越高

收入越高，娱乐休闲消费占的比重越大。在莘庄地区中高收入群体比例高，如何满足消费类型的多样化是建设服务设施的参照之一（图17）。

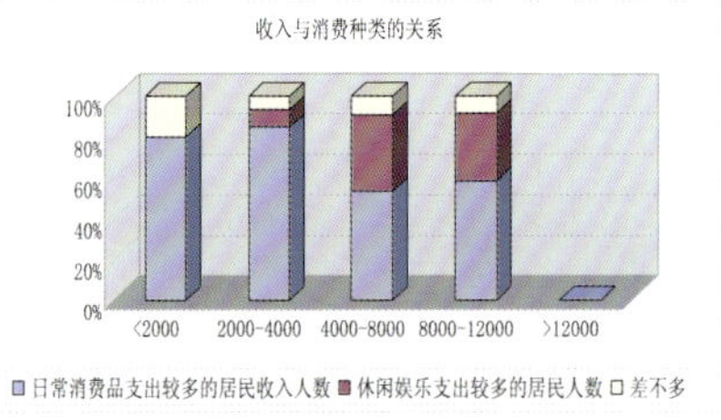

图 17　家庭收入与消费类型的关系

3.6　工作地点与消费空间存在相关性

工作在本地或其他郊区的人群较少使用市区服务设施，频率约1次/20天。而工作在市区的人群使用市区设施的频率明显增加，这由该人群的自身条件及市区的完善设施所决定（图18）。

3.7　对实际消费行为为特征的进一步调查

通过调查（图19、图20）发现：

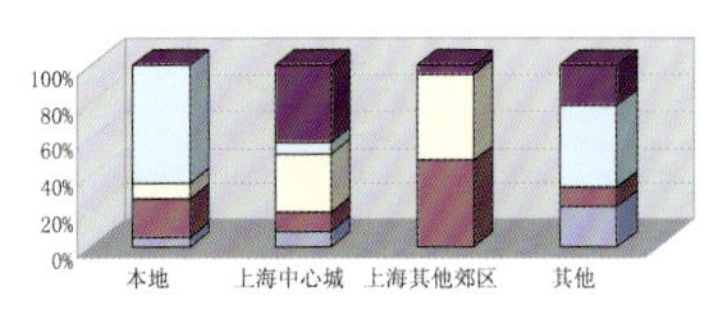

图 18　不同工作地与使用市区设施频率的关系

大卖场内部人群分布：以日用品及食品区域人数为多，服装区域较少，家电区域基本无人。

大卖场出入口人流量观测：调查样本中，男性占 45%，女性占 55%。总体上地铁站大卖场女性比例大于男性。不同年龄段，两者关系又呈现较大的差异。在中青年人群中，女性比例尤高，为 63.1%；而进入 65 岁以上的老龄段，男性比例约为 53%。原因：中青年阶段，女性对设施要求较高，进入老龄阶段后，女性更倾向于就近使用设施。

来地铁站商业中心的人群，家庭出行占 34%，结伴出行占 8.4%，由此可见，莘庄区域消费具有一定的家庭导向性。

	女（单人）	结伴出行	老年人	儿童（单人）	父子（母子）	男（单人）	夫妻	三口之家
11：32～12：52	47	16	2	3	18	55	32	15
12：42～12：52	63	19	4	3	16	66	42	18
总计	110	35	6	6	34	121	74	33

图 19　大卖场出入口人流量观测

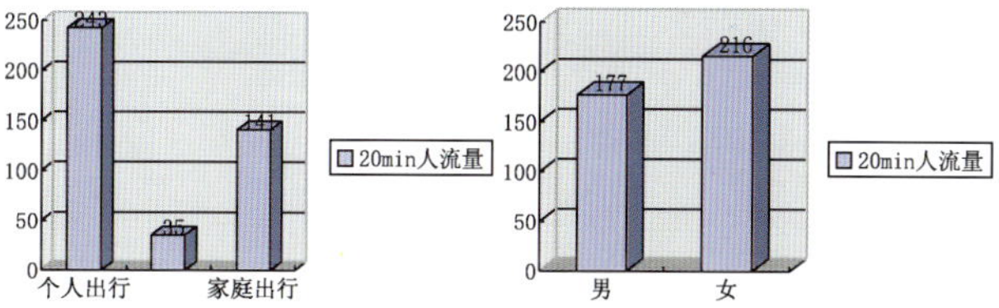

图 20　大卖场出入口人流量构成

4　对莘庄地区服务设施的满意度的相关性分析

针对第一次问卷中“您对现状居住地最不满意的是什么？”一题，44%的人认为周边服务设施不完善。（图 21）对这 44%的人群进行更具体的基础资料整理，可以得出一系列衍生表。

衍生表数据得出：Percentage = P_i / P_t

P_i — 人群分类中不满意人数

P_t — 不同人群数量

这种方法考虑了概率因素，研究的是某一特定人群中的意见分布，随机性更大，更科学。

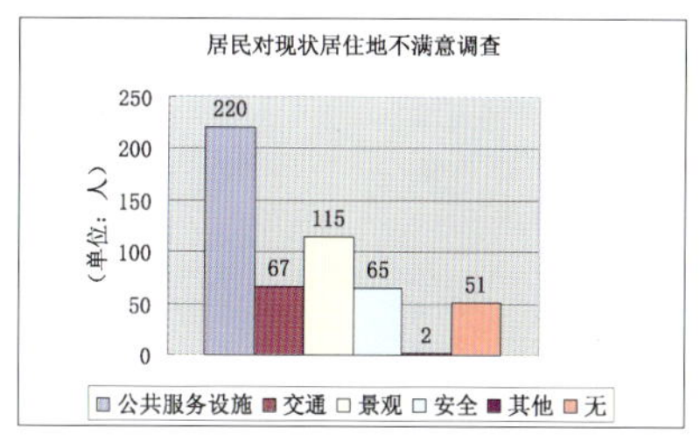

图 21　居民对居住地不满意状况调查

4.1　不同文化程度与满意度的关系

针对不满意度最高的本科生群体进行再分类：青壮年占 83.51%；71.65%的人月收入集中在 4000-8000 元段；单身及二人家庭占 46.39%，三人家庭占 43.30%；在中心城工作的人占 47.94%。归纳可得出这个群体的社会特点：文化程度高，中上等收入。这部分人群无论从文化层次、经济水平还是精神状态来说，都处于极活跃的阶段，对公共设施的使用率高，是社会生活和经济生活的主要构成人群（图 22、表 1）。

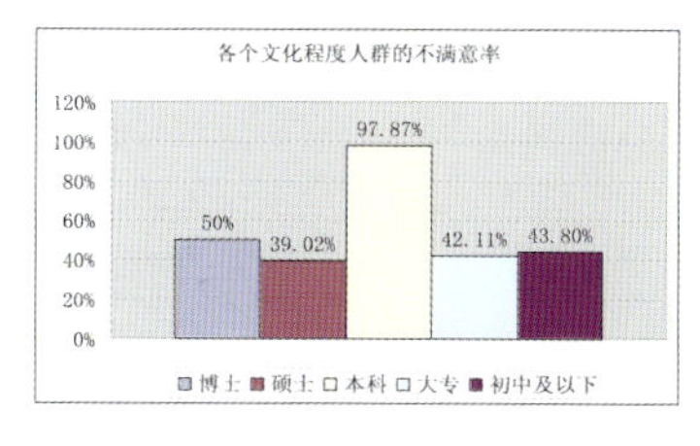

图 22　不同文化程度与满意度关系

人群 / 数据种类	博士	硕士	本科	大专	中学及以下
P_i	3	16	190	56	53
P_t	6	41	194	133	121
Percentage	50%	39.02%	47.42%	42.11%	43.80%

P_i — 按文化程度划分的各部分人群中的不满意人数

P_t — 按文化程度划分的不同人群数量

表 1　不同文化程度与满意度关系

4.2　不同家庭月收入与满意度的关系

由 SPSS 相关分析得出：人群随月收入的增高，满意度降低，尽管月收入在 12000 元以上的人口只占 6.39%，但超过一半的人对本地的商业服务设施不满意。

由此可以推测，本地商业服务设施在种类、档次、规模或者经营形式上都主要是针对中低消费者，满足的是人群基础、简单的消费需求（图 23、表 2）。

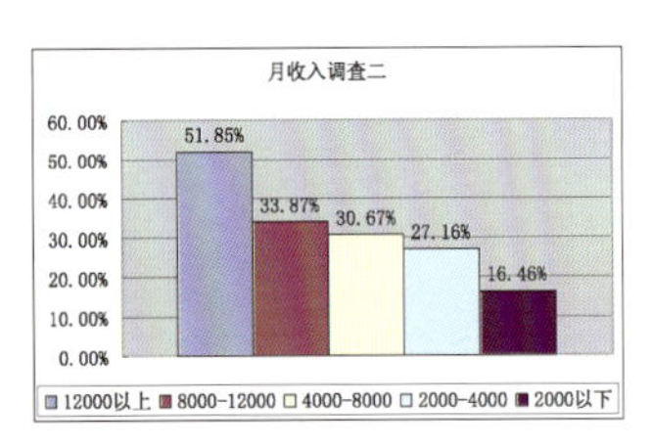

图 23　不同月收入与满意度关系

人群 / 数据种类	2000 元以下	2000—4000	4000—8000	8000—12000	12000 元以上
P_i	12	45	57	12	17
P_t	69	165	185	34	32
Percentage	16.46%	27.16%	30.67%	33.87%	51.85%

P_i — 按家庭月收入划分的各部分人群中的不满意人数

P_t — 按家庭月收入划分的不同人群数量

表 2　不同月收入与满意度关系

4.3　居民来源与满意度的关系

分析居民来源与满意度的关系，满意度较低的分别是其他（这一类人群包括首次购房者、从未搬迁者、从其他郊区迁入者等许多复杂情况），本地重建回迁居民及市区迁入者。莘庄几乎是“平地起新城”，原居民多为农民或早期郊区居民，而新的居民构成趋于多样化，生活服务设施在满足多样化的需求方面相对滞后（图 24、表 3）。

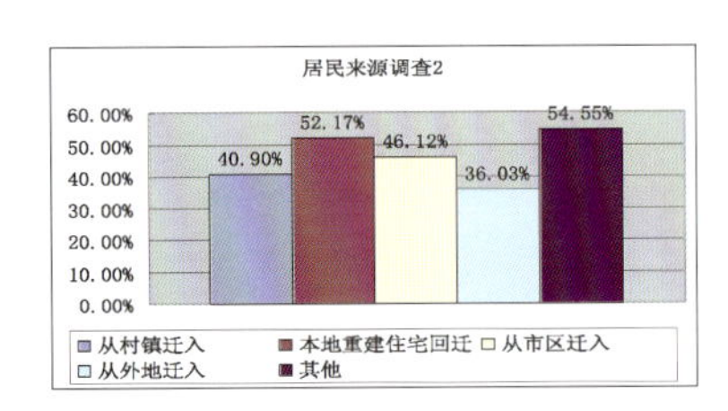

图 24　居民来源与满意度的关系

人群 / 数据种类	从村镇迁入	本地重建住宅回迁	从市区迁入	从外地迁入	其他
P_i	10	23	96	36	43
P_t	25	45	208	139	79
Percentage	40.90%	52.17%	46.12%	26.08%	54.59%

P_i — 按家庭月收入划分的各部分人群中的不满意人数

P_t — 按家庭月收入划分的不同人群数量

表 3　居民来源与满意度的关系

4.4　工作地差异与满意度的关系

在上海中心城工作的人群不满意度最高，高出第二位 17.78 个百分点。这部分人工作地在市区，居住地在莘庄，一天大部分时间是在居住地之外，对市区设施利用率较高。而在闲暇时间和双休日更希望能够在居住地附近度过，因此对本地娱乐休闲设施的需求就更加强烈。

在上海其他郊区工作的人群相对较低，但也占总人口的 38.42%。同样是在居住地之外工作，但因为工作地的产业功能相对突出，因此对居住地生活服务设施的依赖更强（图 25）。

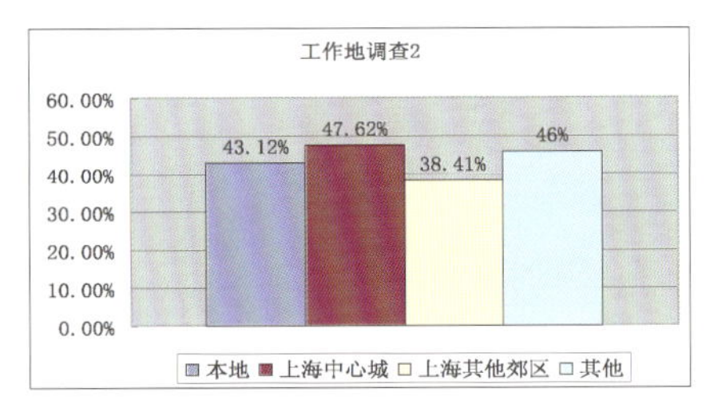

图 25　工作地差异与满意度的关系

5 生活服务设施类型与布局特点

根据现场勘探结果，对生活服务设施形态、种类等进行分析。

5.1 生活服务设施类型

生活服务设施类型从规模上可以划分为大中型和小型的生活服务设施。

大中型的生活服务设施，如家乐福、农工商等生活性卖场和家具、建材等专业商场，形成地区中心，不仅影响着莘庄区域，便利的交通条件和低廉的商品价格将其辐射范围扩大，许多其他郊区甚至靠近城市中心的居民也愿意来这里消费。这部分设施多分布于地铁沿线、干道、十字路口，同时对于物业的品质、经营场所的面积、运输通道、动线都有相应的条件要求。随着郊区化的推进，大卖场已成为郊区服务设施的发展趋势，与城市中心区超级市场的区别主要体现在规模与商品种类上。

小型的生活服务设施主要为商铺形式，在莘庄表现为两种模式：围绕大卖场或地铁站分布；分布于各路段的临街地带，通常利用住宅底层形成小区的社区商业。

小型商铺在地铁站出口呈多样性展开。小型商铺多为独立经营，不依托外部环境。通常人气较旺的地段，其临街商铺的投资收益相对较高。此类商铺一般以一层居多。

小型商铺购物方便、更具人情味，即使在经营上或多或少受到商业中心的冲击，仍然有长期存在的价值（表 4）。

	类型	举例	建筑面积（平方米）	经营内容	分布特点	服务对象
生活服务设施	综合体	仲盛（在建）	5万以上	日常购物、服装、家居用品、餐饮等	单体，设于地铁站等人流量大的区域或高档住宅区附近	本地、其他郊区、市区
	专项商品销售	百安居、好美家等，以及部分家居名牌商品专营店		家具、建材、饰材、家居用品	地铁沿线，或有大片用地、交通便利处	本地、其他郊区、市区
	大卖场	家乐福、乐购等	3—5万	日常购物、	设于人流量大的道路段、路口段，或结合公共交通建筑设置	本地一定距离范围内居民及远距离或其他郊区居民
	中型超市	家得利、家多福等			设于几个居住区中心	若干个小区、部分社会成员
	便利店	易购、好德	20以下	食品、烟酒、简单日常用品	设于小区出入口、小区沿街处、公共泊车广场	小区居民、部分社会成员
	社区服务	好德、二十一世纪便利等	20以下	食品、简单日常用品	小区内部	小区居民
休闲娱乐设施	大型娱乐项目	锦江乐园、银七星室内滑雪、体育公园		专项娱乐项目，含辅助餐饮、娱乐设施	郊区大片用地	本地、外地、市域
	休闲综合体	巴比伦生活广场		高档餐饮、休闲娱乐项目	别墅区、工业园区附近	两区居民，本地、外地
	休闲单体	星之健身俱乐部、美容沙龙、KTV等		小型专项休闲娱乐	多几个项目集聚设置、各自经营	附近、本地
	社区项目			健身、美容美发、餐饮等	结合会所设置	本小区及部分外小区居民

表 4　莘庄地区生活服务设施的类型及特点

5.2 生活服务设施布局特点

目前莘庄已形成以莘松路、莘东路为轴线，呈"十"字型的中心街区百余家商业网点向外辐射的用地结构（图 26 、图 27 、图 28）。

- 对该区域现存、即建的大型服务设施调查显示：地铁站周边设施密度过高（图 31），服务范围重叠现象严重，远离公共交通的区域则出现了服务盲区。在调查的 490 人中，36.94%的人日常交通工具是地铁，24.69%的人使用公共汽车，而莘庄大部分公交车的起始站集中于地铁站南广场的集运中心，地铁站成了莘庄公共交通的转运中心，大量人群从这里分流（图 34）。
- 在地铁站周边，同时有大量小型商业存在于该服务范围内，且分布密度较高，如两个规模、种类相似的便利店比邻而居。不同类型服务设施分布不

均匀，距离地铁站一定距离的路段房地产中介公司占到了沿街店面的 80%以上，剩下的 20%包括诊所、药店、饰材、室内设计公司、照片冲洗、小型餐饮店、美容美发店及便利店（图32、图33、图35）。

- 一些居民日常必需的服务设施布局不完善。莘庄地铁站南部区域只发现两个农贸市场，环境堪忧。图 29 为规模较大一个，存在已有两年。图 30 所示农贸市场有两层，同时与家具销售、日用品、房产中介、服装销售等功能相互混杂（图 29、图30）。
- 服务设施的构成缺乏合理性，休闲娱乐设施较少（图 36）。
- 服务设施的配套设施缺乏：如停车库。

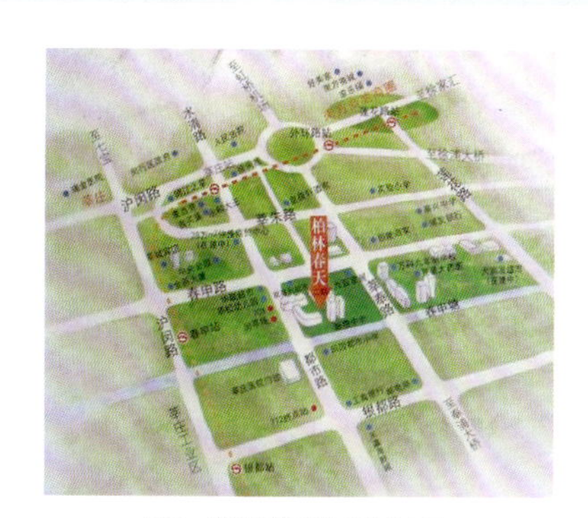

图 26　现状及待建服务设施分布图

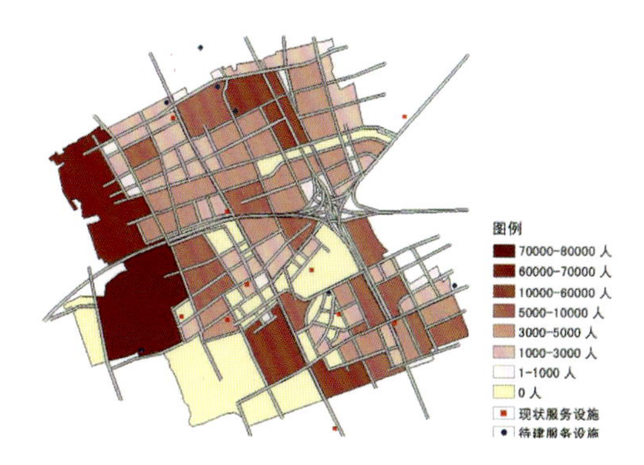

图 27　人口密度与服务设施分布图

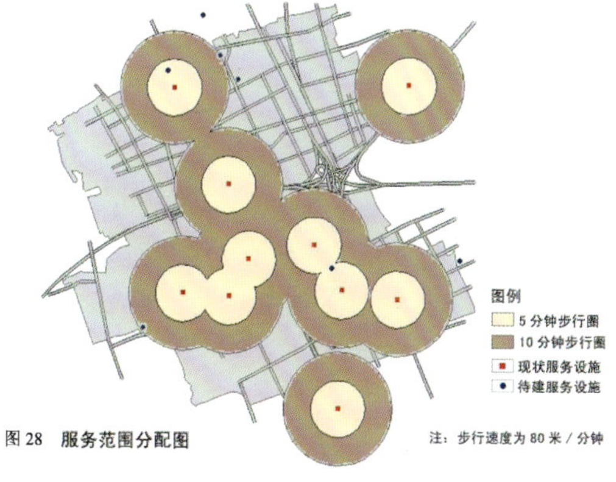

图 28　服务范围分配图　　注：步行速度为 80 米 / 分钟

图 29　农贸市场 1

图 30　农贸市场 2 内部

图 31　地铁站周边设施

图 32　沿街界面

图 33　沿街界面

图 34　交通状况

图 35　地铁商城

图 36　娱乐设施

6 基本结论与建议

本次调查对莘庄地区居民的构成、消费行为特征及服务设施的业态、数量、布局做了基本统计分析。从调查结果看，当地服务设施尚不能完全满足居民需求，尤其反映在布局和业态上。整体的生活服务设施的建设速度相对滞后于住宅开发速度，造成部分服务设施的断档。实际的服务设施分布和规模的配置与居民的需求和意愿存在差距。

随着居住向外转移，以零售商业为主的生活性服务业也逐渐由中心城区向外转移。消费者心理及行为差异，决定了服务设施空间组织。它要求郊区服务设施的规划和发展要充分考虑本地区消费者的收入水平、职业结构、行为特征消费水平、购买行为以及选择的交通出行方式等因素，要真正实现以消费者需求为导向。

由于市场配置和开发时序等因素，尽管莘庄是上海各郊县中发展较早、较成熟的地区，但还是存在许多资源配置不合理的地方，市场因素在资源分布中占主导作用，需要行政手段对现有资源和待建资源进行整合布局。

1） 莘庄服务设施的功能。城市近郊区服务设施应具有满足社区居民购物、服务、休闲娱乐等综合性需求的功能，同时还注重对居民综合消费氛围的营造和对购物中心环境的创造与维护，使其成为居民重要的生活场景。

2） 近郊区商业的规划与开发。生活服务设施涉及日常生活各个层面和类别的要求，可从商圈角度，根据居民消费心理、行为特征改善整体配置关系。

因此政府应加强对居民必须的生活服务设施的统一规划和建设，在引导市场配置方面则应加强对大型购物中心的选址、总体规模、设施配置等方面的控制，重点对质量、种类进行调整指导。而在一些如便利店等排他性生活服务设施的布局方面，则应依据周边人口分布密度以及步行服务半径确定布局原则，避免重复建设（图 27、 图 28）。

整体改善住宅开发与服务设施的规模、时序上的关系。

在配套设施配置的标准上，应根据这一地区的消费需求和实际的消费特点灵活调整，如地铁站周边服务设施密集，停车场（库）设置标准应高于上海市最新颁布的《城市居住区公共服务设施设置标准》中的规定。

3） 针对目前莘庄地区生活服务设施存在的具体矛盾，建议如下：

大型卖场的增建应严格控制，近期重点投入中型超市建设，并重点向现有服务范围未及区域配置；

建议在现有的便利店增加农贸产品的服务项目；

增设日常娱乐设施，营造当地生活气氛；

在地铁站周边增加社会停车场的数量。

7 参考文献

1、 张晋庆等 《上海市消费者出行特征与商业空间结构分析》 《城市规划汇刊》，2001【10】

2、 周宇等 《上海市消费者对大型超市选择行为的特征分析》 《城市规划汇刊》，2002【4】

3、 王德等 《南京东路消费者行为基本分析》 《城市规划汇刊》，2003【2】

4、 《上海市城市居住区公共服务设施设置标准》上海市城市规划管理局

5、 许学强 周一星等 《城市地理学》 高等教育出版社，2003

6、 闵行文化信息网 http://www.mhcnt.sh.cn

7、 焦点房地产网 http://www.jmxsa.sh.focus.cn

附录：

附录 1：第一次调查调查表

调查主题：上海郊区居住人口构成调查
本调查旨在研究上海市近郊区居住人口的构成。您填答的数据完全做学术用途，不做个别分析。请您仔细阅读题目，根据实际情况作答。谢谢！

调查地点_____________ 调查时间__________ 调查人__________

1. 您的年纪是： A:20-29 B:30-39 C:40-49 D;50-59 E:60 以上

2. 您家里现在几口人一起居住：A:一个人 B:两个人 C:三个人 D:四个人 E:五人以上

3. 您的文化程度是：A: 中学及以下 B: 大专 C:本科 D:硕士 E:博士

4. 您到本地多久了： A: 本地人 B: 10 年以上 C: 5 年以上 D: 1—5 年 E: 1 年以下

5. 您从事何种职业：
A：事业单位 B：国有企业 C：私营企业 D：外资企业 E 其他

6. 您的家庭月收入为： A：2000 元以下 B：2000-4000 元 C：4000-8000 元 D:8000-12000 元 E:>12000

7. 您的工作地点在：A：本地 B：上海中心城 C：上海其他郊区 D：其他

8. 您上班主要是用什么交通工具 A： 公交车 B： 自行车 C： 轨道交通 D： 小汽车 E： 其他

9. 您上班需要花费多长时间 A:0-29 分钟 B:30-59 分钟 C:60 分钟以上

10. 您最近的一次居住搬迁是： A：从村镇迁出 B：本地重建住宅回迁 C：从市区迁入 D：从外地迁入 E：其他

11. 您最近一次居住搬迁是在 A：1 年内 B：1—3 年 C：3—5 年 D：5 年以上

12. 您搬迁的主要原因是：
A：市政动迁 B：随单位搬迁而搬迁 C：追求较好居住环境 D：方便孩子就学 E：该地房子较便宜

13. 您搬迁前后居住面积：A：增加了10-29平方米　B：增加30-50平方米　C：增加50平方米以上　D：减少　E：基本不变　F：租房

14. 您对现状居住地最不满意的是：
A：交通联系不方便　B：周边公共服务设施不完善　C：安全性差　D：景观环境较差

15. 若条件许可，您希望：
A：在市区工作，在本地居住　B：在本地工作居住　C：在市区居住，在本地工作
D：在市区工作居住　E：在上海其他郊区居住或工作　F：不在上海

✧ 16. 若您是外来人员，您希望：
A：工作一段时间回原籍　B：在本地定居　C：在中心市区定居　D：到其他城市工作

附录2：第二次调查调查表

调查主题：上海郊区第三产业状况（本调查为旨在研究上海市近郊区第三产业分布及使用状况。您填答的数据完全供学术用途，不做个别分析）。

您的年龄____　婚姻状况______已婚/单身　文化程度______（中学及以下 /大专 /本科 /硕士以上）
1. 您到本地多久了__________　A、本地人　B、10年以上　C、5年以上　D、1—5年　E、1年以下
2. 您从事何种职业__________　A、个体户　B、公务员、技术人员　C、公司职员　D、工人　E、学生　F、退休
3. 您的家庭月收入_________　A、2000以下　B、2000—4000　C、4000—8000　D、8000—12000　E、>12000
4. 您的工作地点__________　A、本地　B、上海中心城　C、上海其他郊区　D、其它
5. 您认为周边公共服务设施：_________　A、满意　B、较满意　C、不满意　D、无所谓
6. 您对附近的服务设施使用情况？（多选）
A、超市　B、美容、美发　C、绿地　D、健身俱乐部　E、服装店　F、文化用品　G、餐饮　H、农贸市场
每周使用：A、7次以上__________　B、3—6次__________　C、1—2次__________　D、从未____________
7. 您每月支出中，日常生活必需品与休闲娱乐相比较_________A、差不多　B、日常生活必需品支出较多　C、休闲娱乐支出较多
8. 您使用上海市区的服务设施如何？________A、一周一次　B、半个月一次　C、一个月一次　D、一年几次　E、经常使用

9. 您在购买日常生活必需品时，请按照光顾频率由高到低排序__________________A、小区沿街商业　B、本地商业中心（地铁站附近）　C、市区　您在使用娱乐休闲设施时，请按照光顾频率由高到低排序__________________________________
A、小区内部社区中心　B、小区沿街店铺　C、本地商业中心（地铁站附近）　D、市区
10. 日常生活必需品在本地消费支出与非本地消费支出相比_______A、差不多　B、本地比例高　C、其他地区比例高
娱乐休闲在本地消费支出与非本地消费支出相比________　A差不多　B、本地比例高　C、其他地区比例高
11. 以下哪些活动您愿意在本地完成______________A、日常购物　B、美容美发　C、健身　D、餐饮　E、教育培训　F、娱乐　G、耐用品如家电
12. 以上活动您通常是在本地完成的有___________________
13. 您认为莘庄的娱乐休闲设施有哪些不足（即您不选择在本地娱乐的原因是）：(可多选）__________
A规模小、设施陈旧　B、档次低、无休闲气氛　C、价格因素　D、朋友多数不在本地居住
14. 您到此消费采用的交通方式是____________　A、步行　B、自行车（摩托车）　C、轨道交通　D、公交　E、私车

附录3：访谈
采访对象：易购便利店老板（简称A）　性别：女　年龄：53岁
问：这里来往的司机是不是很多啊？我看到咱们小店旁边有一些司机餐厅，刚才吃饭时听他们口音都不是上海本地人。
A：主要我们店前是一片免费的停车广场，过往的司机都会在这里休息一下。
问：那经常到您这个小店买东西的都是什么类型的人啊？
A：有司机，还有就是一些民工，也有附近的居民。
问：生意怎么样？
A：小本生意，做的还是不错的。顾客挺多，每天从早忙到晚。
问：那你店里东西的价格跟那些大卖场、好德比怎么样啊？
A：我们这个是政府的“4050”工程的一个项目，把原来的夫妻老婆店改成了易购连锁。现在进货都是统一从易购拿，所以进价比较高，跟麦德龙差不多，还要稍高一点，所以价格低不下来，和快客差不多吧，利润很小的，毛利只有12%。
问：售价是统一定的吗？
A：售价可以店主自己决定。大概和附近的店比一下，大家都有的东西我们就便宜一点，他们没有的，我们就可以适当提高一点。不过因为利润太薄，没办法便宜的。

问：你们要向易购交什么钱吗？
A：不用交，只交房费就可以了。
问：房费有多少啊？
A：我们这个房子一个月2000吧，算便宜的了。像隔壁那家因为是向二房东租的，每月就要3000左右。这里门面房很缺的，房主不愁租不出去的。所以好多人就把租来的房子再转租出去做二房东，房价一下就高了，这样他们就可以坐在家里赚这个差价。
问：我看南广场规划图，不久在你的店前就会建一个超大型的购物中心，这会不会影响你的生意啊？
A：哦，我们这里也马上要拆了，一年后吧，都已经谈好了。这片地要建一个32层的商务大楼。本来这里就是临时的。
问：那这里的店怎么处理啊？政府会安排新的地方吗？有没有什么赔偿？
A：会有一片集中的商业区域，大家都准备搬过去，这里凡是租房合同没到期的都会有一些赔偿。
问：你也准备搬过去吗？
A：搬，那个地方就在对面购物中心的旁边，地段也不错。
问：跟这么大个购物广场放在一起，你的小店客源会不会受影响啊？
A：这个我们都考虑过了，影响不会太大。有些东西人们还是不愿去大超市买的，比如买包烟、买瓶水，价格差不多，没必要去大卖场，太麻烦。
问：那现在搬过去还有什么顾虑吗？
A：没有，还有什么顾虑？我们都想好了。
问：上次我们来这里做问卷，听那位伯伯说，你们好像不是住这里的，骑自行车要十几分钟呢，为什么选在这里开店，不在家附近呢？
A：一方面是这里有租房，主要是因为家那边店太多了，一条街上好几个便利店，规模又都差不多，生意不好做。这里多好，前面有个停车场，那个时候也只有我们一家，生意好做。
问：你家附近那些便利店经营的怎样啊？
A：太挤了，没什么生意，顾客就那么多，莘庄镇中心又有好多超市，已经走掉几个了。
问：站了这么一会，发现都是买烟的。
A：对啊，烟草占到50%。像这种烟，这么便宜，就没必要再跑到大超市去买了，浪费时间，所以我们就是捡这种大卖场的遗漏啊。
问：独辟蹊径啊。好，谢谢您了。

附录4：关于郊区娱乐设施的调查（研究分析辅助数据）

	占地面积/建筑面积（平方米）	娱乐项目	价格	备注
银七星滑雪场	100，800/52，000	室内滑雪	150元/人	附属活动设施建筑面积近20000平方米，含餐饮、酒吧、健身、KTV、电子游艺等
热带风暴水上世界	130亩/	水上游乐	30-80元/人	7-9月开放
体育公园	1260亩/	体育休闲		建设中
诺宝中心		会所制室内健身休闲		上海市规模最大的以康体为主集客房、餐饮、剧场为一体的会所
大都会高尔夫球场	500亩/9洞	融体育、娱乐、休闲为一体的高档俱乐部		

小型娱乐休闲商业分布特点

种类	分布特点	规模特点
餐饮	分布面较广，地铁站附近密度大、种类多，占到沿街店面的40%，向外延伸则密度逐减，种类趋于简单、家常	中、小型居多，酒楼多与其他休闲项目综合设置
健身	分布比较均匀，多设置于几个小区之间	中、小型
美容、美发	分布较均匀，占沿街店面10%	中、小型

（1） 莘庄的娱乐设施面积与某些市中心地区相比并不少，但多数倾向于向大、向综合、向高档发展：大型的娱乐项目和休闲综合体构成了郊区一

块比较大的用地，但他的出现从一开始就是面向整个城市，甚至更大范围的。因此，除一部分针对高档居住区居民的会所、俱乐部靠近居住外，许多设施是远离居住密集区的。而且对于郊区大部分居民来说，这种类型的设施是属于非日常型娱乐。在第二次调查中，关于“您认为莘庄娱乐休闲设施有什么不足”一题，72.97%的人认为设施配置有问题，无休闲气氛。可见，娱乐气氛的形成并不是设施的数量配置就可以满足的，还要注意规模、档次、种类的分层与分布。

（2）搜索当地居住区业主论坛，意见最多的是针对物业管理，其次便是配套设施，其中尤以无处娱乐为最多，大家提出的娱乐要求也少有高档消费，多为KTV、餐饮、桌球等简单可得的娱乐形式，同时对本地缺少娱乐、文化氛围的帖子也较多。

INVESTIGATION AND RESEARCH ON ONE-WAY STREET OF NANJING

序言

十年之前，当我们对西方发达国家川流不息的小汽车、气势恢宏的立交桥满怀憧憬时，却对其严重的交通拥堵大惑不解，甚至还为自己城市道路的畅通而暗自庆幸。

十年之后，我国的城市化进程大踏步前进，城市汽车保有量狂飙式的增长和现代化立体交通体系的快速发展，使我们相信——曾经的憧憬已不再是西方的童话。但与此同时，城市交通拥堵——我们之前置若罔闻的问题却悄然滋生与扩散，并迅速蔓延至我国几乎所有的大城市。

南京也不例外。为了缓解交通拥堵，南京市政府出台了一系列的措施，其中重要举措之一便是设置单行线。特别是从今年一月开始，交管部门更是大力施行干道单向交通组织。

单行线给我们带来了什么？它与其他交通管理手段有何不同？它是否在很大程度上缓解了交通拥堵？单行线的大量涌现会对城市发展产生怎样的影响？肩负着这些问题，我们踏上了自己的探索之路。

南京市主城区单向交通现状调研　一个方向的困惑

院校：东南大学建筑学院城市规划系　　指导教师：孙世界　　学生：王淋、毛玮、杨洁、于晓淦

INVESTIGATION AND RESEARCH ON ONE-WAY STREET OF NANJING

目录

南京市主城区单向交通现状调研 一个方向的困惑

INVESTIGATION AND RESEARCH ON ONE-WAY STREET OF NANJING

[摘要] 本文在实地调研所得成果的基础上，分析探讨城市单向交通的交通效益以及对市民出行和公共活动的影响，提出了完善南京市单向交通系统的建议，并预测了单向交通的发展趋势。

[关键词] 单向交通（单行线） 交通拥堵 道路系统 交通效益 社会活动

绪论

1 绪论

1.1 调研背景

1.1.1 单向交通的产生背景

南京是国家级历史文化名城。改革开放以来，伴随城市经济的飞速发展，跨区交通需求增长迅速。主城区道路结构受历史条件的制约，已不能满足城市快速发展的需求。同时，市民生活水平不断提高，出行总需求快速增长，出行方式机动化进程日益加快，导致全市机动车和私家车保有量增长迅猛（图 1-1，图1-2）。这无疑使南京市主城区交通系统承担着越来越大的交通压力，各种交通问题不断涌现。

南京市主城区现状交通问题及产生原因可归纳如图1-3所示。

通过查阅资料和对交管局的访谈，我们了解到，缓解南京市主城区的道路交通拥堵问题可以从以下四个方面着手（图1-4）。

对于南京主城区来说，调整土地使用布局和扩展路网规模的余地已经很小，优化居民出行结构还有相当长的路要走。而采取单向交通组织，充分挖掘路网潜能，提高区域交通系统管理水平，是短期内有效缓解交通拥堵的合理途径。

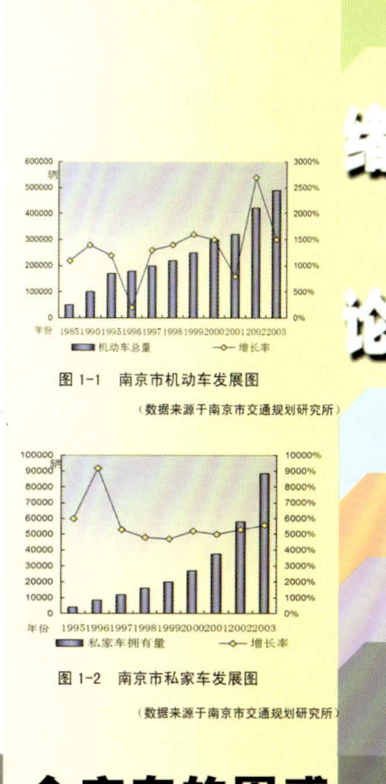

图 1-1 南京市机动车发展图

（数据来源于南京市交通规划研究所）

图 1-2 南京市私家车发展图

（数据来源于南京市交通规划研究所）

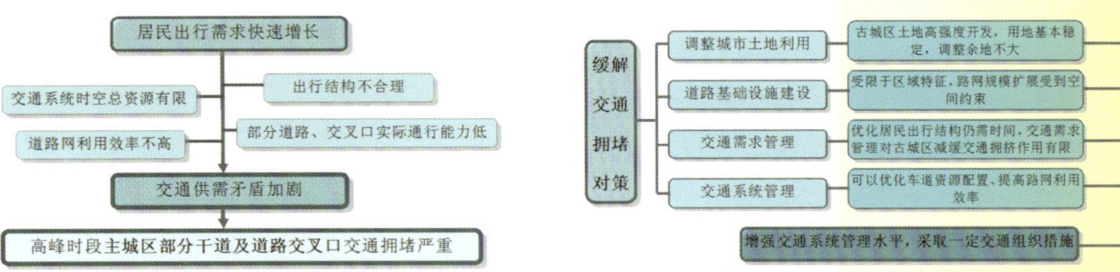

图1-3 主城区现状交通问题及产生原因　　图1-4 核心区域交通问题对策分析

单向交通在国外被认为是解决“历史城市”交通拥堵的有效措施之一，有着广泛的应用(表1)。

表 1　国外的单向交通现状

美国	早在 1906 年就开始使用单向交通的方法，人口 5 万以上城市有 50%以上的街道已采用单向交通，人口 100 万以上的城市有 80%左右的街道实行了单向交通。纽约曼哈顿区有 2800 公里的道路实行了单向通行。
法国	巴黎的 4333 条街道中已有 1400 多条实行了单向交通，中心区几乎全部都是单行线。
日本	东京，大阪分别有 30%、38%的道路实行单向交通。

南京市区内目前有699条道路，已有131条被设置成单向通行，占到了道路总数的18.7%。交通与市政当局正在借鉴发达国家和先进城市的经验，陆续推行单向交通，逐步构建单向交通网络。

1.1.2 调研的目的与意义

通过对所选单行线及其所在区域的调研，我们希望尽可能全面而详实的了解：

1、单行线本身及其所在区域道路系统的交通效益；

2、单向交通对市民出行的影响；

3、单向交通对其两侧社会公共活动的影响。

希望通过我们的努力，能对将来城市交通规划和相关政策的制定具有一定的参考意义。

1.2 单向交通概念与设置条件

1.2.1 单向交通的概念(One-way street)

根据2004年4月12日公安部发布的《中华人民共和国公共安全行业准则——城市道路单向交通组织原则》规定：单向交通或称单向通行、单行线、单向路(街)，是指只允许车辆向某一方向行驶的道路交通。

1.2.2 单向交通的设置条件(表2)

表 2　单向交通的设置条件

单向交通实施条件	道路走向规则 最好呈棋盘状，提供相同起终点，可以配对成单行道的平行道路
	路网密度足够
	配对道路间距较短 300~500 米之间
	配对道路宽度相同通行能力大致相当

摘自《城市道路单向交通组织原则》

1.3 调研区域的确定

为了全面而准确的反映南京市主城区单向交通现状，我们选择白下区单行线网络所在区域(图1-5)作为调研对象。其中道路系统包括两条配对干道单行线：白下路—建邺路，升洲路—建康路；非配对干道单行线：太平南路、莫愁路、王府大街；单行支路：小火瓦巷、程阁老巷等以及相关非单行干道、支路。

白下区位于南京市中心区域，道路交通负荷大，周边用地情况复杂，交通拥堵问题严重。南京市政府今年初在此区域内大规模的推行干道单行措施，在市民中引发了广泛的社会讨论。因此，选择该区域具有一定的代表性。

图1-5 所选区域区位图

1.4 调研方法

本次调研主要采取资料收集、实地考察、问卷调查、采访访问四种方法。

资料收集：搜集了单向交通的背景和定义等资料。

实地考察：通过目测和步测考察交通现状、用地布局，通过跟车法和数车法等得出调研数据。

问卷调查：选择对单行线有切身体会的市民发放问卷，司机问卷200份，沿线商家卷50份。

座谈访问：走访市规划局、交管局，了解单向交通的相关问题。通过采访市民了解施行效果。

技术路线：

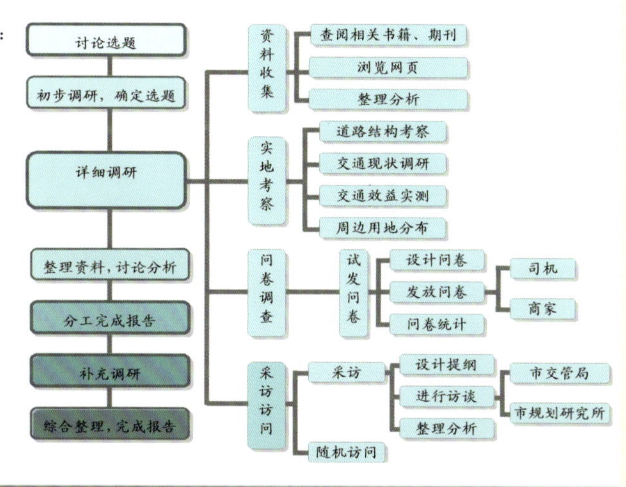

2 调研对象概述

2.1 区位分析

白下路——建邺路，升州路——健康路是两条配对干道单行线，主要担负市区内的车流集散。其所在区域属南京市中心区域：北靠核心商业区——新街口，南向中华门，东临西接龙蟠中路和虎踞南路等城市主干道，地理位置尤为重要（图2-1）。

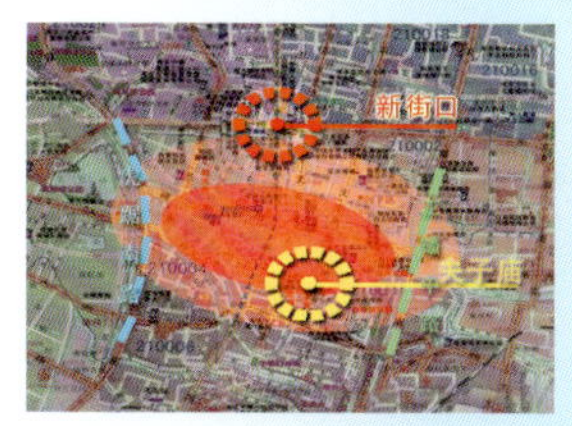

图2-1 区域地理位置示意图

2.2 区域内设单行的由来

必要性：通过走访市交管局，我们得知，白下路——建邺路，升州路——建康路原为双向四车道通行，交通负荷较大。尤其是近几年来，该路段交通拥堵现象严重。此外，由于区域内仅有中山东路一条主干道连接龙蟠中路和虎距南路，致使中山东路一直承担着相当大的交通压力。

可行性：该区域内的道路走向、路网密度、道路间距等都符合单行线的设置条件（见表2）。

为了缓解白下区严重的交通拥堵问题，同时对中山东路的交通负荷起到一定的分流作用，市交管局于今年元月中旬对白下路——建邺路、升州路——建康路实施配对单向交通组织。经过了近半年的实践考验，白下区单行线网络的运营效果如何，我们从以下几方面着手调查。

3 单向交通效益调查与分析

3.1 区域内部道路结构

区域内的路网结构是较规整的网格状，东西向或南北向的单行线，其来去方向的数目总体上基本平衡（图3-1）。

我们对单向交通网络交通效益的调查，主要从单向通行道路本身和区域整体道路系统两方面着手进行分析。

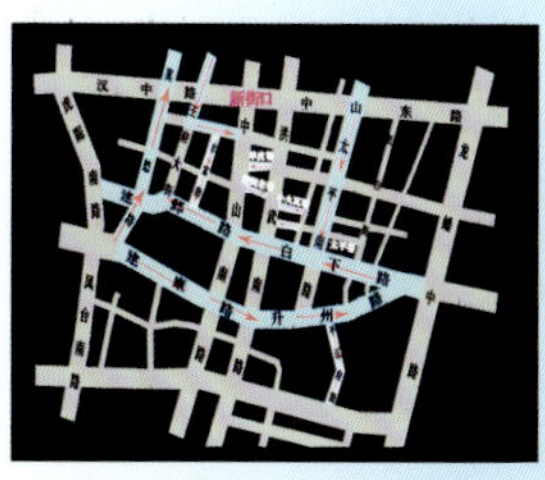

图3-1 区域内部道路结构示意图

3.2 单行线本身交通效益调查与分析

3.2.1 车速

我们采用跟车法测试路线行程车速，即在早晚高峰及平峰三个时段分别乘出租车跟随车流自然行驶，记下从起点到终点（图3-2）所需的时间，计算平均值得到路线行程时间，再根据v=s/t，得出行程车速（表3）。

表3 跟车法测得的行程车速

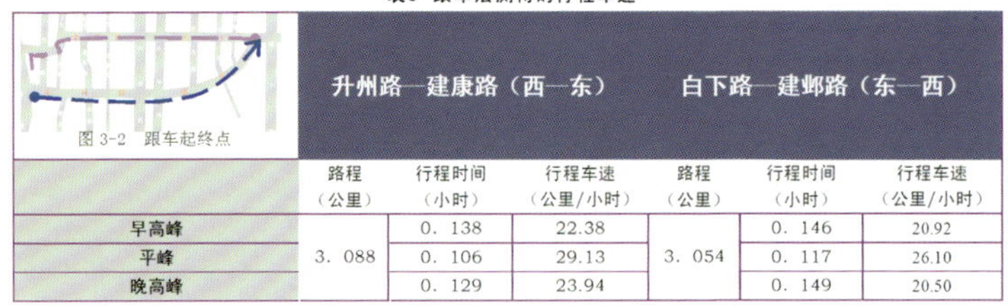

图 3-2 跟车起终点

	升州路—建康路（西—东）			白下路—建邺路（东—西）		
	路程（公里）	行程时间（小时）	行程车速（公里/小时）	路程（公里）	行程时间（小时）	行程车速（公里/小时）
早高峰	3. 088	0. 138	22.38	3. 054	0. 146	20.92
平峰		0. 106	29.13		0. 117	26.10
晚高峰		0. 129	23.94		0. 149	20.50

结合从交管部门获得的实施 单行前的数据，经对比分析，单行后各路段车辆的行程车速均有大幅度提高（图3-3）。

3.2.2 停车延误

我们采用跟车法测试停车延误，即在跟车过程中记录下停车次数并取平均值来衡量延误（表4）。再通过比较交管部门测得的单行前的数据可以看出，设置单行后各路段的平均延误次数均有很大程度下降（图3-4）。

由3.2.1 、3.2.2的比较分析可见，实施单向交通后，对于提高车速，降低延误起到了非常好

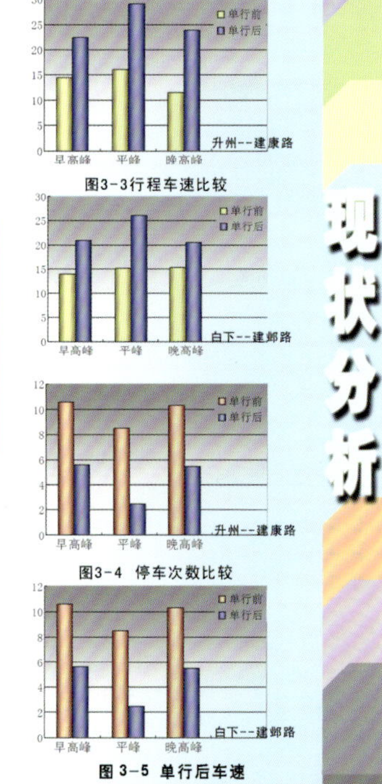

图3-3行程车速比较

图3-4 停车次数比较

图 3-5 单行后车速

现状分析

的效果。车辆在两条配对单行线上的行程车速平均提高66.4%，时速平均提高9.42公里/小时，停车延误次数平均下降66.7%。主要原因，一是无交汇车流和左转弯车流的干扰，二是交叉口延误时间的缩短。

但是，我们的问卷统计结果和实测数据的分析有些出入，主要表现在市民对于单行线上交通效益的改善程度感觉不明显。大部分司机认为，单行后车速确实提高了（图3-5），出行时间也相对减少了（图3-6），但幅度不大（图3-7）。究其原因，一方面，虽然车速的提高达到66.4%，但由于单行前车速过低，单行后车速的绝对值不是很高；另一方面，根据司机的反映，部分交叉口信号灯配时不合理、机非混行及行人无序过街造成的干扰，使得单向通行的高速、高效优势没有完全发挥。

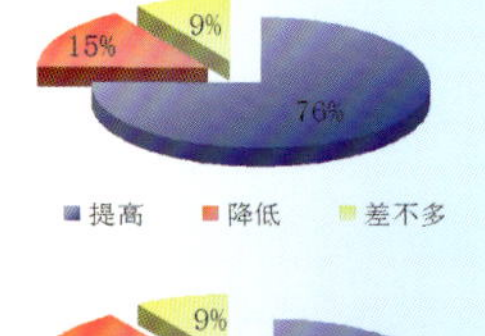

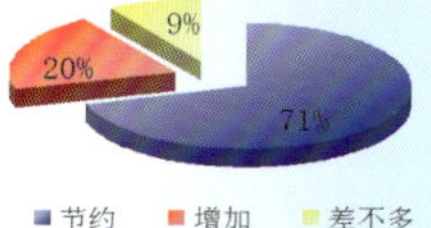

图3-6 司机对出行时间的看法

3.2.3 交叉口通行能力

城市道路的交叉口是城市交通的咽喉，一条道路的通行能力主要取决于其交叉口的通行能力。我们采用数车法调查交叉口通行能力，即选取了6个交叉口，在30分钟之内，测试通过交叉口单行方向的总车辆数。

通过与交管部门在设置单行前测得数据的对比分析，我们可以看出，该区域内6个主要交叉口的通行能力（单位小时通过交叉口的车辆数）都有不同程度的提高（图3-8）。

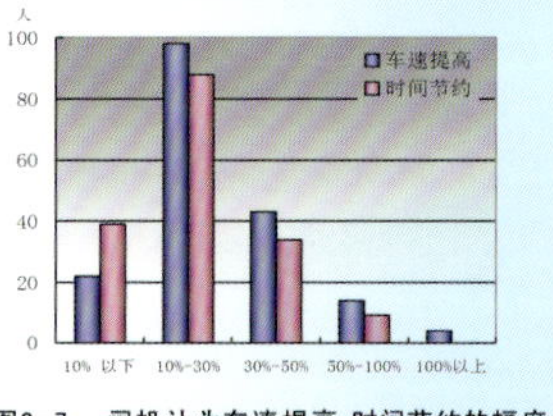

图3-7 司机认为车速提高、时间节约的幅度

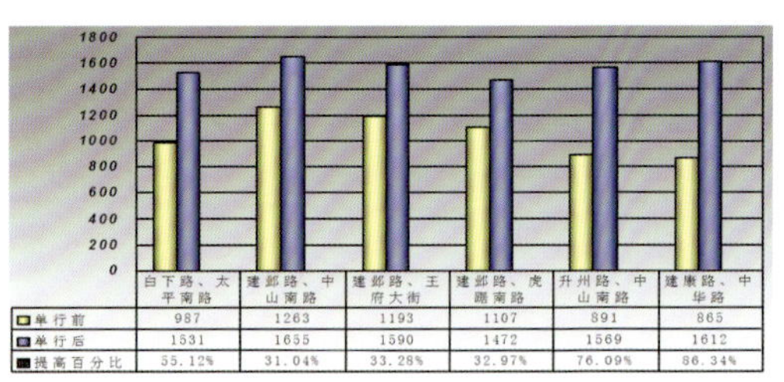

图3-8 交叉口通行能力变化分析图

现状分析

究其原因，主要是因为交叉口的冲突点大幅减少。以双向双车道为例，两条相交道路双向通行时，存在16个冲突点，若其中一条道路实施单向交通后，则冲突点可减少至7个（图3-9）。

另一方面，交通信号控制的复杂程度降低，信号控制周期变短，降低了车辆通过时的停车延误，使车辆运行速度得以大幅提升，从而有效提高交叉口通行能力。

同时，通过渠化（图3-10）和绿波控制（图3-11），改善信号系统的连续性。在有信号控制的街道上，可获得较高的车辆行驶速度，降低延误，在此情况下绿灯信号时间可以得到充分利用而增长"时带"。"时带"是指在线控干道交通时，保证所有交叉口上车辆无阻通行的最小并等长的时段。在单向交通情况下，绿灯信号时间与"时带"完全一致，而在双向交通情况下的绿灯信号时间常较"时带"长得多，因而增加交叉方向的延误时间

图3-9　交叉口冲突点变化分析图

图3-10　交叉口的渠化

图3-11　交通信号调整

3.2.4　对公共交通的影响

城市公共交通在城市交通结构中具有一定的特殊性。通过实地观察我们发现，两条配对单行线均在道路逆向一侧开辟了公交专用道（图3-12），允许公交车逆向行驶（图3-13，图3-14）。

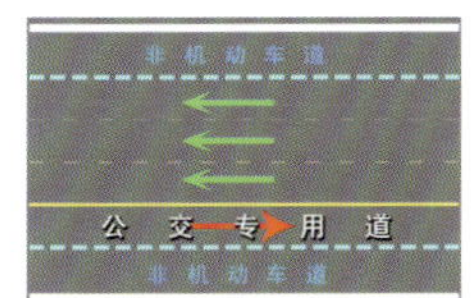

图3-12　开辟公交专用道

图3-13　公交专用道设置现状

图3-14　公交标线施划

通过对以公交车为主要出行方式的近二十位居民的访谈，我们获悉：市民大都对设置公交专用道表示赞赏。他们认为，公交专用道的设置使搭乘公交的便利性不受影响，同时单向交通所带来

INVESTIGATION AND RESEARCH ON ONE-WAY STREET OF NANJING

现状分析

的道路畅通也提高了公交车车速，市民搭乘公交更加便捷。

中北公交公司的负责人也谈到，公交专用道的施划，不但使得原本已经系统化的公交车站布点及公交线路分布不受影响，而且在一定程度上提高了车速，节约了运营时间，从而提高了市民乘坐公交的积极性。

实行单向交通，可以在原来道路设施的基础上开辟公交专用道，不需要大的投资，就可以优化配置车道资源，并有更多的空间改置公交港湾停靠站，从而提高公交的服务水平，体现了大城市公交优先的战略目标。

3.3　区域道路系统交通效益调查与分析

3.3.1　与单行线相邻平行道路

单行道路本身通行能力的变化，必然会影响相邻平行道路的交通状况。根据问卷统计结果，有72%的司机认为，区域内实行单向交通后，减轻了与单行线相邻平行道路的交通压力。很多司机反映，与白下路相邻的中山东路、户部街、常府街，与建邺路相邻的汉中路的车流量比单行前有一定程度的减少。

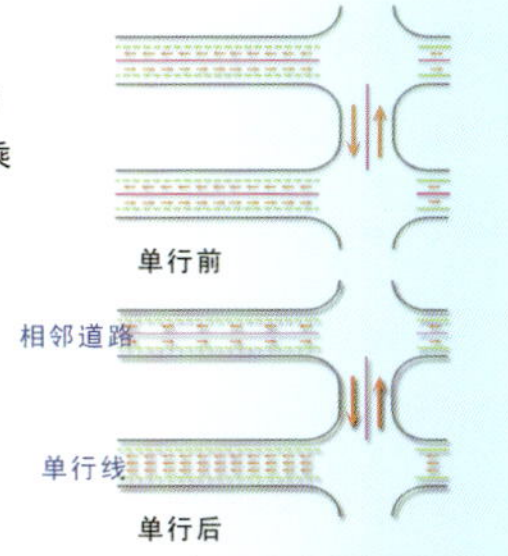

图3-15　单行前后相邻道路交通负荷变化

究其原因，主要是区域内实行单向交通后，单行线自身运行条件得到改善，通行能力大大提高，对区域内与其相邻非单向通行道路起到一定程度分流作用，减轻了这些道路的交通压力，从而缓解了区域内整体交通系统的供需矛盾（图3-15）。

3.3.2　与单行线相衔接道路

我们对与单行线相衔接道路的调研从两方面着手，一是相衔接的城市干道，二是相衔接的区域内的支路。

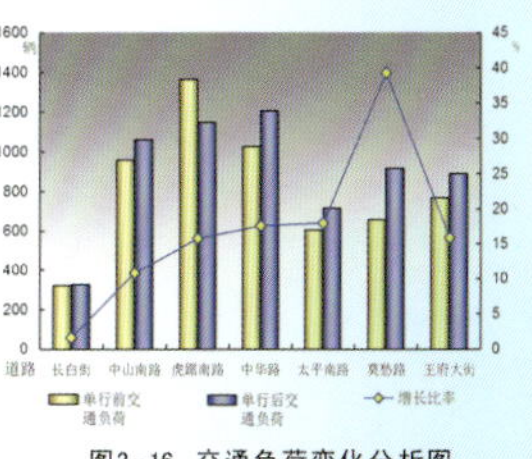
图3-16　交通负荷变化分析图

我们选取了七条与单行线相衔接的城市干道（长白街、太平南路、中华路、中山南路、莫愁路、王府大街、虎踞南路），采用数车法，在所选路段选择一个截面，记录30分钟内经过该截面的车辆数，以反映单行后这七条干道的交通负荷，并与单行前的数据进行对比分析（见图3-16）。

经过分析我们发现，区域内实行单向通行后，与单行线相衔接道路的交通负荷均有不同程度的增长。同时，问卷调查结果显示，67%的司机认为与单行线相衔接道路的交通负荷增加，另有83%的司机认为从单行线间支路穿行的车辆增多。

究其原因，单行线上车流量的增加使得区域内与之相衔接道路的交通负荷有一定程度的提升，但增加的负荷也在这些道路容量可以承受的范围之内。

因此，单向交通有效缓解了单行线上的交通拥堵，提高了道路通行能力，在单向通行道路上取得了良好的交通效益。同时，单向交通缓解了区域道路系统的整体交通供需矛盾，优化了道路时空资源配置。

4 单向交通对社会活动的影响

4.1 单向交通对市民活动的影响

4.1.1 对市民出行的影响

为了全面而准确的反映单向交通对市民出行的影响，我们将市民按照其主要出行方式分为三类：体力出行者（包括自行车出行和步行出行）；公交出行者；其它机动方式出行者（图4-1）。

对于体力出行者，由于实行的是机动车单行，非机动车与步行仍为双行，所以，单向交通对体力出行者影响不大。

对于公交出行者，如3.2.4节"对公共交通的影响"所述，单向交通贯彻了"公交优先"的发展战略，对公交出行者有利。

对于其他机动方式出行者，我们引入出行成本（出行时间和出行费用的总和）的概念，通过对出行时间和费用两方面的权衡，最终得出他们对该路段设置单行的总体评价。

我们将机动车出行者按照车辆使用性质的不同分为三类发放问卷。统计结果显示，三类司机行时间，但增加了出行距离，从而增加了出行费用。综合这两方面因素的影响，普遍认为单向交通

图4-1 南京市居民出行方式比例图

（资料来源于南京市规划研究所）

INVESTIGATION AND RESEARCH ON ONE-WAY STREET OF NANJING

提高了车速，节约了出行时间，但增加了出行距离，从而增加了出行费用。综合这两方面因素的影响，三类司机对该区域设置单行的态度不同（见表4）。

表4 司机对单向交通的评价

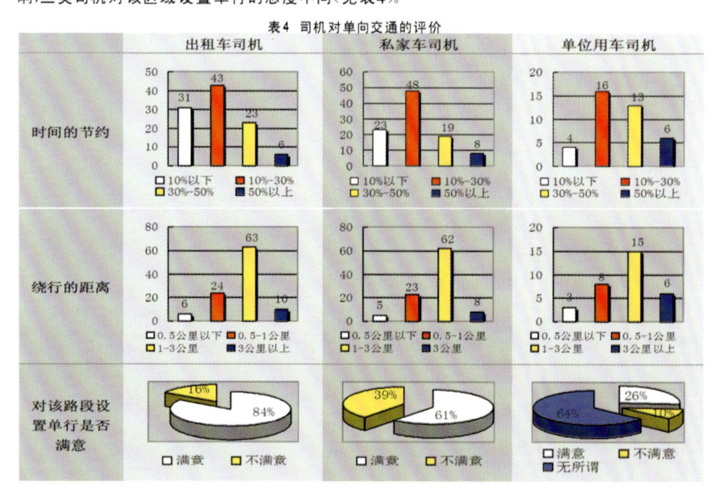

①就出租车司机而言，绝大部分对该区域设置单行表示满意。一方面，因为拥堵现象减少，道路比以前通畅；另一方面，由于南京市目前实行的是计程不计时的单项收费标准，绕行增加的费用由乘客负担，无形中增加了司机的收入。

现状分析

② 就单位用车司机而言，绝大多数对区域内设置单行持无所谓态度。主要原因是绕行增加的费用由单位承担。

③ 就私家车司机而言，虽然多数对区域内设置单行表示满意，但不满意的司机所占比例较前两类有大幅提升。经问卷统计分析发现，制约因素在于收入水平的不同（图4-2，图4-3）。

总而言之，绝大部分以机动方式出行的市民对该区域设置的单行线表示满意。

单向交通节约了出行时间，而由于绕行增加的出行费用在市民普遍可以接受的范围之内。随着人民生活水平的提高，广大市民的时间价值观念也在不断增强。大部分市民在权衡出行时间与出行费用的得与失上，认为单向交通在一定程度上节约了出行成本。可见，对于单向交通这种“以空间换时间”的交通组织方式，南京市民正在逐渐认识并且接受。

	2000以下	2000-5000	5000-8000	8000以上
满意	4	34	12	10
不满意	10	22	4	2

图4-2 不同收入水平的市民对单行满意程度

4.1.2 对市民生活的影响

实行单向交通后，部分交通压力转嫁到周边支路，扰乱了当地居民的日常生活。以评事街为例，其两侧是居民区，由于车辆为避免绕行而集中到该路，不仅使其交通拥挤度增加，而且带来的噪声和尾气污染也给附近市民的生活造成负面影响（图4-4）。

图4-4 支路上机动车扰民

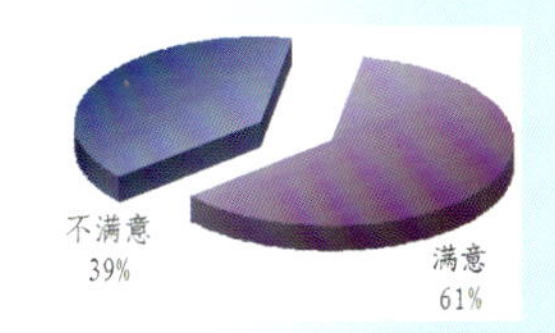

图4-3 市民对单行线满意程度

4.2 单向交通对其所在区域公共活动的影响

4.2.1 单行线两侧用地布局概述

配对干道单行线两侧，分布着学校、办公楼、商场、酒店、居住区及大型旅游商业设施等公共活动场所，它们吸引来自城市不同区域的大量人流。我们分别从商业活动、居住与办公活动、休闲娱乐活动三方面（分布情况详见图4-5），就其活动场所的可达性展开调查。

图4-5 单行线两侧土地使用布局

街边绿地

4.2.2 对商业活动的影响

通过访谈我们得知，位于单行线顺向一侧的商家普遍认为单向交通对他们的经营状况基本没有影响。

对位于逆向一侧的商家，我们采用问卷调查法，选择不同经营类型、经营规模的商家发放了50份问卷。统计结果显示：（表5）

①经营规模较大的商家普遍认为经营状况基本没有受到影响；

②经营规模小，顾客前来以体力和公交出行方式为主的商家认为，单行线对其经营状况影响不大；

沿街商铺
顺向一侧商家客流量比逆向一侧多

③经营规模小，顾客主要以其他机动方式前来的商家大多认为，单行线减少了他们的客流量，经营状况受到一定程度的影响。

由于单行线主要影响驾车前来的顾客，对位于单行线逆向一侧有专用停车场的商家，可达性的降低对顾客影响不大；而无专用停车场的商家因可达性降低造成了一定的负面影响。

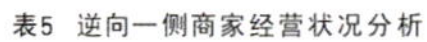
表5 逆向一侧商家经营状况分析

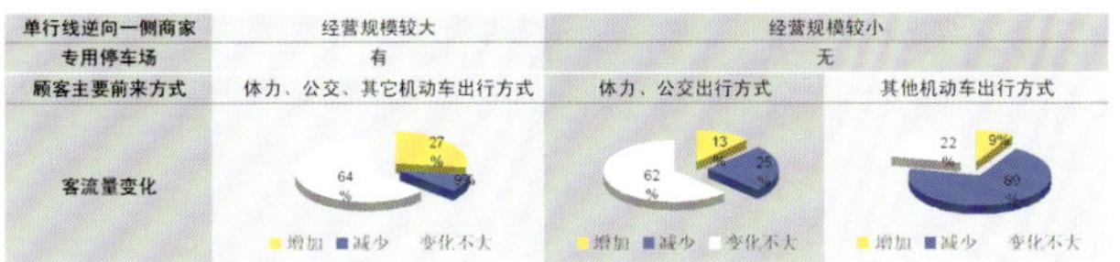

单行线逆向一侧商家	经营规模较大	经营规模较小	
专用停车场	有	无	
顾客主要前来方式	体力、公交、其它机动车出行方式	体力、公交出行方式	其他机动车出行方式
客流量变化	27%　9%　64% 增加　减少　变化不大	13%　25%　62% 增加　减少　变化不大	9%　69%　22% 增加　减少　变化不大

由于单行线主要影响驾车前来的顾客。对位于单行线逆向一侧有专用停车场的商家，由于绕行带来的可达性的降低对顾客影响不大；而无专用停车场的商家受到可达性降低造成的负面影响，客流量减少。

4.2.3对居住与办公活动的影响

通过访谈沿单行线居住或办公的市民，我们获悉：对于驾车上下班的市民，单行线逆向一侧居住办公场所的交通可达性降低，但道路的通畅使出行的机动性大幅提高，出入居住、办公场所更省时，抵消了绕行带来的不便。因此，单向交通对居住与办公活动影响不大。

4.2.4对其他大型公共活动场所的影响

以夫子庙商业步行区为例，它是全国知名的旅游胜地，也是大型的市民休闲娱乐场所。在对夫子庙游客的访谈中，我们发现，"路确实比以前好走"是游客的共同心声。在易达性大幅提高，可达性略有降低的情况下，单行线带来了更多的客源。可见，单向交通提高了市民参与休闲娱乐等公共活动的积极性。

沿街商铺

夫子庙现状

市民休憩场所

5.结论与建议

5.1 结论

5.1.1 关于交通效益

①单行线本身的交通运行条件得到很大改善，交通拥堵现象明显减少。

道路实行单向通行后提高了车速，降低了延误，提高了交叉口通行能力。同时，单行线上施划了逆向公交专用道，贯彻了"公交优先"的发展战略。但是，由于个别路口信号灯配时不合理，机非混行及行人无序过街造成的干扰使部分市民对交通效益的改善程度感觉不明显，单行线高速、高效的特点并没有完全发挥。

②单向交通缓解了区域道路系统的交通供需矛盾，优化了道路时空资源配置。

单行线通行能力的大大提高，减轻了区域内与之相邻道路的交通压力。同时，单行线上车流量的增加虽然使得区域内与之相衔接道路的交通负荷有一定程度的提升，但增加的负荷大多在这些道路容量承受范围之内。因此，单向交通提高了其所在区域道路系统的整体交通效益。但是，很多司机为了避免绕行而选择穿过与单行线相衔接的部分支路，干扰了这些支路两侧居民的正常生活。

5.1.2 关于市民评价

大部分市民对单向交通的实施效果表示满意。随着社会经济的发展，生活水平的提高，市民的时间价值观念不断增强，越来越多的市民认为，出行时间节约带来的好处多于出行成本增加带来的不便，单向交通对市民的出行有利。

5.1.3 关于社会活动

单向交通降低了逆向一侧的可达性。对无专用停车场的商家，开车前来的客流量减少，对其经营产生一定的不利影响；对于居住、办公活动及其它公共活动，由于机动性的提高抵消了可达性降低带来的不便，因此受单向交通的影响不大。

5.2建议

5.2.1 具体问题的解决措施

①切实提高单向交通系统的交通效益

调查发现，单行道本身及单向交通系统的交通效益并没有得到完全体现。对此，交管部门一方面应该根据实际运营状况，合理调整信号灯配时，减少机非冲突，优化行人过街方式。另一方面，采用工程措施连通部分道路，加强支路道路维修，改善道路条件，使单行道网络具有很好的连通性，从而提高单行道系统的整体效益。

②需与其它交通管理措施配合实施

加大管理力度，杜绝非机动车侵占机动车道现象的发生。因单行道路没有对向机动车车流，大量非机动车侵占机动车道的现象影响了单行线的交通效益，应加强对非机动车的管理，保证单行线的连续性。

③加大政府宣传力度，广泛寻求市民的理解和支持

问卷调查发现，还是存在一部分市民由于个人利益一时受损而对单行线表示不理解，甚至反对。对于这一点，交管部门应该加大宣传力度，引导市民在个人利益与整体利益之间做出正确选择。

5.2.2 单向交通系统的发展趋势

①近期走向

南京市的单行线主要集中在主城区内，大部分位于支路。目前南京市单向交通发展势头迅猛，已开始逐步扩展至有条件的城市干道，并有形成区域性单向交通网络的趋势。

南京，作为历史文化名城，大范围的扩展道路面积不易实行，而交通需求的增长与有限的道路时空资源造成的交通供需矛盾带来了大范围的交通拥堵。此时，单向交通作为一种高效、经济的交通组织手段，更显示出旺盛的生命力。

结语建议

INVESTIGATION AND RESEARCH ON ONE-WAY STREET OF NANJING

②远景展望

从长远趋势来看，单向交通只能在短期内缓解交通拥堵，并不能满足未来的交通需求。

采用单向交通来缓解交通拥堵只是一种“权宜之计”，是采取管理手段提高路网容量。然而不断增长的交通需求在不久的将来也必将这仅存的一点容量蚕食殆尽。因此，单向交通对于缓解交通拥堵，只是治标，不能治本。

那么，标本兼治的做法应当是把道路空间的扩展与路网系统的功能结构调整结合起来。首先要以有利于系统功能改善、提高系统整体协同效能为着眼点，选择新建和改建对象；其次，再从新建或改建的道路（或交叉口）在整个路网系统中所处的位置、担负的功能以及具体环境条件出发，选择合适的技术标准。从根本上说，优先发展公共交通，优化市民出行结构是缓解城市交通拥堵的正确途径。

参考文献：

(1)周干峙，路在何方—纵谈城市交通，中国城市出版社

(2)周干峙等，发展我国大城市交通的研究，中国建筑工业出版社

(3)文国玮，城市交通与道路系统规划，清华大学出版社

(4)李荣波，关于单向交通通行能力的探讨，中国市政工程 1998(3)

(5)张宇飞，城市单向交通组织的发展和特点，中国市政工程 2003(5)

(6)王湛湛，单向交通—解决北京城市交通堵塞的有效方法，公路 2003(3)

(7)高臣辉，单向交通盘活了城市道路资源，管理百业 2000(1)

(8)城市道路单向交通组织原则，国家公安部

(9)同济大学道路交通系九二级课题组，石门路（瑞金路）—陕西路单向交通效益测试研究报告

结语建议

INVESTIGATION AND RESEARCH ON ONE-WAY STREET OF NANJING

后记

经过近两个月的调研，我们对南京市的单向交通系统现状有了初步的了解；并且初步分析了单向交通对市民的影响和市民对单行线的看法；以及单向交通对社会公共活动的影响。

我们对单行交通的调研只是作出了初步的探索，其中难免有疏漏之处。但是，若我们所做的探索能够对城市交通的发展和城市规划工作有一定参考作用，我们的调研就是有价值的。

后记

INVESTIGATION AND RESEARCH ON ONE-WAY STREET OF NANJING

附录1 在南京市交管局对毕衍蒙主任的访谈

1.问：南京市单行线有多少条？

答：131条，在6月18日后将增设9条支路。

2.问：类似白下路，建邺路这种干道单行线有多少条？

答：共有7条，最早是于1994年设单行的太平南路，今年1月份新增设了白下路至建邺路，升洲路至建康路，3月份增设了莫愁路及王府大街，最近又于4月30日出台了瑞金路，大光路，御道街单行方案。

3.问：设置单行线有哪些理论依据呢？

答：国家公安部于04年4月12日发布，并于04年10　月1日实行了《城市道路单向交通组织原则》，给我们以法律法规上的指导与支持。我们设置单行线需要有2条同等级的道路相配对，且道路间距最好为300—500米以内，同时两条道路之间应有较多的支路相联系。

4.问：在设置单行线前后交管部门是否对实施效果进行了调查评测？

答：有，我们请了专门人员对单行后的通行能力及交通状况进行了测量，而且我个人也在设置单行线的路段进行了实地驾车调研，从测量结果及市民和司机朋友的反映来看，我们设置单行线的成效是非常显著的。

5.问：单向交通实施后，交通压力是否会转嫁到周边道路上？

答：交通压力转嫁到其他道路上的情况是有的，我们在调查中了解到，中山南路、中华路等相衔接道路的交通负荷增大了，但是其通行能力还是可以满足现在的要求的。

6.问：交通部门在近期设置单行线时是否有过预期规划？

答：有，城东地区将逐步构建单向交通网络，以更好的配置道路资源。我们也会根据之前的经验及实际发展的趋势对我们的设计方案不断进行调整和改进。

附录

南京市主城区单向交通现状调研 一个方向的困惑

附录2

白下区干道单行线使用状况调查(司机卷)

您的性别:□男 □女 年龄:__________

1、你驾驶哪种类型的车?

□私家车 □单位用车 □出租车 □其他

2、您开车的月收入大约为?

□2000元以下 □2000元-5000元 □5000元-8000元 □8000元以上

3、您认为单行后道路本身是否更通畅?

□ 是 □ 否

通过单行线时车速比以前提高(或降低)了多少?

□ 10%以下 □ 10%-30% □ 30%-50% □ 50%以上

通过单行线时间比以前节约(或增加)了多少?

□ 10%以下 □ 10%-30% □ 30%-50% □ 50%以上

4、您认为驾车经过单行线上的交叉口时是否比以前更便捷?

□ 是 □ 否

若是,原因是 □ 交叉口冲突点减少,无对向车流的干扰
□ 信号循环周期变短,降低了车辆通过时的停车延误
□ 信号配时合理,绿灯放行时间增加
其他______________________________

若否,原因是 □ 路口过多,信号灯干扰大
□ 信号灯配时不合理,绿灯放行时间短
□ 行转双行的交叉口易与行人和非机动车发生冲突
其他______________________________

5、您认为单行后由于绕行增加的路程大约为?

□ 0.5公里以下 □ 0.5-1公里 □ 1-3公里 □ 3公里以上

6、您认为进出单行线两侧的出入口与设单行前相比有何变化?

□比以前更方便 □与以前相比不方便 □与以前相比变化不大

原因是____

7、您认为单行后对周边道路有何影响?(多选)

□ 减轻了区域内与之平行相邻道路的交通压力
□ 从配对单行线之间的支路通行的车辆增多
□ 与单行线相衔接的干道堵车现象增多
其他_____________________________

8、您对白下区已设置的干道单行线是否满意?

□ 是 □ 车速提高,延误降低,节约了出行时间
□ 缓解了交通拥堵,提高了道路通行能力
其他__________________________

□ 否 □ 绕行距离过多,增加出行费用,对出行不利
□ 路口过多,信号灯干扰大,道路并不通畅
□ 单行线间支路拥堵增多,扰乱市民日常生活
其他__________________________

9、您认为南京未来应该增加还是减少单行线的数量?

□ 增加 □ 减少 □ 无所谓

若您是出租车司机,请继续做答

10、设单行后您的客运量有何变化?

□ 增多 □ 减少 □ 变化不大

附录

附录3

白下区干道单行线使用状况调查(商家卷)

1、您的经营类型为________________

2、您的经营面积约为______________

3、有无专用停车场?

□ 有 □ 无

若有,设单行后对停车场出入口的通畅程度有何影响?

□ 比以前更通畅 □ 比以前堵塞 □ 没影响

4、您的顾客前来的主要方式为

设单行前 □步行或非机动车 □公交车 □其他机动车

设单行后 □步行或非机动车 □公交车 □其他机动车

5、设单行后,客流量有何变化?

□大幅增加 □稍微增加 □大幅减少 □稍微减少 □变化不大

若有影响,(1)变化大约为_______%

您认为原因有哪些?

□设单行后,车辆不便停靠沿单行线逆向一侧。

□设单行后,区域内车流量增加(或减少)。

其他________________

6、设单行后对您的进货交通有何影响?

□比以前更便捷 □比以前不方便 □没感觉

附录

徐家汇商业圈公共交通利用现状调研报告

THE REPORT OF PUBLIC TRANSPORT IN XUJIAHUI EMPORIUM

2004年10月

院校：同济大学建筑与城市规划学院城市规划系　　指导教师：潘海啸　　学生：薛松、刘律

目录

徐家汇商业圈公共交通利用现状调研报告

摘要：本文以徐家汇商业圈内公共交通系统为研究对象，通过对地铁闸机口、出入口和公交车线路、站点的人流量进行统计，并以问卷形式随机访问调查过往人员的出行情况，采用定性与定量相结合的方法，对公交系统的利用情况进行评价。从公交系统适应徐家汇副中心功能的角度，提出需要更新硬件设施、调整地铁出入口位置、加强地下交通系统、完善标示系统等改进建议。

关键词：徐家汇商业圈　公共交通　公共交通利用

1 调研背景与工作框架

1.1 徐家汇简介

徐家汇位于上海市区西南角，是上海市中心城区最重要的商业中心之一，集中了港汇广场、美罗城、东方商厦、太平洋、第六百货等大型的商业设施，已经形成成熟的徐家汇商圈（图 1）。目前这一地区年商业销售额已达到 60 亿，日人流量近 80 万人次。

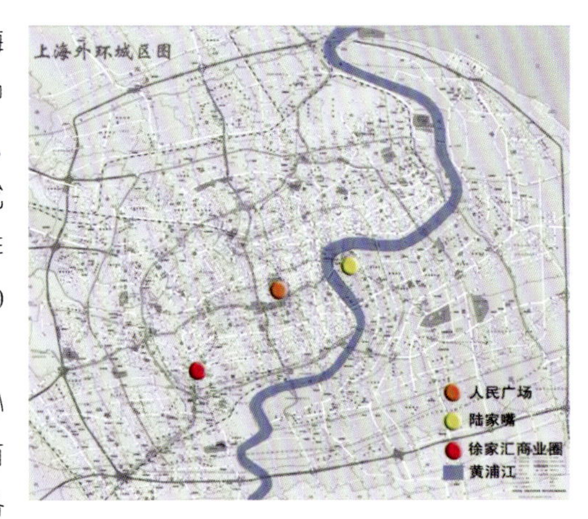

图 1　徐家汇商业圈区位图

根据规划，未来十年徐家汇商业中心的面积将从 4.5km^{2}扩大到 7 km^2，在现有商业功能基础上，进一步扩展商贸、商务和现代服务业功能，与淮海路商务圈和肇嘉浜路商务大道组成的“两圈一线”商务发展框架，成为面向长江三角洲地区，具备商业金融、商务办公等综合职能的世界级城市副中心。

1.2 现状问题及探讨

徐家汇商业中心迅速崛起与 1995 年地铁一号线投入运营密不可分。港汇，六百，太平洋数码以及一些高层建筑都是地铁运营以后建成的，从典型的交通中心发展成为具有综合优势的城市副中心。

随着上海城市建设的飞速进行和商业规模的不断扩大，徐家汇商业圈近些年来交通流量激增，商业功能和交通结构上的问题日益突出。徐家汇交叉口汇集了五条城市干道，其中华山路-漕溪北路和虹桥路一肇嘉浜路属于上海市“三纵三横”的市级快速干道。（图 2）在未来这里还将是规划中三条地铁线的换乘中心，人流随着徐家汇副中心的生长以及地铁的逐步建设还将不断密集，如不采取措施交通状况将制约徐家汇地区的发展。

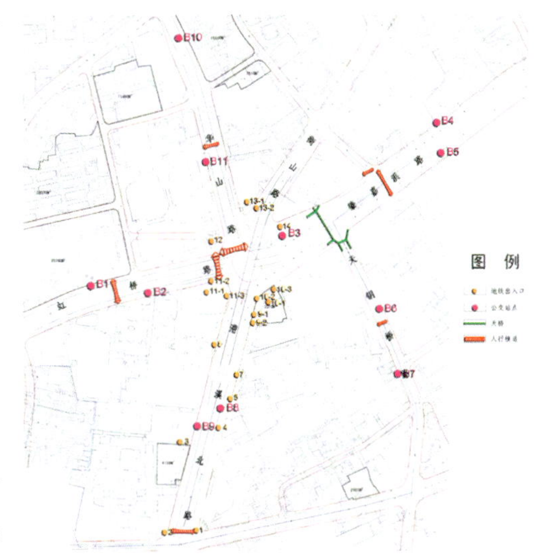

图 2　徐家汇商业圈公共交通设施分布图

1.3 调研目的和意义

根据国内外的发展经验，大力发展公交系统是解决中心区交通问题的最好选择。此次通过徐家汇商业圈公共交通的利用现状调研，对公交系统的设置和人们的出行情况进行客观评价，发现其特征与问题，探讨如何使人们更充分、更舒适地使用公共交通系统，并以此为依据对徐家汇商圈公共交通提出建议，为这一地区以后的交通发展提供参考。

1.4 调查方法和工作框架

1.4.1 调查范围与对象

调查范围确定在徐家汇商业圈半径 500 米（人的步行距离）的范围，跨越了多个街区。

调查对象为两类。一为徐家汇商业圈的各类人群，以利用公交系统的人群为主；二为徐家汇商业圈的商业类型、空间状况和公交系统硬件设施。

1.4.2 调查时间

调查时间选取工作日与假日两个同时段。调查时间为 8 月 24 日（工作日）与 28 日（假日）9：30— 15：00，避开上下班时段，研究非特殊时段的公共交通状况。每个调查点的时间为 30 分钟。

工作框架如图 3。

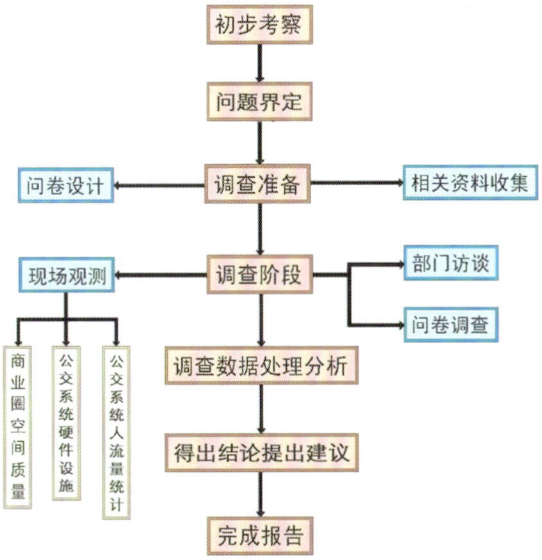

初步考察 → 问题界定 → 调查准备（问卷设计；相关资料收集）→ 调查阶段（现场观测：商业圈空间质量、公交系统硬件设施、公交系统人流量统计；部门访谈；问卷调查）→ 调查数据处理分析 → 得出结论提出建议 → 完成报告

图 3　工作框架

2 地铁出入口设置与使用状况

2.1 地铁出入口分布

徐家汇地区一共有 14 个地铁站出入口，将人群分散到周围港汇、东方、美罗、太平洋百货、徐家汇天主教堂等不同的商场、专卖店、文化、宗教和娱乐场所（图 4）。地下通道将各部分相联系，这种形式促进了地下空间的开发和土地的商业价值的发挥。

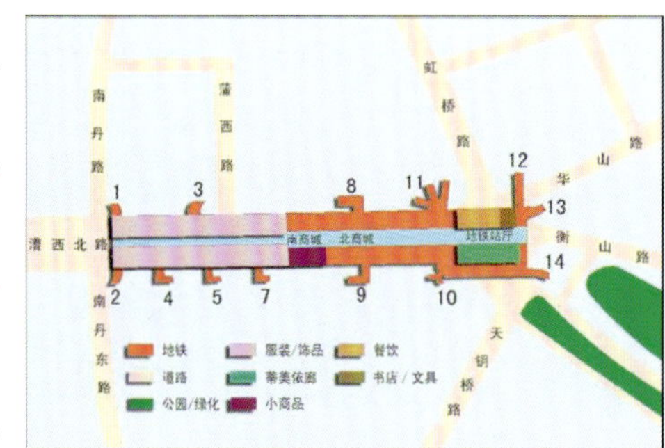

图 4 调查范围示意图

徐家汇地铁站分为三层，局部两层，地下商业沿漕溪北路呈线形分布（图 5）。在 1-7 出入口之间建成了长约 1 公里的地下两层商铺街市。地下商城集中了上百家小商铺，经营内容涵盖服装、美容美发、书店、餐饮等。

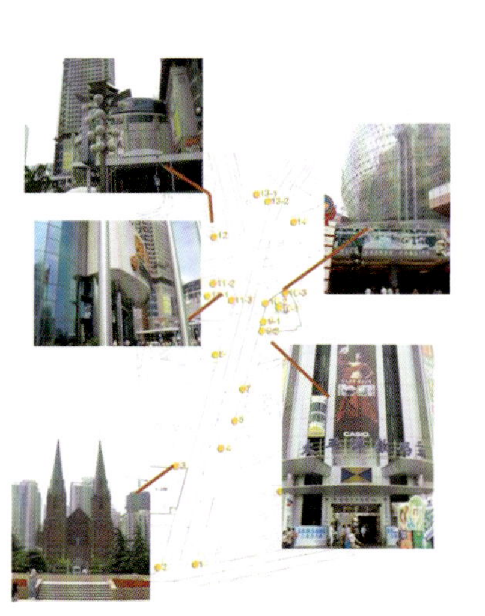
图 5 地铁出入口对应建筑

2.2 地铁出入口人流量分析

2.2.1 地铁作用突出，流量巨大

调查时间为 24 日和 28 日上午 9：30--12：00。经统计，在工作日半小时内通过闸机口的总人数为 3966 人，节假日为 4573 人。根据调查问卷，当天 43% 的人是乘坐地铁来徐家汇。可见地铁承担了徐家汇地区相当大的客运功能。

2.2.2 地铁出入口功能复合

工作日和假日地铁出入口半小时总人流量分别为 9242 人和 10916 人。将同时段的闸机口和地铁出入口的人流量的进行对比，前者都不到后者的一半，可见有相当一部分人利用了地铁站的其他功能，例如地下通道（32%的人过街选择地道）、地下购物、餐饮等等。充分证明了徐家汇站实现了集交通枢纽、购物餐

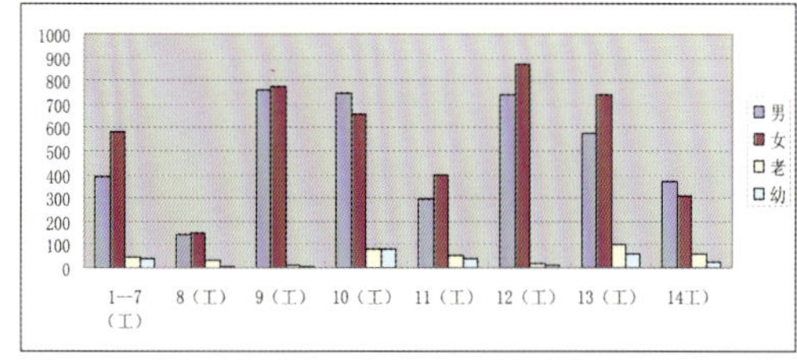

图 6 工作日地铁站点人流构成

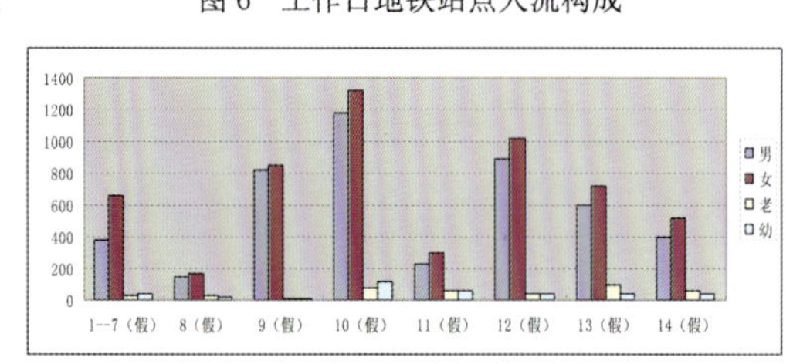

图 7 假日地铁站点人流构成

饮为一体的格局。

出入口工作日和假日的人流构成如图 6、图7 所示，青年男女的比例都超过 90%，远远大于老人和小孩。这说明地商圈所服务的对象主要是中青年。

工作日和假日女性数量都略大于男性，可以看出商业类型对女性更有吸引力。此外，由于徐汇中学周末举办一系列兴趣班，11 号口的老幼比例明显增高，商业以外的活动也对出入口的人流构成产生影响。

2.2.3 利用地铁的人流中中青年比例大

出入闸机口的中青年的比例超过了 90%。这与地铁的特性有关。地铁速度快，更适于长距离运输，地铁票价偏高，地铁站点分布也没有公交站点广泛，可达性较低，这些都导致了老幼人群对地铁的利用较少。

2.2.4 各进出口人流量差异大

经统计分析（图 8，1—7 号出口人流量太小，故将其总合考虑）。工作日（蓝线）主要人流量分布在交叉口附近，且相对均衡。而假日（红线）10 号出口人流量猛增，优势显著。

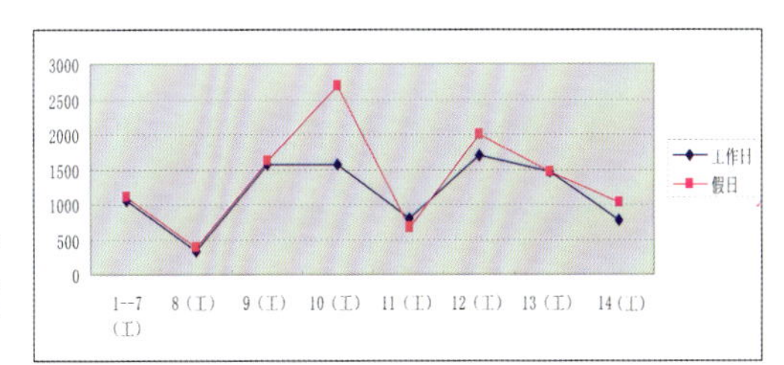

图 8 地铁站点各出入口流量图

图 9、图10 分别为工作日与假日各出入口人流分布的情况。

在工作日和周末都可以看出联系交叉口周围商城的出入口人流量较大，而 1-7 出入口的人流量最为分散，仅占 10%左右。造成巨大反差的重要原因是入口对应的建筑功能不同。10 至 14 号口对应的均为规模大，环境良好的商场大厦等，商业吸引力大。(图 11) 1-7 号口对应的是教堂和小的沿街店铺，吸引力大为减弱。虽

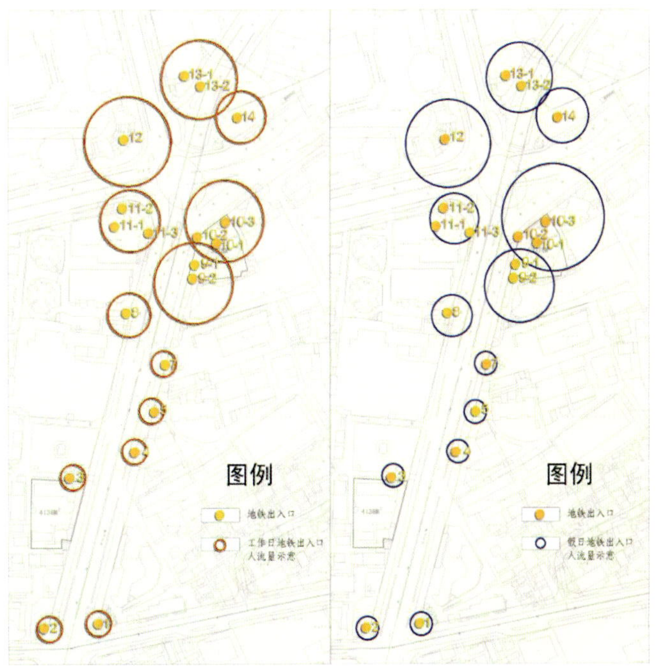

图 9 工作日地铁站点人流量　　图 10 假日地铁站点人流量

然 1-7 号口地下通道有商业街，但相比地铁站其他部分的商业，档次和水平均不高(图 12)。

10 号出口人流量与美罗城和太平洋数码的商业形式有关。美罗城偏向娱乐休闲，太平洋经营数码产品。据调查，71%的人选择大商场和专卖店购买数码商品，并一般选择在周末购买。可见地铁出入口对应建筑的性质、规模不仅对流量有影响，并且与流量的变化也有关系。

图 11　地铁站对应的大型商场

图 12　地铁站内小型商业

从各出入口进出人流量来看，工作日主要人流量分散点(即该点出去的人流量明显大于进入)为 10-1 ，主要人流量聚集点（即该点进入的人流量明显大于出去）：11-2 11-3 （东方商厦）。而假日分散点有 9-1，10-1，11，13-1，聚集点有 1-7，8，从节假日的分散点和聚集点的分布可以看出上午人流有从地铁或通过地下通道聚集到交叉口周围各大商场的趋势。

2.3 出入口硬件设施矛盾突出

调查发现徐家汇地铁站出入口硬件设施矛盾突出：

2.3.1 空间过渡的秩序感较缺乏：出入口的识别感不强，光线过暗，进入地下时无较好的过渡空间(图 13，图14)。

2.3.2 尺度差异大，分配不合理：宽度最大的出入口恰恰位于离交叉口商业圈较远的漕溪北路上。由于偏离中心，使用率极低。相反的位于交叉口旁的出入口却普遍显得局促。尤其是与东方商厦对应的 11 号出口，仅容一人通过（图 15)。

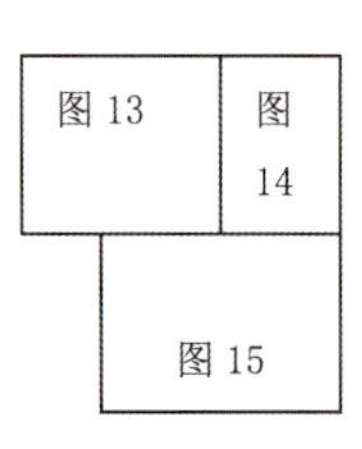

2.3.3 硬件设施分配颠倒：出入口设置电梯是为了方便大多数人。而徐家汇地铁站仅有的几部出入口电梯却安置在了人流量并不太大的地方，使用率低，造成浪费。

3 公交站点布局与使用状况

3.1 公交站点分布

3.1.1 公交线路多，站点分布较为均匀

据统计，该区平日共有公交线路 41 条，假日线路 43 条。

公交站点分布较为均匀。五条干道除衡山路外（该路为下穿式，与漕溪北路相通），其余均有两个站点，肇嘉浜路有三个站点。与肇嘉浜路相交的天钥桥路亦有两个站点（图 16）。

图 16 公交站点分布图

3.1.2 到达站点与驶离站点分布

各公交站点离交叉口距离如下表所示：

表 1 公交站点距离表

站名	B1	B2	B3	B4	B5	B6	B7	B8	B9	B10	B11
距离（米）	300	200	50	400	400	350	500	250	300	400	200

公交站点分布分析，进入该区的公交站点（B2、B3、B6、B8、B11）普遍离交叉口较近，而离开的（B1、B7、B9、B11）普遍离交叉口较远。从公交站点设置情况可以看出离开核心区的人们需要行进相对较远的距离才能乘上公交车。

3.1.3 公交流向存在差异

图 17 公交车流线图

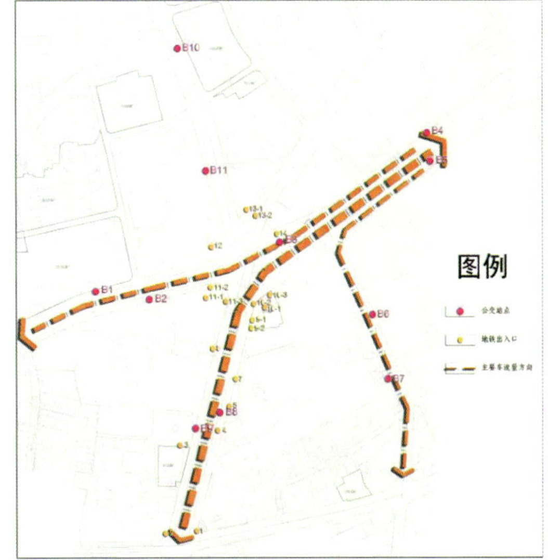

图 18 公交车主要流向图

在所有的线路中，有 19 条在两条道路上设有站点，其中有 10 条线路在肇嘉浜路和漕溪北路均设有站点。说明了这两条干道承担了重要的交通功能。

从图 17 可以看出，由肇嘉浜路方向进入该地区的公交车主要流向左方的虹桥路和下方的漕溪北路。相反进入虹桥路和漕溪北路的公交车也主要流向肇嘉浜路。天钥桥路的公交车主要同肇嘉浜路发生联系。华山路的公交线路流向相对分散。

由此可以得出肇嘉浜路为最主要的公交车进出口。其与漕溪北路关系最为密切，其次是虹桥路和天钥桥路（图 18）。

3.2 公交站点人流量分析

3.2.1 公交站点总人流量分析

调查时间为 24 日与 28 日下午 12：30—3：00。经统计，工作日各公交站点半小时上下车总人流量为 3199 人，假日为 3954 人。尽管有地铁一号线的快速通达的交通，但公交车由于票价相对比便宜，选择灵活等特点，依然具有重要地位。

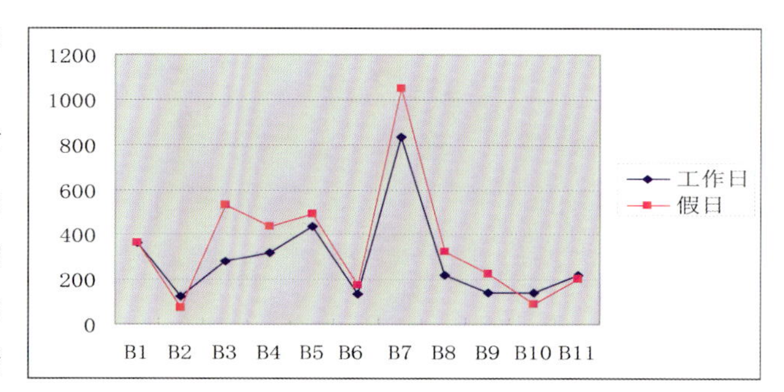

图 19　各站点工作日及假日上下车人流量分布图

假日人流量比工作日流量提高 23%。（图 19）调查问卷也显示：62%的人愿意选择双休日来徐家汇购物。因此假日公交车压力大大提升。而从上下车人流量统计上看出，下车人流量具有较大优势。同地铁一样，公交车系统在工作日和假日的该时段均以向徐家汇地区聚集作用为主。

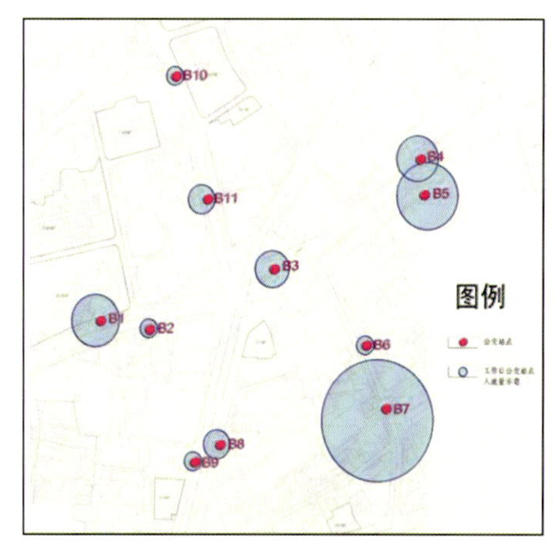

图 20　工作日公交站点人流量分布图

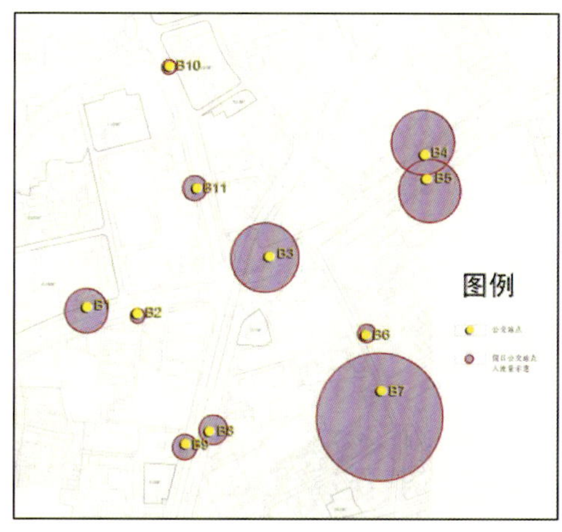

图 21　假日公交站点人流量分布图

3.2.2 公交各站点人流量分析——线路利用不均匀

从图 20、图21 中可以看出工作日公交站点主要分布在天钥桥路的 B7 站，肇家浜路的 B4、B5 站点，以及虹桥路上的 B1 站点，其余各站点人流量很小。

各公交站点人流量差异巨大，分布不均。同一条道路上的两个站点（即进出徐家汇商业圈的站点）人流量也有较大差别。

有两点值得注意：

1 作为该地区重要干道的漕溪北路的 B8、B9 的人流量很小。

2 而次干道的天钥桥路（红线仅为 22 米）的 B7 站点人流量巨大。

同时，结合个站点线路条数得到下表 2、表 3

表 2　工作日线路及流量分布状况

站点名	B1	B2	B3	B4	B5	B6	B7	B8	B9	B10	B11
线路数	8	3	8	16	16	3	7	12	11	2	4
流量比	11%	4%	9%	10%	14%	4%	26%	7%	4%	4%	7%

表 3　假日线路及流量分布状况

站点名	B1	B2	B3	B4	B5	B6	B7	B8	B9	B10	B11
线路数	8	3	10	16	16	4	8	12	11	2	4
流量比	9%	2%	13%	11%	12%	4%	28%	8%	6%	2%	5%

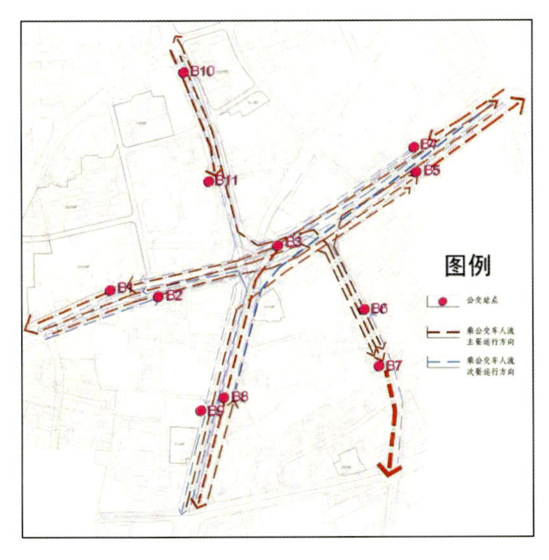

图 22 工作日公交站点人群进出方向与流量图

图 23 假日公交站点人群进出方向与流量图

结合线路及流量情况可以发现，B4、B5、B8、B9 的线路很多，但流量却不大。而 B7 的线路不多，但流量却最大。这从另一个方面说明了线路利用率的不均衡。

为了更好的研究徐家汇地区的人群进出方向，将各站点工作日及假日的上下人流进行统计，同时结合各条公交线路流线，得到图22、图23（线的粗细代表该线路人流量的。流量超过 100 人的线路分别用红线和黄线表示。流量较小的线路用蓝线表示）。

可以看出，进出徐家汇的人流来去方向较多。工作日主要人群进入徐家汇的位置在天钥桥路的 B7 站，肇嘉浜路的 B4 站，虹桥路上的 B1 站以及漕溪北路的 B8 站。周末这一趋势得到增强。而离开徐家汇的位置则以 B7 站有明显优势，尤其是周末。天钥桥路这条仅三车道的担负了该地区的相当部分人群的聚集和疏散作用，压力巨大。

3.3 公交站点设施亟待完善

公交站点应该具有较强的识别性，同时能够为等车者提供休憩遮荫的场所。据调查发现，该地区公交站点普遍硬件设施陈旧，识别性较差等问题。只有 B1、B3、B4、B5、B11 有相对完善的等车棚等设施（图 24），其余各站点都缺乏配套设施（图 25）。

图 24

图 25

4 公交换乘分析

4.1 换乘距离分析

换乘距离是影响公交换乘质量的重要因素。

据调查，该商业圈内的公交站点与地铁站的联系相对密切，大部分站点都在 400 米范围内，而且均有出入口相对应，无需过马路即可到达。

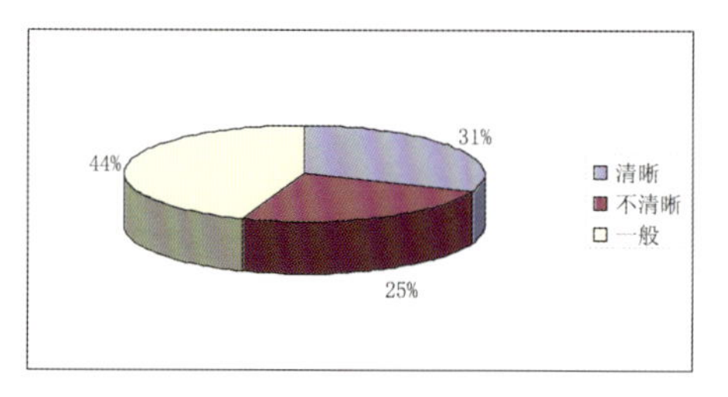

图 29

然而不同道路上的公交站点却距离较远，最远的甚至超过 800 米。在调查“公交换乘是否方便”中，有44%的人选择“有些站点不方便”，还有22%的人选择“都不方便”。可见，尽管徐家汇地区线路众多，但由于各站点的关系松散，使得相当一部分使用者觉得不便。

4.2 地下通道利用率不高

安全、便捷的换乘充分发挥公共交通作用的前提条件。

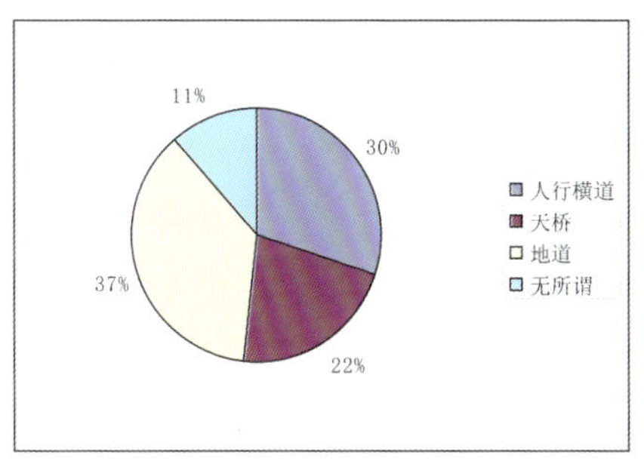

图26 过街方式意愿图

图27

根据人们过街意向的调查（图26），37%的人选择地道。人车分行，同时提供遮阳避雨的空间等优势使得地道成为人们的首选。

图28

30%的人选择了传统的人行横道的方式，理由是直接便利，效率高。

而天桥并不受人欢迎，较高的阶梯使人耗费较多的体力。结合现场情况看，人行横道人流拥挤，而且相当长时间的阻隔了车辆交通，是造成塞车的一个重要原因（图27、图28）。

因此 建立完善的地下人行系统，将有利于交通的疏导和行人的安全。

4.3 指示标识欠佳

在分析“在徐家汇地下通道里，您是否对地面建筑有明确的方位感”一项的调查结果发现，有53%的人选择了否。对此我们又对地下空间指示状况进行了调查，31%的人选择清晰，25%选择不清晰，44%的人选择一般（图29）。显然，地铁指示系统仍存在一定问题，有相当一部分人在地下空间处于迷茫状态。

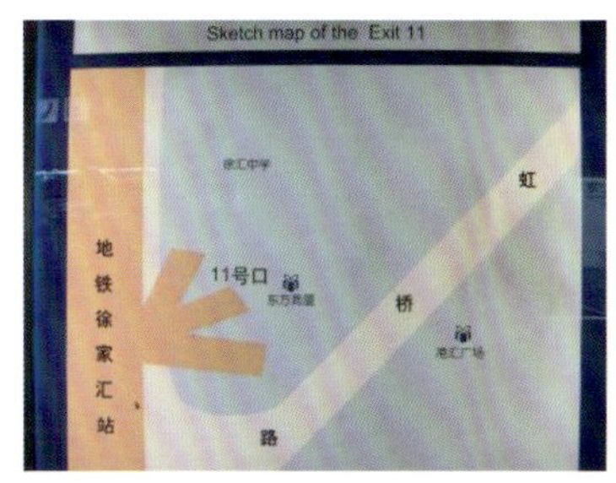

图30

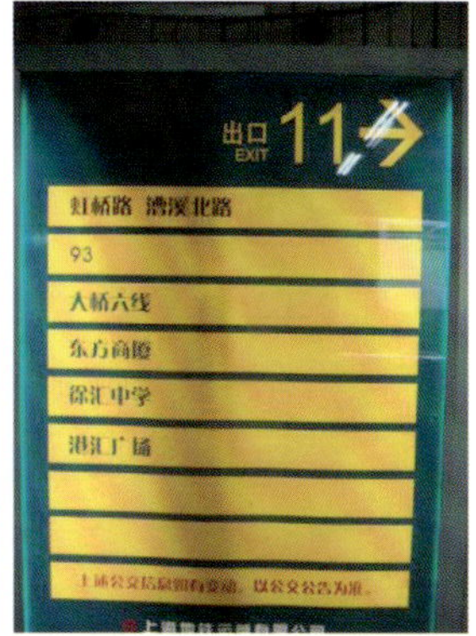

图31

通过对地铁系统指示标识的调查，发现各个出入口的标识较好，不仅表明了出口对应建筑，而且还介绍了周边主要商厦和换乘路线（图30、图31）。然而指示各出入口总体关系的标识很少，使人难以判断地下空间整体关系和所处位置。

5 结论与建议

5.1 结论

通过以上调查分析，得出以下 4 点结论：

5.1.1 地铁和公交车人流量巨大，使用地铁的人以中青年为主。但各出入口和各站点的人流量差异大，出入口设置和公交线路的安排则未能较好的考虑人的流向，造成了使用上的不便。

5.1.2 地铁出入口人流量不仅与其位置有关，与对应的建筑规模、功能也相关，并且后者对人流量的变化有很大影响。

5.1.3 商业圈内的公交站点与地铁站的联系相对密切，但公交站点间联系不够紧密，加上换乘通道的设计尚不够理想，导致了公交系统换乘的许多不便。

5.1.4 硬件设施简陋和缺乏，公交站点和地铁出入口设施陈旧，引导性和识别性差，有的站点甚至完全没有配套设施. 同时硬件设施的分配与人流量不对应，造成浪费。

5.2 改进建议

通过以上分析，针对存在的问题提出几条改进建议：

5.2.1 增加或更新硬件设施

如在没有休憩遮荫的车站旁种植大树，提供坐椅，在出入口竖立标志和店铺指引，增强识别性和引导性。建议将人流量大的出入口（9—13 号）和公交站点（B1、B3、B4、B5、B7）重点设计，满足使用者的需求。

5.2.2 调整公交线路站点的关系与地铁出入口位置

需要通过统计找出人流量分布集散规律，重新布置出入口和调整站点的位置，合理分配、均衡公交线路流量。建议适当缓解天钥桥路的公交压力，将公交站点重心移至肇嘉浜路、漕溪北路等人流量很大，但公交压力相对较小的路段，从而提高利用率。

5.2.3 地上转为地下 快速方便换乘

徐家汇汇集了五条道路，各公交站点过分靠近交叉口旁边将加大交通的压力，因此在地面上解决换乘问题不现实，可以利用规划中经过徐家汇的两条地铁将各出入口与公交站点相对应，真正实现方便快捷换乘，同时减少交叉口人车冲突。

5.2.4 建立清晰完善的标识系统

重点改进和增加地铁系统整体结构的标识，使人能在地下空间清楚的了解地下的结构，所处的位置，以及各出口上的环境，减少人们的困惑感。

6 结语

经过一个月对徐家汇商业圈的调查，使我们充分认识到便利快捷的公交体系是解决城市交通，尤其是城市重要节点交通问题的关键。只有合理的公交布局，便利的换乘体系，配套的硬件设施才能保障公交系统正常运营，提高公交利用的效率。因此，大力发展公交的策略必须同合理的规划设计相结合，只有真正从使用者的角度去考虑，才能真正实现通畅的交通。

参考文献

1 中国工程院课题组 《城市地下空间开发利用研究》，中国建筑工程出版社，2001

2 潘海啸 张瑛《上海轨道交通发展与公共交通运输导向开发区》，城市规划会刊，2003.3

3 许学强 周一星等 《城市地理学》，高等教育出版社，2003.1

4 高中岗 《从京、沪城市交通政策的差异看北京的交通拥堵》，城市规划汇刊，2004.4

5 蔡君时 《城市轨道交通》，同济大学出版社，2000.3

附录

徐家汇地区商圈基础设施与光顾者情况调查

问卷编号____________ 调查员_____________
调查时间：_______年___月___日___时___分至___时____分

尊敬的先生、女士：

您好！为了提高徐家汇地区商圈的竞争力，搞好基础设施的建设，加速本地区经济的发展。现在想就这几方面的话题问您几个问题，您的回答无所谓对错，只要是您真实的想法，都会对我们有很大的帮助。我们对您的回答会严格按照相关法规办理，请不必有任何顾虑。谢谢您！

1．您喜欢徐家汇这个地方吗？
□ 喜欢 □ 一般 □ 不喜欢

2．您到徐家汇商圈购物的原因是（限选4项）：
□离工作地点近 □住在徐家汇 □交通方便
□熟悉该区域 □知名度高 □商铺规模大
□时尚 □文化氛围好 □商业氛围好

3．您认为徐家汇最突出的地域特色是（限选2项）：
□历史悠久 □人文环境 □商业氛围 □开放包容
□诚信规矩 □交通方便

4．如果可能，您愿意选择什么时间来徐家汇？
□星期一 □星期二 □星期三 □星期四
□星期五 □法定节假日

5．您今天选择什么主要交通方式到徐家汇？
□普通公交车 □私家汽车 □出租车 □地铁 □自行车 □步行

6．您今天花费多少时间到徐家汇？
□5分钟以内 □5-10分钟 □10-20分钟 □20-30分钟 □30-45分钟
□45-60分钟 □60-90分钟 □90-120分钟 □大于120分钟

7．您感觉在徐家汇换乘方便么？
□有些站点方便 □都方便 □都不方便 □无所谓

8．您觉得徐家汇的步行交通设施（人行道、天桥、地道等）是否令您满意？
□满意 □一般 □不满意

9．如果过街您愿意选择：
□人行横道 □天桥 □地道 □无所谓

10．在徐家汇地下通道里，您凭借直觉能直接找到想去的建筑物么（对地面的建筑物有明确的方向感）？
□能 □不能

11． 地下通道的指示是否清晰？
□清晰 □不清晰 □一般

12．您到徐家汇一般消费多少钱？
□50元以内 □50-100元 □100-300元 □300-500元
□500-1000元 □超过1000元

13．您平时购买高档商品习惯去（限选 1 项）：

□著名大商场　□家附近的一般商场　□专卖店　□超市

14．您认为徐家汇的交通设施还需要做哪些改进？

工作日地铁出入口行人流量调查表

地铁出入口行人流量调查表

	学号	出入口编号	时间	入					出					备注
				男		女		儿童	男		女		儿童	
				中、青年	老年	中、青年	老年		中、青年	老年	中、青年	老年		
	刘律		12:19	1		5			2		2			
	薛松		12:24	5		11			4	1	2	1	1	
	王晓		12:29	9		15		1	1		6	2		
		1	12:34	1		11		1	3		5	1	1	
			12:39	5		7	1		1	1	2			
			12:44	3		4	1		2	1	9			
合计			12:19～12:49	24	0	53	2	2	13	3	26	4	2	
	刘律		10:51	42	1	53	2	5	27	3	43	1	5	
	薛松		10:56	44	3	59	5	7	15	2	33	0	0	
	王晓		11:01	51	4	54	3	2	34	2	55	2	2	
		1～7	11:06	45	0	59	2	2	23	2	48	0	3	
			11:11	25	2	39	3	6	25	3	44	1	2	
			11:16	27	3	52	1	4	31	2	45	2	2	
合计			10:51～11:16	234	13	316	16	26	155	14	268	6	14	
	孙剑		10:35	38	4	29	4	1	25	2	30	2	2	
	盛妍		10:45	19	1	14	3	0	24	3	28	2	2	
	李艳		10:55	25	2	26	5	2	15	1	21	2	1	
		8												
合计			10:35～11:05	82	7	69	12	3	64	6	79	6	5	
	成元		10:30	79	0	84	0	2	77	0	63	0	1	
	蔡嘉		10:35	69	2	72	1	1	69	1	66	0	0	
	李金		10:40	55	0	68	0	1	77	0	71	1	1	
		9	10:45	66	1	72	1	0	65	1	72	0	0	
			10:50	66	1	78	1	0	77	0	62	0	1	
			10:55	54	1	64	0	0	69	0	76	1	0	
合计			10:30～11:00	389	5	438	3	4	434	2	410	2	3	
	成元		10:10	61	3	58	4	10	64	6	58	6	7	
	蔡嘉		10:15	30	5	46	1	5	78	5	46	4	3	
	李金		10:20	51	2	46	2	5	73	4	71	8	4	
		10	10:25	62	2	51	1	7	69	4	67	4	9	
			10:30	50	2	56	1	4	69	4	49	3	11	
			10:35	44	1	56	1	10	72	2	41	4	4	
合计			10:10～11:40	298	15	313	10	41	425	25	332	29	38	
	孙剑		10:10	52	5	72	8	5	31	4	34	0	6	
	盛妍		10:20	65	7	91	8	7	49	1	55	5	6	
	李艳		10:30	59	5	89	6	8	36	5	54	4	10	
		11												
合计			10:10～10:40	176	17	252	22	20	116	10	143	9	22	

续表

	学号	出入口编号	时间	入					出					备注
				男		女		儿童	男		女		儿童	
				中、青年	老年	中、青年	老年		中、青年	老年	中、青年	老年		
	陈竞	12	10:30	65	3	87	2	5	71	0	114	0	11	
	王慧			70	2	85	1	1	80	1	102	3	2	
	曾悦			59	1	65	2	2	90	2	105	4	5	
				72	0	68	1	0	79	0	90	1	2	
			10:55	85	3	78	3	5	68	3	77	2	8	
合计			10:30～11:00	351	9	383	9	13	388	6	488	10	28	
	陈竞	13	11:40	44	7	69	2	8	43	4	64	4	6	
	王慧		11:45	42	2	59	5	2	57	6	74	6	7	
	曾悦		11:50	58	4	42	6	7	65	5	68	5	2	
			11:55	45	4	64	5	4	48	7	59	4	6	
			12:00	42	4	61	4	3	40	2	60	4	7	
			12:05	44	7	59	2	4	44	2	59	2	4	
合计			11:40～12:10	275	28	354	24	28	297	26	384	25	32	
	禹莎	14	10:05	31	0	22	4	1	44	0	27	3	4	
	杨开		10:10	22	3	23	2	1	22	2	22	5	1	
	张萌		10:15	38	1	13	3	1	35	7	23	4	3	
			10:20	27	1	18	1	0	32	1	22	2	1	
			10:25	28	1	44	4	2	30	2	49	1	2	
			10:30	28	3	19	2	5	33	3	28	5	4	
合计			10:05～10:35	174	9	139	16	10	196	15	171	20	15	

节假日地铁出入口行人流量调查表

地铁出入口行人流量调查表

	学号	出入口编号	时间	入					出					备注
				男		女		儿童	男		女		儿童	
				中、青年	老年	中、青年	老年		中、青年	老年	中、青年	老年		
	刘律	1	12:19	1		5			2		2			
	薛松		12:24	5		11			4	1	2	1	1	
	王晓		12:29	9		15			1		6	2		
			12:34	1		11		1	3		5	2	1	
			12:39	7		7	1		1	1	2			
			12:44	3		5	1	1	2	1	10			
合计			12:19～12:49	26	0	54	2	2	13	3	27	5	2	
	刘律	1～7	10:57	36	1	66	1	5	22	1	43	2	1	
	薛松		11:02	42	2	53	2	8	25	1	45	0	0	
	王晓		11:07	42	2	59	5	5	22	2	53	0	0	
			11:12	22	1	42	1	3	30	1	53	1	2	
			11:17	41	0	71	1	6	23	1	50	0	6	
			11:22	42	2	63	0	5	30	1	61	2	2	
合计			10:57～11:22	225	8	354	10	32	152	7	305	5	11	

续表

	学号	出入口编号	时间	入					出					备注
				男		女		儿童	男		女		儿童	
				中、青年	老年	中、青年	老年		中、青年	老年	中、青年	老年		
	孙剑	8	11:45	33	4	35	2	4	23	2	26	2	3	
	盛妍		11:55	24	2	26	3	3	21	3	24	2	2	
	李艳		12:05	29	2	34	3	6	24	1	27	2	3	
合计			11:45～12:15	86	8	95	8	13	68	6	77	6	8	
	成元	9	11:10	79	0	84	0	2	77	0	63	0	1	
	蔡嘉		11:15	69	2	72	1	1	69	1	66	0	0	
	李金		11:20	55	0	68	0	1	77	0	71	1	1	
			11:25	66	1	72	1	0	65	1	72	0	0	
			11:30	66	1	78	1	0	77	0	62	0	1	
			11:35	54	1	64	0	0	69	0	76	1	0	
合计			11:10～11:40	389	5	438	3	4	434	2	410	2	3	
	成元	10	11:40	114	5	105	1	16	95	2	74	0	12	
	蔡嘉		11:45	120	5	138	5	13	63	1	90	1	7	
	李金		11:50	110	4	138	3	10	80	2	109	3	6	
			11:55	109	6	96	3	8	77	3	99	4	4	
			12:00	103	4	121	2	7	107	4	116	6	10	
			12:05	99	5	115	4	19	86	5	122	2	6	
合计			11:40～12:10	655	29	713	18	73	508	17	610	16	45	
	孙剑	11	11:10	26	5	30	3	6	42	6	49	4	12	
	盛妍		11:20	28	6	40	5	8	55	4	73	6	11	
	李艳		11:30	31	5	41	7	10	51	8	71	6	15	
合计			11:10～11:40	85	16	111	15	24	148	18	193	16	38	
	陈竞	12	10:35	65	3	87	2	5	71	0	114	0	11	
	王慧		10:40	70	2	85	1	1	80	1	102	3	2	
	曾悦		10:45	59	1	65	2	2	90	2	105	4	5	
			10:50	72	0	68	1	0	79	0	90	1	2	
			10:55	85	3	78	3	5	68	3	77	2	8	
			11:00	82	2	69	0	2	71	1	82	3	0	
合计			10:35～11:05	433	11	452	9	15	459	7	570	13	28	
	陈竞	13	13:30	45	6	64	1	4	42	5	65	4	2	
	王慧		13:35	43	3	62	5	5	50	5	70	2	7	
	曾悦		13:40	54	3	55	7	5	57	3	60	7	2	
			13:45	45	5	59	2	2	60	2	60	6	2	
			13:50	53	3	61	4	3	47	2	54	4	2	
			13:55	51	7	57	6	5	58	4	54	2	4	
合计			13:30～14:00	291	27	358	25	24	314	21	363	25	19	
	禹莎	14	11:10	29	1	34	2	2	33	2	41	0	4	
	杨开		11:15	33	3	41	3	0	34	3	49	1	2	
	张萌		11:20	18	4	42	2	4	30	3	51	4	3	
			11:25	43	2	39	3	2	41	0	45	2	4	
			11:30	32	4	42	3	4	40	4	50	1	3	
			11:35	29	3	40	0	5	39	2	49	4	3	
合计			11:10～11:40	184	17	238	13	17	217	14	285	12	19	

工作日公交站点人流量统计表

路线名	时间		乘客										备注
			上车					下车					
			男		女		儿童	男		女		儿童	
B1	到站	离站	中、青年	老年	中、青年	老年		中、青年	老年	中、青年	老年		
徐华线	12:45′08″	12:45′44″	7	1	5	1	0	0	0	0	0	0	
572	12:48′13″	12:48′33″	0	0	0	1	0	8	0	8	1	1	
572	12:48′37″	12:48′54″	0	1	0	0	0	6	0	5	0	0	
93	12:48′48″	12:49′13″	1	0	8	0	0	0	0	2	0	0	
814	12:48′52″	12:49′14″	2	0	0	0	0	3	0	1	0	1	
931	12:49′04″	12:49′14″	3	0	4	1	0	5	0	4	1	1	
814	12:49′45″	12:50′13″	0	0	2	0	0	0	0	0	0	0	
徐华线	12:50′03″	12:50′36″	2	0	2	0	0	0	0	0	0	0	
572	12:51′33″	12:52′03″	1	0	2	0	0	6	0	7	3	0	
830	12:54′16″	12:54′48″	6	0	2	0	0	11	1	8	1	0	
大析六线	12:55′54″	12:56′30″	0	0	0	0	0	5	0	8	1	0	
855	12:56′06″	12:56′45″	4	0	5	0	0	0	0	3	0	0	
830	12:57′18″	12:57′46″	1	0	7	0	0	5	2	6	2	0	
93	12:58′11″	12:58′45″	2	0	0	3	0	1	0	3	1	1	
814	12:59′48″	13:00′15″	1	0	0	0	0	0	1	0	0	0	
572	13:01′33″	13:02′04″	1	0	2	0	0	5	0	4	3	0	
徐华线	13:03′03″	13:03′36″	2	0	1	1	0	0	1	0	1	0	
931	13:04′04″	13:04′29″	3	0	4	1	0	4	0	3	1	1	
814	13:04′34″	13:04′59″	0	0	1	0	0	1	1	0	0	0	
572	13:05′23″	13:05′44″	2	0	2	0	0	3	0	4	1	0	
大析六线	13:06′08″	13:06′24″	1	0	0	0	0	3	0	5	1	0	
93	13:07′08″	13:07′33″	1	0	5	0	0	4	0	2	0	1	
830	13:07′18″	13:07′44″	1	0	7	0	0	5	2	6	2	0	
814	13:08′14″	13:08′35″	2	0	1	0	0	3	1	1	0	2	
855	13:09′06″	13:09′25″	3	0	4	0	0	1	0	3	0	0	
931	13:09′46″	13:10′11″	2	0	2	0	0	3	1	3	0	1	
814	13:11′15″	13:11′35″	3	1	1	0	0	2	1	0	1	0	
93	13:12′03″	13:12′32″	2	0	3	0	1	3	0	2	1	0	
徐华线	13:13′12″	13:13′46″	3	0	2	1	0	1	1	0	0	1	
572	13:13′35″	13:14′04″	2	1	2	0	0	3	1	3	1	1	
B3													
徐闵线	27′31″	43′17″	2	0	1	0	0	1	0	0	0	0	
43路	31′20″	31′51″	2	1	1	0	1	2	1	0	0	1	
50路	33′01″	35′13″	0	1	1	0	0	0	0	1	0	0	
02线	34′51″	35′09″	1	0	0	1	1	1	0	2	0	1	
205路	35′40″	37′30″	5	1	3	0	1	2	0	1	0	1	
42路	35′49″	37′56″	2	0	3	0	2	1	0	2	1	0	
徐闵线	37′28″	38′17″	2	1	1	0	0	0	0	1	0	0	
732路	37′31″	38′03″	4	1	6	1	2	3	0	2	0	2	
50路	38′05″	40′20″	1	0	0	0	0	0	0	0	0	0	
43路	38′20″	39′40″	3	1	2	0	1	2	0	3	1	1	
205路	39′45″	40′22″	3	0	1	0	1	2	0	1	0	1	
824路	40′19″	40′27″	5	1	6	2	1	2	0	3	1	0	
824路	40′28″	40′38″	2	0	3	0	1	1	0	2	0	1	
43路	41′35″	44′17″	3	1	2	0	0	2	1	0	1	0	
02线	44′31″	44′50″	1	0	2	0	1	0	0	1	0	1	
徐闵线	46′42″	48′03″	1	0	1	1	0	1	1	1	0	0	
42路	47′08″	47′36″	2	2	3	1	1	2	1	2	0	1	
732路	47′18″	49′18″	5	2	4	1	0	2	0	1	1	0	
205路	47′38″	49′52″	0	1	1	1	0	1	0	0	1	0	
824路	49′59″	50′26″	3	1	4	1	1	1	0	0	1	1	
732路	52′26″	52′59″	4	2	4	1	0	2	0	1	1	0	
43路	52′53″	53′54″	1	0	0	0	1	1	2	1	0	1	
42路	53′06″	53′30″	3	1	2	0	1	2	0	2	0	0	
50路	53′47″	55′34″	0	0	1	0	1	2	0	1	0	0	

续表

路线名	时间		乘客										备注
B3	到站	离站	上车					下车					
			男		女		儿童	男		女		儿童	
			中、青年	老年	中、青年	老年		中、青年	老年	中、青年	老年		
02线	55′41″	56′21″	1	0	1	1	1	2	0	1	1	1	
徐闵线	58′25″	58′45″	2	1	3	0	1	1	0	1	1	1	
205路	58′50″	01′20″	1	0	1	1	0	2	0	1	1	1	
42路	59′06″	59′22″	3	1	2	0	2	1	0	1	1	0	
43路	59′12″	02′01″	1	0	1	1	0	1	1	0	1	1	
50路	00′14″	01′30″	2	0	1	0	1	2	1	2	0	2	
B2													
93	14:10′12″	14:10′55″	3	0	0	0	0	9	0	0	0	2	
814	14:33′34″	14:34′02″	2	0	1	0	0	1	1	2	0	0	
814	14:42′41″	14:43′05″	2	0	1	0	0	2	0	3	0	0	
548	14:46′02″	14:46′37″	1	1	0	2	1	9	0	7	0	2	
93	14:50′27″	14:50′59″	1	0	0	0	0	8	0	0	0	0	
814	14:52′46″	14:53′45″	2	0	3	0	0	7	0	9	0	3	
93	14:56′09″	14:56′54″	4	1	2	0	0	3	0	1	0	0	
814	14:57′33″	14:58′09″	6	0	4	0	1	11	0	12	0	3	
B4													
徐华线			23	14	16	0	0	0	0	0	0	0	
徐闵专线			3	0	4	1	0	0	1	0	0	1	
机场三线			0	0	0	0	0	34	0	26	2	0	
徐川线			0	0	0	0	0	22	2	5	0	0	
东坪专线			10	0	2	1	1	1	0	0	0	0	
旅游10号线			0	0	0	0	0	8	0	4	0	0	
50			0	0	1	0	0	5	4	0	0	0	
572			7	0	2	0	0	11	0	14	0	2	
44			26	1	22	0	0	0	0	6	0	0	
984			0	1	0	0	0	6	0	2	0	2	
712			2	3	3	0	0	0	0	0	0	0	
985			0	0	2	0	0	1	0	0	0	0	
957			4	0	0	0	0	2	0	0	0	0	
806			0	0	0	0	0	2	0	0	0	0	
931			0	0	0	0	0	2	0	4	0	0	
松江专线			4	0	2	0	0	1	0	0	0	0	
B5													
徐华线			33	17	38	3	1	2	0	5	1	0	
徐闵专线			9	0	6	1	0	2	1	3	0	1	
机场三线			0	0	0	0	0	36	0	33	0	0	
徐川线			0	0	0	0	0	23	2	7	1	0	
东坪专线			12	0	2	1	1	3	0	0	0	0	
旅游10号线			0	0	0	0	0	10	0	7	0	0	
50			0	0	1	0	0	6	3	0	0	0	
572			7	0	2	0	0	13	0	14	0	0	
44			25	1	27	0	0	0	0	9	0	0	
984			2	0	0	0	0	5	0	4	0	1	
712			3	1	3	0	0	0	1	0	0	0	
985			0	0	2	0	0	3	0	2	1	0	
957			5	1	0	0	0	4	0	0	0	0	
806			0	0	3	0	0	3	0	3	0	0	
931			0	2	3	0	0	5	0	3	0	0	
松江专线			4	0	3	0	0	2	0	0	1	0	
B6													
徐闵	12:54		0		0			7		17			
72	12:57		11		16			1		3			
72	13:02		2		2			1		0			
申闵	13:07		0		1			6		6			
72	13:08		3		1			2		7			
申闵	13:13		1		0			3		13			

续表

路线名	时间		乘客										备注
			上车					下车					
B6	到站	离站	男		女		儿童	男		女		儿童	
			中、青年	老年	中、青年	老年		中、青年	老年	中、青年	老年		
72	13:17		8		13			3		6			
B7													
44	12:15		4		2			9		7			
864	12:15		0		0			6		4			
770	12:15		12		10			7		13			
572	12:18		4		23			3		5			
572	12:19		9		19			1		6			
921	12:20		0		3			6		1			
72	12:21		0		0			2		9			
72	12:21		1		2			6		2			
927	12:23		1		3			1		0			
770	12:24		6		11			5		7			
572	12:24		8		6			4		4			
44	12:26		7		8			16		12			
572	12:26		1		7			0		0			
72	12:27		1		3			2		3			
44	12:27		7		8			13		13			
122	12:28		3		13			0		5			
44	12:29		4		3			6		18			
864	12:29		1		7			0		2			
44	12:30		3		3			1		14			
572	12:31		1		0			0		0			
770	12:31		7		13			4		5			
122	12:31		5		5			5		7			
864	12:31		0		0			4		10			
72	12:35		0		0			2		20			
15	12:36		4		6			9		15			
52	12:36		9		8			12		7			
72	12:36		1		2			3		18			
15	12:36		2		3			9		14			
770	12:36		6		7			5		11			
927	12:37		2		7			3		4			
927	12:37		4		6			3		9			
44	12:38		0		0			9		11			
44	12:38		2		3			14		7			
572	12:40		9		11			4		3			
44	12:40		1		1			7		11			
122	12:41		4		5			3		7			
44	12:43		1		1			5		10			
72	12:43		1		0			2		4			
B8													
830	12:56′18″	12:56′55″	1	0	3	1	1	2	1	3	1	2	
43	12:56′30″	12:57′12″	2	0	1	0	1	2	0	4	1	2	
303	12:58′10″	12:58′54″	2	0	4	0	0	2	1	4	0	2	
732	12:59′23″	12:59′57″	1	0	3	0	0	2	0	3	1	2	
徐闵线	13:01′12″	13:01′45″	0	0	2	0	0	2	1	3	1	2	
957	13:01′22″	13:02′01″	3	0	2	1	0	2	0	4	1	2	
732B	13:01′31″	13:02′22″	5	1	4	0	1	2	0	0	0	1	
931	13:03′11″	13:03′56″	2	0	3	0	1	1	0	2	1	0	
205	13:03′35″	13:04′21″	2	1	4	1	0	1	0	0	0	0	
926	13:04′31″	13:04′58′	2	0	3	1	0	2	0	3	0	2	
946	13:05′03″	13:05′39″	1	0	2	0	1	1	0	3	1	1	
920	13:07′03″	13:07′35″	2	1	0	1	0	1	0	2	0	1	
920	13:07′33″	13:08′10″	3	0	3	0	2	1	0	2	1	0	
303	13:11′12″	13:12′00″	1	0	3	0	1	2	0	1	0	0	

续表

路线名	时间		乘客										备注
			上车					下车					
			男		女		儿童	男		女		儿童	
B8	到站	离站	中、青年	老年	中、青年	老年		中、青年	老年	中、青年	老年		
957	13:13′11″	13:13′51″	1	0	2	0	1	2	0	1	0		
徐闵	13:15′22″	13:16′12″	4	1	2	0	1	2	0	1	0	0	
303	13:15′45″	13:16′20″	2	0	3	0	1	0	0	3	0	1	
830	13:17′10″	13:17′53″	2	1	3	1	0	1	0	2	1	0	
732	13:18′10″	13:18′50″	2	0	4	1	0	2	0	2	1	0	
43	13:20′21″	13:21′11″	2	1	4	0	1	1	0	2	1	0	
205	13:23′41″	13:24′10″	2	0	3	1	0	1	0	0	0	0	
B9													
926	12:16′08″	12:16′35″	0	0	0	0	0	1	0	0	0	0	
926	12:16′20″	12:16′40″	0	0	0	0	0	0	0	0	0	0	
50	12:20′20″	12:21′06″	1	0	2	1	0	2	0	1	0	1	
957	12:21′10″	12:21′41″	2	0	0	0	1	0	2	1	0	1	
徐川线	12:22′12″	12:22′51″	0	1	0	0	0	0	0	2	0	0	
712	12:22′20″	12:23′01″	2	0	1	0	1	2	0	2	1	0	
824	12:22′31″	12:23′12″	5	1	3	0	0	2	0	0	0	1	
徐闵线	12:23′11″	12:23′35″	1	0	3	1	1	1	0	2	1	0	
923	12:26′20″	12:27′01″	2	0	2	1	0	1	0	0	0	0	
43	12:26′31″	12:26′55″	1	0	4	0	0	2	0	3	0	2	
946	12:28′03″	12:28′39″	0	0	2	0	0	1	0	3	1	1	
926	12:30′03″	12:30′35″	1	0	0	0	0	2	0	0	0	0	
东闵专线	12:30′33″	12:31′10″	2	0	3	0	2	1	0	2	1	0	
923	12:31′12″	12:32′00″	0	0	2	0	0	2	0	1	0	0	
50	12:33′12″	12:33′51″	2	0	3	1	0	2	0	1	0		
徐闵	12:35′22″	12:36′02″	2	0	0	0	0	2	0	1	0	0	
徐川	12:35′33″	12:36′20″	0	0	3	0	1	0	0	3	0	1	
946	12:37′20″	12:38′03″	1	0	2	1	0	1	0	2	1	0	
957	12:40′10″	12:40′40″	2	0	1	0	0	2	0	2	1	0	
43	12:43′21″	12:44′12″	3	1	5	0	1	1	0	2	1	0	
B10													
946	13:40		2		2			1		2			
44	13:45		16		16			1		5			
44	13:47		7		9			0		1			
44	13:54		5		10			2		1			
946	13:55		3		9			2		0			
44	13:58		5		6			1		0			
44	14:07		15		10			3		0			
946	14:09		3		3			2		0			
B11													
926	14:10		0		3			3		4			
923	14:11		1		1			3		17			
926	14:14		0		0			5		5			
855	14:16		1		3			1		2			
926	14:19		1		0			2		4			
855	14:22		6		2			2		0			
926	14:23		0		0			3		3			
920	14:25		0		0			6		7			
923	14:26		1		1			7		15			
855	14:28		0		4			5		9			
926	14:29		1		1			12		7			
855	14:33		4		1			3		4			
855	14:35		0		2			2		2			
920	14:37		1		0			2		4			
926	14:38		1		0			6		12			
923	14:39		1		1			5		19			

周末公交站点人流量统计表

路线名	时间		乘客										备注
			上车					下车					
B1	到站	离站	男		女		儿童	男		女		儿童	
			中、青年	老年	中、青年	老年		中、青年	老年	中、青年	老年		
大桥六	14:27		0	0	1	1	0	4	0	6	0	0	
93	14:29		8	1	12	1	0	2	0	1	0	0	
572	14:30		1	0	1	0	0	8	1	12	1	1	
855	14:30		1	0	4	0	0	1	0	1	0	0	
548	14:32		1	0	4	1	0	2	0	3	1	1	
93	14:33		3	4	0	0	1	1	0	2	0	0	
572	14:33		1	0	0	0	0	7	0	4	1	0	
931	14:36		8	0	9	0	0	6	0	7	1	0	
572	14:36		2	0	1	0	0	3	2	2	1	2	
徐华	14:37		7	2	8	1	0	2	1	4	1	0	
830	14:37		1	0	2	0	0	2	0	1	0	0	
855	14:39		3	0	4	0	0	0	0	0	0	0	
814	14:39		3	0	6	1	0	4	2	7	0	0	
931	14:39		3	1	2	0	0	2	4	6	2	1	
855	14:40		1	0	0	1	0	1	0	0	0	0	
大桥六	14:44		1	0	1	0	0	4	2	7	0	1	
572	14:46		1	0	2	1	0	5	0	4	0	0	
830	14:46		2	0	3	1	0	10	0	12	2	1	
855	14:48		2	0	3	1	0	1	0	1	0	0	
572	14:48		2	1	1	0	0	4	1	3	1	0	
814	14:49		0	0	1	0	0	3	1	5	1	1	
93	14:50		2	0	3	1	1	2	0	1	0	1	
931	14:52		5	0	4	0	0	2	3	5	1	1	
B2													
93	15:06		0	0	0	1	0	4	1	8	1	0	
814	15:11		4	0	2	0	0	2	0	1	0	0	
93	15:13		2	0	1	0	0	4	0	6	1	0	
814	15:26		3	0	2	2	0	1	2	3	0	0	
93	15:28		4	1	4	2	1	3	1	4	0	0	
B3													
205	15:52		3	1	8	0	1	12	1	9	1	0	
50	15:54		6	0	7	0	0	4	0	8	0	1	
43	15:54		12	1	15	1	1	9	0	8	0	0	
2	15:55		5	2	6	2	1	1	0	2	0	0	
东闵	15:55		1	1	0	1	0	2	0	0	0	0	
43	15:58		21	1	10	3	1	3	0	6	0	1	
43	15:59		8	1	12	0	2	2	0	6	0	1	
205	16:00		8	1	12	1	0	4	0	1	0	0	
824	16:00		1	1	4	2	0	3	0	2	1	1	
东闵	16:01		0	0	1	0	1	1	0	2	1	0	
732	16:02		2	1	4	1	0	3	0	5	0	0	
50	16:02		4	0	3	0	0	2	2	6	2	1	
徐闵	16:02		2	1	3	1	0	2	0	3	0	0	
43	16:04		18	1	12	1	1	1	0	2	0	0	
东坪	16:05		2	0	2	0	0	0	0	0	0	0	
徐闵	16:05		0	0	0	0	0	1	0	3	0	0	
43	16:06		7	0	8	0	1	1	0	0	0	0	
205	16:06		1	0	3	0	2	1	1	2	0	0	
徐闵	16:07		1	0	0	0	0	2	0	0	0	0	
42	16:07		2	2	9	4	1	3	0	1	0	0	
2	16:09		4	1	5	0	1	2	0	1	0	0	
732	16:09		4	1	6	1	0	3	2	2	0	2	
43	16:11		12	0	8	1	0	1	0	1	0	0	
徐闵	16:12		2	0	3	0	1	1	0	0	0	0	
50	16:14		5	1	6	1	1	0	0	1	0	0	

续表

路线名	时间		乘客										备注
			上车					下车					
B3	到站	离站	男		女		儿童	男		女		儿童	
			中、青年	老年	中、青年	老年		中、青年	老年	中、青年	老年		
43	16:15		5	0	9	0	1	1	1	0	1	0	
42	16:16		3	0	4	1	1	0	0	1	1	0	
732	16:16		5	1	5	0	0	1	0	2	0	0	
205	16:18		2	0	0	0	1	1	0	1	0	0	
B4													
徐华线			15	11	14	3	0	10	3	15	2	4	
徐闵专线			5	1	3	0	0	9	0	7	1	1	
机场三线			0	0	0	0	0	34	0	33	3	2	
徐川线			1	0	1	0	0	17	2	12	0	0	
东坪专线			9	1	2	2	2	3	0	1	0	0	
旅游10号线			0	0	0	0	0	6	0	3	1	0	
50			0	1	1	0	1	9	2	8	1	0	
572			0	1	3	1	0	12	2	15	2	1	
44			13	3	12	0	2	1	0	3	0	0	
984			1	1	0	1	0	6	0	3	0	0	
712			2	3	3	0	0	3	1	3	0	1	
985			0	1	3	0	0	4	1	4	0	3	
957			4	0	2	0	0	1	0	3	1	0	
806			3	1	1	0	1	4	1	4	2	0	
931			1	4	1	0	0	1	3	1	1	0	
松江专线			4	0	2	1	0	4	2	3	1	2	
B5													
徐华线			30	9	36	3	1	9	5	8	4	1	
徐闵专线			9	0	6	1	0	2	1	3	0	2	
机场三线			0	0	0	0	0	38	0	35	0	0	
徐川线			0	1	2	0	0	23	2	7	1	0	
东坪专线			16	0	2	1	1	5	0	3	0	0	
旅游10号线			0	0	0	0	0	18	0	12	0	0	
50			0	0	0	0	0	6	3	0	0	1	
572			7	0	4	0	0	13	0	13	0	0	
44			26	3	27	0	0	0	0	9	0	0	
984			5	0	0	0	0	5	0	11	0	2	
712			3	1	3	0	0	0	1	0	0	0	
985			0	0	1	0	0	2	0	2	1	0	
957			5	1	0	0	0	2	1	0	0	1	
806			0	0	0	0	0	6	0	3	0	0	
931			0	2	3	0	0	5	0	3	0	0	
松江专线			5	0	3	0	0	0	0	3	2	0	
B6													
申闵	13:26		0		0			5		2			
龙吴	13:26		0		0			7		14			
72	13:27		3		4			5		7			
申闵	13:31		0		0			4		5			
徐闵	13:34		0		0			7		10			
72	13:36		5		16			1		8			
72	13:43		3		7			2		10			
龙吴	13:45		0		0			7		5			
申闵	13:46		0		0			3		6			
72	13:52		3		2			5		9			
申闵	13:54		0		0			4		4			
B7													
15	12:52		0		1			5		15			
44	12:53		0		1			7		8			
44	12:53		0		3			14		17			
15	12:53		0		3			5		6			

续表

路线名	时间		乘客										备注
			上车					下车					
			男		女		儿童	男		女		儿童	
B7	到站	离站	中、青年	老年	中、青年	老年		中、青年	老年	中、青年	老年		
44	12:55		0		0			5		2			
770	12:55		13		15			8		9			
572	12:56		1		3			2		0			
44	12:58		3		6			7		14			
927	12:58		7		5			3		6			
72	12:59		4		3			6		12			
72	13:00		5		2			4		10			
770	13:01		5		6			8		15			
572	13:01		5		7			4		8			
864	13:02		0		1			3		5			
927	13:02		0		3			1		5			
864	13:02		1		2			2		8			
572	13:02		2		4			7		5			
19	13:02		0		1			4		5			
15	13:05		2		2			2		9			
72	13:05		3		4			6		7			
572	13:06		3		5			2		3			
770	13:06		11		9			12		14			
15	13:07		4		10			0		0			
44	13:08		10		9			13		14			
572	13:10		12		11			11		10			
44	13:11		7		4			13		10			
44	13:12		3		5			12		10			
15	13:12		0		0			8		7			
15	13:13		0		1			6		11			
572	13:13		2		4			3		4			
927	13:13		4		3			3		2			
572	13:14		7		8			2		1			
122	13:14		14		11			6		10			
12	13:15		14		12			12		13			
44	13:16		9		10			9		12			
72	13:16		1		2			5		12			
864	13:16		1		1			4		14			
72	13:17		1		1			6		13			
15	13:19		2		0			4		10			
770	13:20		7		11			13		15			
15	13:20		1		1			2		6			
572	13:20		11		8			2		6			
572	13:21		3		5			1		4			
44	13:22		13		8			10		20			
B8													
43	12:55′18″	12:55′55″	3	0	3	1	2	3	0	3	1	1	
732	12:56′32″	12:57′22″	2	1	3	1	1	3	0	3	0	0	
303	12:58′11″	12:58′54″	3	0	2	0	0	2	2	3	1	1	
830	12:59′21″	12:59′57″	2	0	3	0	0	2	1	3	1	0	
徐闵线	13:02′11″	13:02′45″	1	0	2	0	0	2	0	2	1	1	
957	13:02′22″	13:03′00″	2	1	2	1	0	3	1	2	1	0	
732B	13:02′31″	13:03′22″	3	0	2	0	0	2	0	4	2	1	
830	13:03′40″	13:04′26″	3	1	3	0	1	2	1	4	1	0	
205	13:04′45″	13:05′21″	2	1	3	1	0	3	0	3	0	2	
926	13:04′51″	13:05′28″	3	1	3	0	1	1	1	5	2	2	
946	13:06′03″	13:06′39″	2	0	3	1	1	2	0	4	1	1	
931	13:07′13″	13:07′55″	3	1	2	1	0	1	0	3	1	1	
920	13:07′33″	13:08′10″	3	0	3	0	2	2	1	2	0	4	
43	13:11′12″	13:12′00″	2	1	4	0	1	4	1	4	0	2	
957	13:13′12″	13:13′51″	2	0	3	1	0	2	0	3	0	1	

续表

路线名	时间		乘客										备注
B8	到站	离站	上车					下车					
			男		女		儿童	男		女		儿童	
			中、青年	老年	中、青年	老年		中、青年	老年	中、青年	老年		
303	13:15′22″	13:16′12″	2	0	3	0	2	3	1	3	1	0	
205	13:15′45″	13:16′20″	2	1	4	1	1	2	0	2	2	1	
830	13:17′12″	13:17′53″	2	1	3	1	0	2	1	3	1	0	
732B	13:18′10″	13:18′50″	3	1	2	1	0	1	2	3	2	2	
43	13:20′21″	13:21′11″	3	1	3	2	3	3	2	4	1	2	
徐闵	13:23′41″	13:24′10″	2	1	3	1	1	2	2	3	1	2	
B9													
957	12:17′06″	12:17′35″	2	0	3	0	1	3	0	2	0	0	
926	12:18′21″	12:18′40″	1	0	1	0	0	2	0	2	1	0	
50	12:20′20″	12:21′06″	2	0	2	0	0	3	1	1	2	0	
712	12:21′10″	12:21′41″	1	0	2	0	0	2	0	4	0	1	
徐川线	12:22′12″	12:22′51″	1	1	1	0	0	0	0	3	1	0	
43	12:22′20″	12:23′01″	2	0	1	0	1	3	2	1	1	1	
824	12:22′35″	12:23′12″	4	1	2	0	0	3	0	3	0	0	
徐闵线	12:23′11″	12:23′35″	1	1	3	1	1	2	1	4	1	0	
923	12:26′20″	12:27′01″	2	0	2	1	0	2	0	3	0	0	
43	12:26′31″	12:26′55″	1	0	3	0	0	4	1	5	1	1	
946	12:28′05″	12:28′39″	2	0	2	0	0	1	2	1	2	3	
923	12:30′03″	12:30′35″	1	0	0	0	0	1	0	3	0	1	
东闵专线	12:31′33″	12:32′10″	1	1	2	0	1	2	0	2	1	0	
926	12:32′12″	12:33′00″	1	0	2	0	0	3	1	2	0	1	
徐川	12:33′12″	12:33′55″	2	0	1	1	0	2	0	3	1	3	
50	12:35′22″	12:36′05″	1	1	2	0	0	4	0	1	1	1	
徐闵	12:35′35″	12:36′20″	0	0	2	0	1	2	1	2	1	1	
946	12:39′20″	12:39′53″	1	0	2	1	0	3	0	5	1	2	
43	12:43′21″	12:44′12″	2	1	4	0	1	5	0	6	2	3	
B10													
946	13:07		2	0	1	0	0	2	0	0	0	0	
44	13:08		3	6	1	1	0	1	0	0	0	0	
946	13:13		0	0	0	0	0	0	0	0	0	0	
44	13:13		3	7	0	2	1	0	3	0	0	1	
44	13:18		8	4	1	2	0	0	6	0	1	0	
44	13:24		8	7	0	0	0	0	0	1	0	0	
946	13:25		1	0	2	0	0	1	0	0	0	0	
44	13:30		6	5	0	1	1	0	1	1	0	1	
B11													
923	13:40		0	1	0	0	0	2	0	10	0	1	
920	13:42		0	0	0	0	0	5	0	7	0	1	
926	13:42		1	0	0	0	0	6	0	2	1	0	
855	13:44		0	2	0	0	1	4	1	4	2	0	
926	13:45		0	0	0	0	0	1	0	1	0	0	
926	13:47		0	1	0	0	0	3	0	1	0	0	
920	13:50		0	0	0	0	0	0	0	8	1	2	
855	13:51		2	4	0	0	0	3	0	10	1	1	
926	13:53		0	0	0	0	0	1	1	5	0	1	
923	13:55		1	1	0	1	0	2	0	3	0	0	
926	13:56		0	0	1	0	0	1	0	1	0	0	
855	13:56		2	0	2	1	0	3	0	2	0	0	
920	13:57		0	0	1	0	0	1	0	1	1	0	
926	13:59		1	0	1	1	1	2	1	1	0	0	
926	13:59		2	1	3	0	0	4	0	5	1	1	
855	14:00		2	1	1	0	0	3	0	1	0	1	
923	14:01		1	0	1	0	0	0	0	2	0	0	
926	14:03		2	1	0	0	1	0	1	2	0	0	
920	14:03		1	0	1	0	0	0	0	1	0	0	
855	14:04		2	0	3	1	1	3	1	6	0	0	
926	14:05		3	0	2	1	1	2	0	2	1	1	

公交线路调查

工作日交通线（共 41 路）

徐华线，572，93，814，931，830，大桥六线，855， 548， 徐闵线，43，50，02，205，732，824，42 机场三线，徐川线，东坪专线，旅游十号线， 984，712，985，957，806，松江专线 44，864，770，72，927，122， 申闵，303，926，946，920，923， 东闵专线，南余线

周末交通线 （共 42 路）

徐华线，572，93，814，931，830，大桥六线，855， 徐闵线，43，50，02，205，732，824，42 机场三线， 徐川线，东坪专线，旅游十号线， 984，712，985，957，806，松江专线 44，864，770，72，927，122，15，申闵，303，926，946，920，923， 东闵专线，龙吴线， 南余线（多龙吴线 ，15 少 548）

漕溪北路---肇嘉浜路：徐闵线， 徐川线， 东坪专线， 旅游十号线， 松江专线， 东闵专线， 南余线，43， 50，205， 732， 824，42，984，712， 985，957， 303，（共 18 路）

肇嘉浜路---漕溪北路：徐闵线， 徐川线， 东坪专线， 旅游十号线， 松江专线， 东闵专线， 南余线，43， 50，205， 732， 824，42，984，712， 985，957， 303， （共 18 路）

漕溪北路---虹桥路：931， 830， （共 2 路）

虹桥路---漕溪北路：931， 830， （共 2 路）

漕溪北路---华山路：926， 946， 920， （共 3 路）

华山路---漕溪北路：926， 946， 920， （共 3 路）

漕溪北路---衡山路：

衡山路---漕溪北路：

肇嘉浜路---虹桥路：徐华线， 大桥六线， 机场三线，572， 814， 02， 806， （共 7 路）

虹桥路---肇嘉浜路：徐华线， 大桥六线， 机场三线，572， 814， 02， 806， （共 7 路）

肇嘉浜路---华山路：44， （共 1 路）

华山路---肇嘉浜路：44， （共 1 路）

肇嘉浜路---衡山路：

衡山路---肇嘉浜路：

虹桥路---华山路：855， 923， （共 2 路）

华山路---虹桥路：855， 923， （共 2 路）

虹桥路---衡山路：93， 548， （共 2 路）

衡山路---虹桥路：93， 548， （共 2 路）

华山路---衡山路：

衡山路---华山路：

漕溪北路---天钥桥路：

天钥桥路---漕溪北路：

虹桥路---天钥桥路：72， （共 1 路）

天钥桥路---虹桥路：72， （共 1 路）

天钥桥路---肇嘉浜路：申闵，龙吴线，864， 770， 927， （共 5 路）

肇嘉浜路---天钥桥路：申闵，龙吴线，864， 770， 927， （共 5 路）

天钥桥路---衡山路：15， （共 1 路）

衡山路---天钥桥路：15， （共 1 路）

天钥桥路---华山路：

华山路---天钥桥路：44， （共 1 路）

济南市泺源大街盲人出行环境调查

当门关闭的时候，
　　我们还可以打开窗户。
当太阳落山以后，
　　我们还有如水的月华。

而你们，和我们心灵相通，
　　却不能与我们感受相同的世界。
仅仅享用的一条盲道，
　　都让我们遗忘地挤到生活的角落。

生命被社会淡漠的时候，
　　公平所剩已不足七七八八。

明眼人问路时常被指错了方向，
　　你们的竹棍又能在地上点击出什么……

院校：山东建筑大学建筑城规学院　　指导教师：齐慧峰、陈有川、程亮　　学生：陈志端、梁晓燕、尹逸娴、孙大伟

目录

【摘要】:

无障碍出行环境是盲人平等参与社会活动的物质基础，也是构建和谐社会的重要内容。本调查从人文关怀的角度出发，对济南市泺源大街盲人无障碍出行设施进行调查，探寻济南市盲人无障碍设施建设状况及存在的问题。调查采用访谈、跟踪观察、发放问卷、实地踏勘等方法，分析造成盲人出行困难的原因，提出了修改及完善《城市道路和建筑物无障碍设计规范》的建议，以期提升城市无障碍出行系统的服务质量。

【关键字】:

盲人　无障碍出行　泺源大街　设计规范

1、　调查背景和意义

图1-1 残疾姑娘的精彩演出

“千手观音”[1]的成功演出把人们的目光引向了社会中的弱势群体——残疾人（图1-1）。第五次人口普查结果显示，济南市有残疾人24.28万，占济南总人口的6.9%，相当于每五个家庭就有一个残疾人。尊重、理解、关心、帮助残疾人是政府的职责和全社会的义务。

盲人是残疾人[2]中的特殊群体，因为视觉是人感知物质世界的主要途径，人类所获信息的70%来自于眼睛，而盲人只能依赖触觉、听觉、嗅觉感知外部环境。健全人左顾右盼之间就能轻易完成的事，对于盲人来说，可能就是一道难关。出行中，盲人对无障碍设施的依赖程度要高于其他四类残疾人群，需要社会给予特殊关注。

目前，济南的盲人无障碍设施建设初见成效，市区主干道、次干道、商业步行街等共铺设盲道55条，新铺设道路人行道口基本做到缘石坡道化，主、次干道交叉路口的坡化率达54%，部分道路也已开始安装语音提示设施。无障碍设施体系日趋完善。

但是我们也发现，在城市道路、广场等户外公共空间中，已建无障碍设施存在不同程度的闲置甚至损坏的状况，盲人不走盲道的现象更让我们疑惑。无障碍设施究竟建设到了怎样的程度？它对盲人的出行究竟有多少帮助？是不是有了设施就无障碍了呢？带着这些疑问，我们对盲人出行环境的现状与出行困难进行了深入的调查与思考……

1　2005年春节联欢晚会，由中国残疾人艺术团出演的舞蹈《千手观音》以优美的舞姿征服了广大观众，获得广泛赞誉，高票当选当年春晚特别奖。

2　根据中国残疾人分类标准，残疾人共分五类：视力残疾、肢体残疾、听力语言残疾、智力残疾和精神残疾。其中视力残疾又分为一级盲、二级盲、一级低视力和二级低视力。

2、　调查内容与范围

调查一方面从设施状况入手，关注盲人无障碍出行环境。调查选取泺源大街为主要对象，了解盲人无障碍设施的建设、管理和使用情况。希望通过对该典型路段的深入调查，反映济南市无障碍设施普遍存在的问题。

图 2-1　泺源大街区位示意

泺源大街位于城市中心区核心地段，是济南市最重要的东西向生活性主干道（图 2-1）。它东起历山路，西至顺河高架，全长2760米，道路红线宽50米，其中机动车道宽28米，非机动车道宽6米，机非隔离带宽1.5米，人行道宽3.5米。全段中有2条次干道和5条支路穿过，设置红绿灯的交叉路口4个，公交车站11个。路段上密布了酒店、银行、超市、报社、学校等公共设施，泉城广场位于道路中段北侧。人行道按规定铺设了盲道，铺设率达到了90%。

另一方面从使用者出发，了解盲人出行概况。内容涉及出行规律、使用设施的情况、出行困难及愿望等。

3、　调查方法及思路

3.1 调查方法

调查采用了访谈、跟踪观察、发放问卷、实地踏勘、资料搜集等方法。

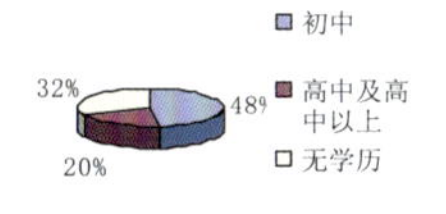

图 2-2　年龄组成

在问卷发放中，为保证其普遍性，调查范围涉及槐荫、市中、历下、天桥、历城五区，每区分别选取一个街道办事处，进行入户调查。此外，在济南市按摩医院和山东省特教中专两个盲人较集中的地方也发放了问卷（表 1）。调查中共计发放问卷90份，由于采用现场提问，调查员记录的方式，回收率达100%。

被访者中20岁以下的占7%，20—40岁的占47%，40—60岁的占36%，60岁以上的占10%（图 2-2）。其中有48%的人有初中学历，20%的人有高中及高中以上学历，32%的人没有学历（图 2-3）。

初中
高中及高中以上
无学历
32%
48%
20%

图 2-3　学历状况

表 1　发放点问卷数量分配表

	槐荫区	市中区	历下区	天桥区	历城区	按摩医院	特教中专
选点	营市街街办	纬一路街办	千佛山街办	工人新村街办	全福小区街办	按摩培训中心	盲人按摩班
问卷数量	13	15	15	12	11	12	12

3.2 调查思路(表2)

表 2　调查思路及过程表

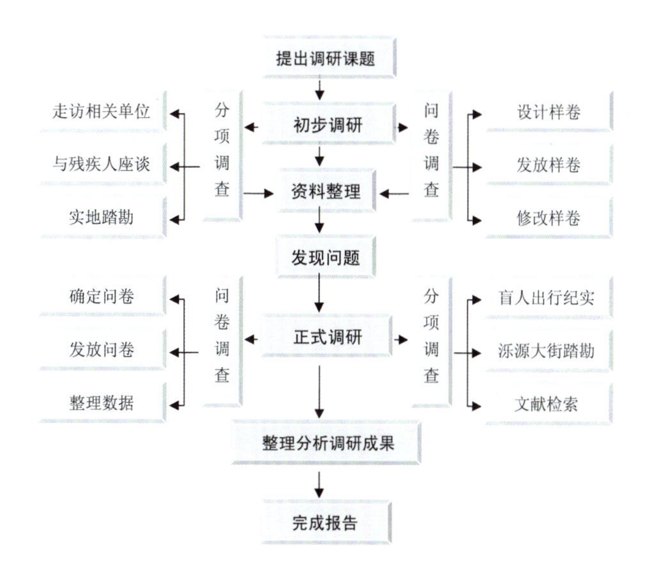

4、　出行跟踪纪实

为更真实、直观的反映盲人出行时遇到的困难，我们对盲人朋友吕健的泺源大街之行进行了跟踪观察。

吕健，男，29 岁，先天性全盲患者。现为济南一指禅盲人按摩诊所主治医师，月收入 2000 元左右，属于残疾人中的高收入群体。平时出门较少，小范围内依靠盲杖步行，远距离出行多乘坐出租车。

表 3　　出行基本情况表

出行时间	2005 年 5 月 15 日	天气	晴间小雨转多云
出发地	一指禅按摩诊所	目的地	泉城广场
出行路段	泺源大街	出行距离	1175 米
出行方式	步行	陪护情况	独立出行
出行耗时	35 分钟	健全人耗时	17 分钟

这天正是全国助残日，吕师傅去泉城广场参加与志愿者的联谊活动。在短短一公里的路程中，他走得险象环生、苦不堪言。路边一辆不经意停放的自行车，一根再常见不过的电线杆拉线都成为潜在的危险。我们发现泺源大街多处地段存在盲道被障碍物阻挡、盲道断续、道路交叉口通行困难等问题。由以下图示可以清晰而直观地感受盲人出行的艰苦（图 4-1）。

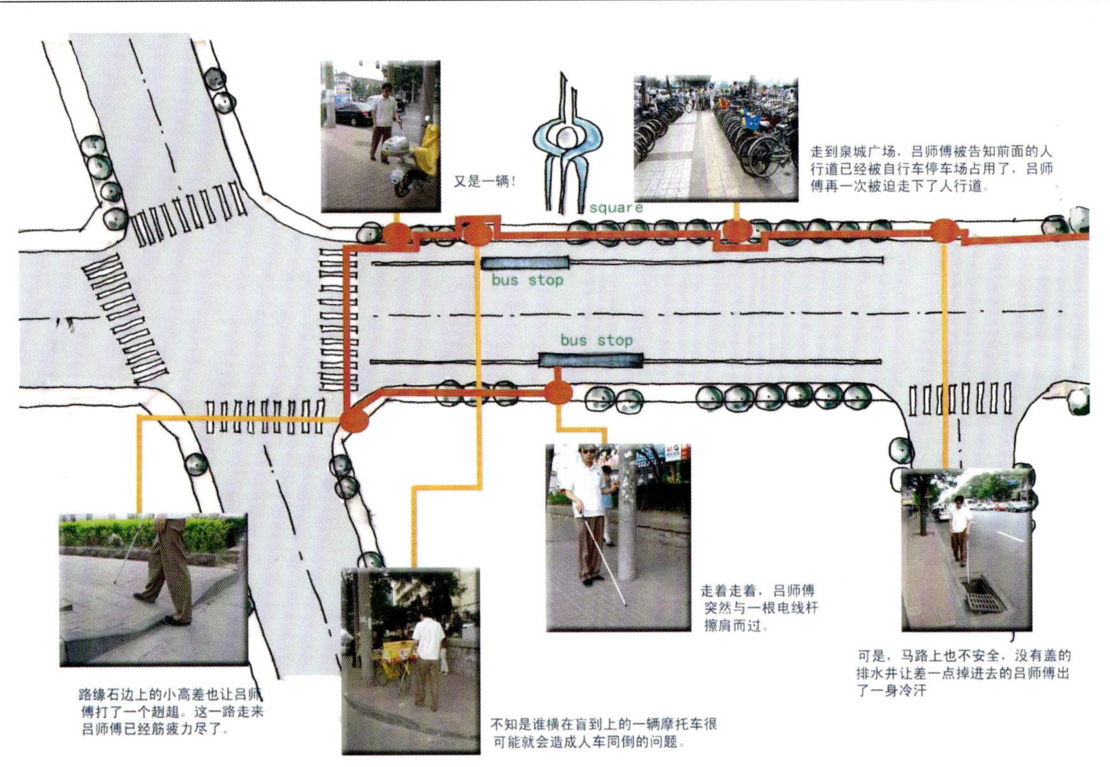

图 4-1　盲人出行纪实图示（一）

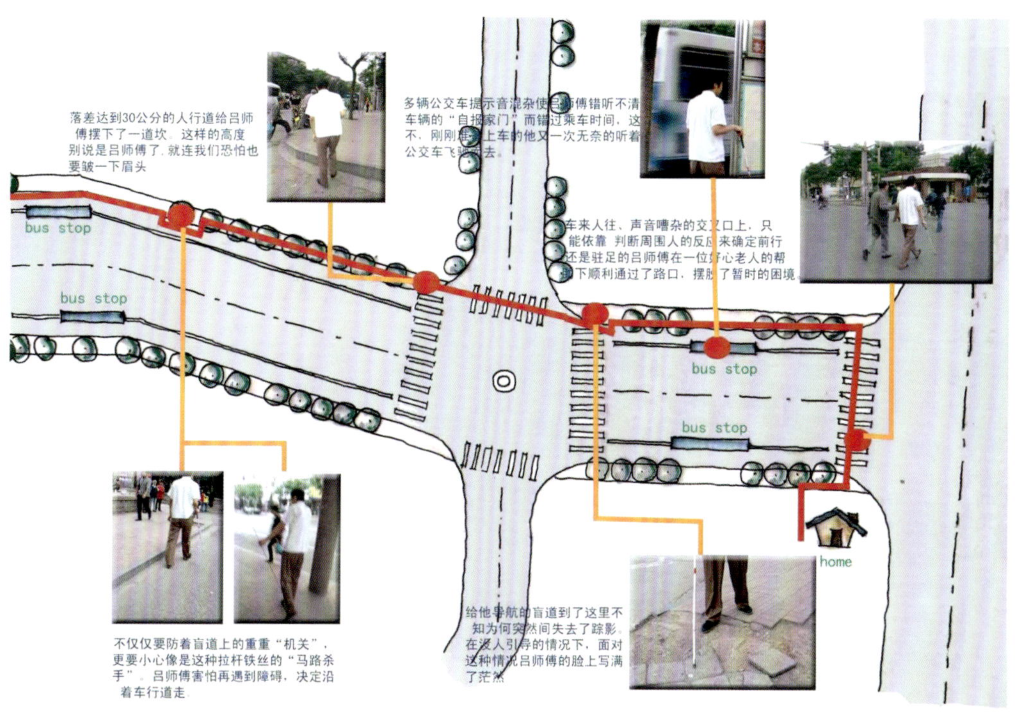

图 4-1　盲人出行纪实图示（二）

5、　导致出行困难的问题分析

调查显示，56%的盲人出行范围仅限于一公里以内（图 5-1），出门时需要陪护的盲人比例高达 84%（图 5-2）。一名应当有独立出行能力的成年盲人，出行的范围如此之小，对健全人的依赖程度如此之高，这说明城市并没有给盲人提供一个系统、完善的无障碍出行环境。通过实地踏勘与跟踪调查，我们发现导致盲人出行困难的诸多问题在泺源大街有集中的体现。

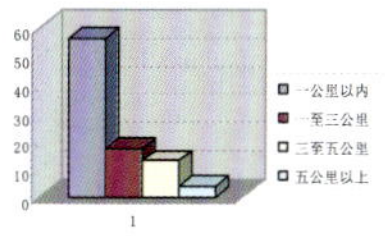

60 50 40 30 20 10 0　1
一公里以内　一至三公里　三至五公里　五公里以上

图 5-1　出行范围

5.1 路段上的问题

路段上的问题集中体现在盲道上。盲道为盲人提供了清晰的提示和导向，成为其顺利出行的基本保证。但问卷数据显示，仅有 17%的盲人出行时经常使用盲道（图 5-3）。以下具体分析其存在的问题：

5.1.1 盲道连续性差

盲道的连续性直接关系到盲人通行的顺畅程度，如果盲道间断，会造成他们方向感混乱，直接导致盲人对盲道的不信任。泺源大街盲道连续性差主要体现在盲道被打断和被占用两个方面：

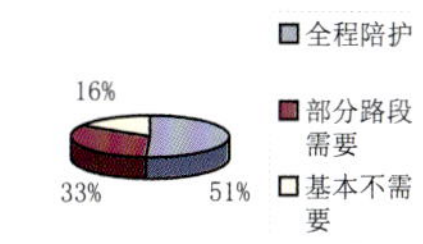

（1）　盲道被打断　　泺源大街上密集分布了许多大型公共建筑，数量繁多的公建出入口频繁将盲道打断。已铺设的盲道，由于铺设质量差、人为破坏等原因，时有时无，时断时续等现象随处可见（图 5-4）。

（2）盲道被占用　　由于泺源大街沿街公建多将门前空地辟为停车场，大小车辆经常停放在人行道上(图 5-5)。人行道上的垃圾、地摊等也常常占用盲道（图 5-6）。这导致盲道无法使用，更加重了盲人行走时的心理障碍。

16%　33%　51%
全程陪护　部分路段需要　基本不需要

图 5-2　出门陪护情况

17%　29%　54%
不用　偶尔用　常用

图 5-3　盲道使用频率

图 5-4　被迫打断的盲道

图 5-5　盲道？“停车场”？

图 5-6　盲道上的“垃圾场”

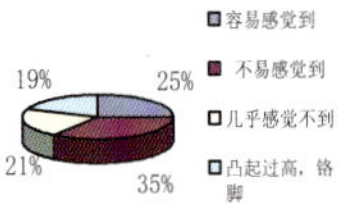

5.1.2 盲道铺设不合理

盲道面砖分为两种：行进盲道和提示盲道[3]。泺源大街存在不少盲道铺设不规范、不符合盲人行走规律的问题。

（1） 凸起不明显　《城市道路和建筑物无障碍设计规范》规定，面砖凸起高度为5mm，但由于未对面砖材料作明确规定，许多地段面砖磨损之后仅为3—4mm。调查显示，超过半数的盲人认为盲道凸起不明显（图5-7）致使其不能起到良好的导向作用。

图 5-7　盲道触感评价

（2） 色彩应用混乱　盲道的颜色宜为中黄色，并与周围的铺砖颜色区分开，以便于低视力者判别盲道的位置。但许多现有盲道色彩不明显，甚至将其作为地面构图的组成部分，使周围铺砖色彩影响了低视力者对盲道的识别（图5-8、图5-9）降低了它的提示作用。

（3） 导向不明确，甚至错误　有些盲道线路组织和面砖铺设混乱，在转弯、交叉口等处尤为突出。致使盲人无法辨识方向。例如有的盲道朝向了马路中间的护栏，导向严重错误（图5-10）。

（4） 未避开障碍物　盲道上不时出现的井盖、电线杆、树木等物，健全人或许可以轻松避开，但对于盲人来说却是潜在的"马路杀手"（图5-11、图5-12）。

（5） 与周围设施距离过小　盲道与旁边的花台、座椅，报栏，垃圾桶等街道家具之间没有留足距离，使盲人在行走中频频"碰壁"（图5-13）。

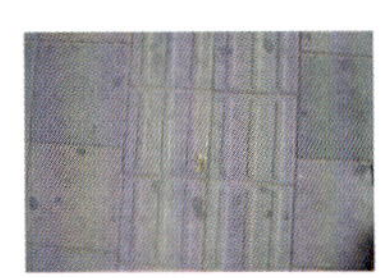

图 5-8　路在何方？

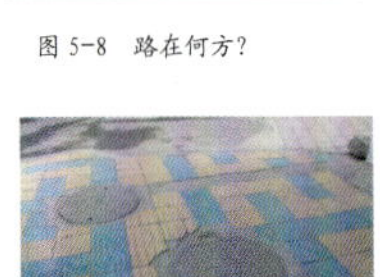

图 5-9　"五彩斑斓"的路

图 5-10　跨栏？

图 5-11 "树姿百态"

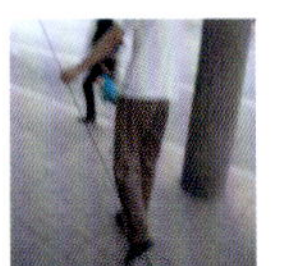
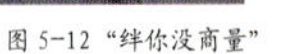

图 5-12 "绊你没商量"

图 5-13 "亲密接触"

3 行进盲道是指表面呈条状形，使盲人通过脚感和盲杖的触感后，指引盲人可直接向正前方继续行走的盲道。提示盲道是表面成圆点形状，用在盲道的拐弯处、终点处，和表示服务设施的设置等，具有提醒注意作用的盲道。（摘自《城市道路和建筑物无障碍设计规范》）

（6） 提示盲道面积过小　调查显示，行进盲道与提示盲道宽度一致，通常由于提示面积过小，盲人没有缓冲反应的余地，很容易一步跨出，失去其提示作用。

（7） 人行道口未设缘石坡道　这些被忽略的高差，成为盲人出行的"绊脚石"（图5-14）。

图 5-14 "如此高差"

5.2 交叉路口的问题

随着城市机动车比例的增大，盲人在交叉路口遇到的困难也在加剧。据调查，43%的盲人在过交叉路口时主要靠判断周围人的行为辨别红绿灯的转换，37%的盲人需依赖路人的帮助（图5-15），另有15%的盲人完全依赖司机的主动避让，仅有5%的盲人表示过交叉口时比较顺畅（图5-16）。可见，交叉路口的设计缺少对盲人使用需求的考虑。存在的问题如下：

5.2.1 缺少提示系统

交叉路口设置过街音响对盲人判断红绿灯转换起重要作用，但据调查泺源大街4处有红绿灯的交叉路口均无该设施。另外，路口的盲文方向指示牌的设置更是空白。

5.2.2 绿灯时间过短

盲人行进速度比健全人慢。横过较宽道路时，很有可能在一个绿灯时间内无法通过。如泉城广场东南侧一处丁字路口人流量很大，18秒的绿灯时间健全人通过都非常紧张，盲人的困难可想而知。

图 5-15 好心人的帮助

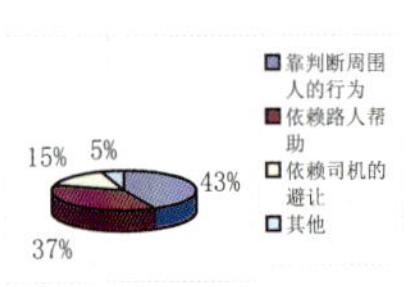

图 5-16　过交叉路口的方式

5.3 公交车站的问题

远距离出行中，74%的盲人倾向选择乘坐公交车（图5-17）。可见公交车仍是盲人首选的交通工具。但是仍有56%的盲人表示乘坐公交车会遇到困难，17%的盲人表示困难很大（图5-18）。总结公交车站存在以下几点问题：

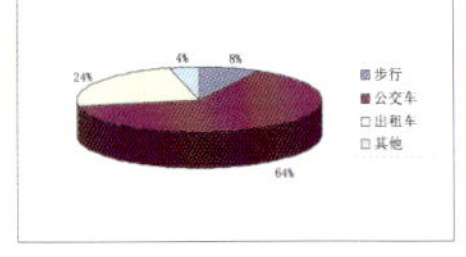

图 5-17　倾向的远距离出行方式

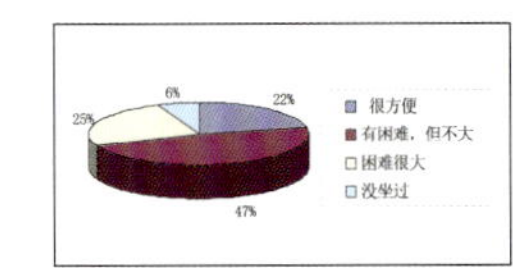

图 5-18　乘公交车的体会

5.3.1 公交车语音提示不清晰

图 5-19 等车的无奈

尽管公交车上有语音报站系统，但语音报站的时有时无、多辆公交车同时到站时报站的混杂，使得盲人错过一辆又一辆的公交车（图 5-19）。另外，由于公交车停靠站点的临时调整以及相关部门协调不力等原因，还往往出现"提示"与实际不符的情况，更增加了盲人乘车的难度。

5.3.2 盲道铺设不规范

按照《城市道路和建筑物无障碍设计规范》的要求，城市主要道路和居住区的公交车站，应设提示盲道。但调查显示，泺源大街 11 处公交站点只有 9 处设置了盲道且铺设不规范。例如黑虎泉公交车站上的盲道完全随意铺设，甚至将盲道指向了公交站牌，完全失去了其提示引导的作用（图 5-20）。

图 5-20 何处驻足？

6、 思考与建议

6.1 对现行规范的思考

规范是建设者进行设计、施工、验收的根本和依据。目前指导无障碍设施建设的规范是于 2001 年 8 月 1 日颁布实施的《城市道路和建筑物无障碍设计规范》（以下简称《规范》）。其中明确指出："无障碍环境……应确保行动不便者能方便、安全使用城市道路和建筑物。"但是我们发现规范存在表达模糊、规定不细、内容不全等不足，导致盲人无障碍设施建设随意性大，与盲人的使用需求脱钩。深入细化《规范》迫在眉睫。建议修改如下：

6.1.1 分类规定盲道与周围设施间距

图 6-1 与盲道"亲密接触"的座椅

《规范》4.2.2-1 规定："人行道外侧有围墙、花台或绿地带，行进盲道宜设在距围墙、花台、绿地带 0.25—0.50m 处。" 4.2.2-2 规定："人行道内侧有树池，行进盲道可设在距树池 0.25—0.50m 处。"但调查中发现休息座椅、报栏等设施，由于其附近有较多人驻足，即使依照规范留足了距离，仍会妨碍盲人的行走（图 6-1）。

因此建议将盲道上的公共设施分为有人使用和无人使用两类：有人使用的设施包括休息座椅、报栏、公交站牌、可坐人的花台等，建议将其与盲道的距离增至 0.50—0.75m，以保证盲人在盲道上的行走安全；无人使用的包括围墙、树池、绿地带、不可坐人的花台等，沿用《规范》原有规定。

6.1.2 明确交叉路口盲道做法图示

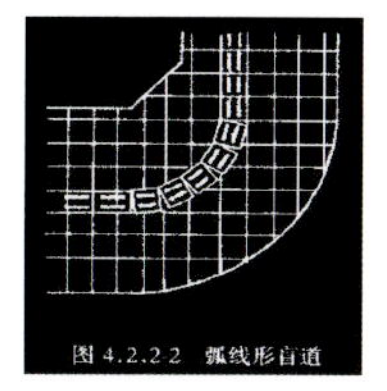

图 6-2 《规范》中转弯处图示

对于交叉路口的盲道做法，《规范》中并没有明确的图示，规范中的图 4.2.2-2 和图 4.2.3-4b 也仅分别给出了行进和提示盲道的做法（图 6-2、图 6-3），且两者互不关联，以致设计施工时没有统一的标准，盲道铺设随意性大。建议增加交叉路口的盲道做法图示（图 6-4，以十字交叉口为例，其他的异形交叉口参照此做法）。

6.1.3 增加提示盲道面积

《规范》4.2.3-5 规定："提示盲道的宽度宜为 0.30—0.60m"。通过观察盲人的实际行走特点，行走时每步跨度在 0.60m—0.75m 之间。0.30—0.60m 的宽度很容易让盲人一步跨过(图 6-5)，而失去其提示作用。建议将提示盲道的宽度改为 0.60m—0.80m，以适应盲人的步幅。

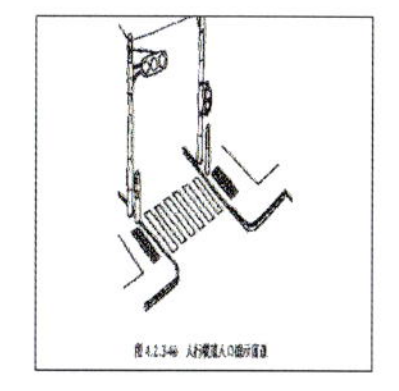
图 6-3 《规范》中人行道图示

另外，通过对盲人的追踪观察，发现盲道转折处 90 度的"急转弯"使路线过于局促，让盲人"措手不及"。建议增加提示盲道的面积，以符合人的行走路线。具体铺设方法如图 6-6。

6.1.4 增加铺装样式

对于公交站点、出租车点、地铁站口、公厕电话亭等设施，在路段上没有明确的提示，令盲人无法判断这些设施的具体位置。如果在盲道上将这些位置提示予以体现，将会比设置盲文指示牌等有更直接的效果。因此建议在目前行进和提示两种盲道铺装样式的基础上，酌情增加样式，以提示公共设施的位置。

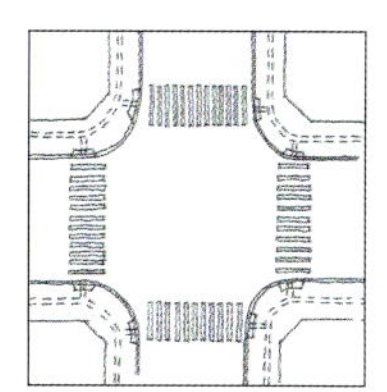
图 6-4 交叉路口盲道做法图示

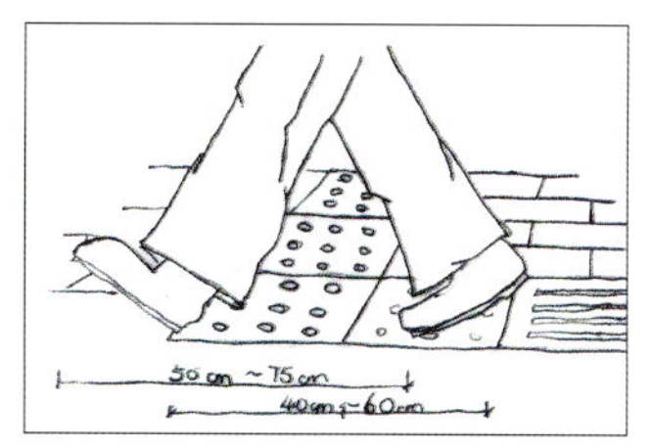

图 6-5 盲人一步跨过提示盲道

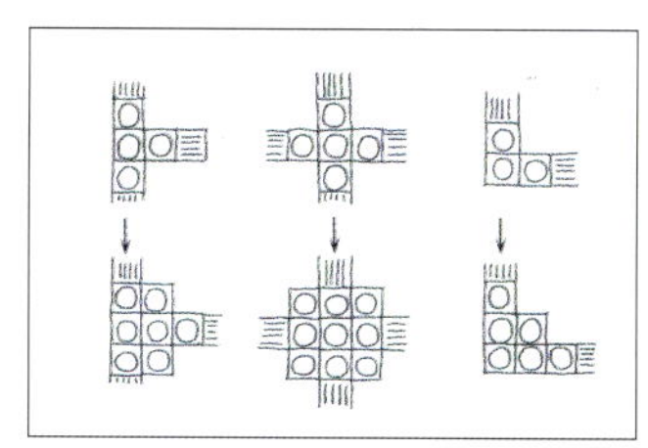
图 6-6 增大提示盲道面积图示

6.1.5 增加其他提示设施

《规范》仅指出“在城市主要地段的道路和建筑宜设盲文位置图”，但对于盲文公交站牌、语音报站系统、过街音响提示等设施的设置未做出明确规定，使之成为盲人出行系统的“断点”。建议明确规定其实施范围和实施细则，以保证盲人出行系统的完整性和连续性。

6.2 对无障碍建设管理的建议

6.2.1 无障碍建设应以人为本

无障碍出行环境，为盲人提供了最基本的物质条件。但是无障碍设施是健全人设计、施工的，如果建设者不能很好的考虑盲人的需求，不从他们的使用出发，所建设施往往就会与实际需求有差距。因此，“以人为本”、“从残疾人需求出发”应是建设无障碍设施的原则。

另外，评价无障碍设施是否好用，盲人比健全人和规范都更有发言权。因此建议无障碍设施的验收有盲人亲自参与的环节。

6.2.2 无障碍管理宜立法强制

在无障碍管理方面，监管审批并没有严格把关，建后的管理和维护更是没有专门的机构部门负责，造成了盲道铺设不规范、被占用破坏等一系列问题。

北京市于 2004 年颁布实施了《无障碍设施建设和管理条例》，以法规的形式规范无障碍设施的建设和管理。它以一种强制的力量来规定，在什么地方必须有无障碍设施，这些无障碍设施应该如何维护，如果你没有维护好或者破坏了就应该承担相应责任。济南市在这方面仍是空白。建议济南借鉴北京的做法，尽快出台相关的无障碍建设和管理条例，立法强制，责任到人。真正让无障碍设施方便残疾人，而不是反成为残疾人的“障碍”。

我希望
在这个城市
闻着花草的清香
在盲道上行走

用盲杖敲击道路
感觉路的平坦和畅通
以及两边行人的友爱
和这个秋季的风景

盲杖敲击的音乐
和着鸽子扑楞楞的声音
感觉就在我自己的村庄
看见邻居和乡亲

一个盲人
在陌生的城市
有一条顺畅的道路
连接人生的美好心情

后记

近四个月的调查中，我们遍访了济南市内五区各级残联及相关单位、个人，真切感受到了残疾人互助友爱与自强自立的精神，同时也深刻体会了他们对正常出行的强烈渴望。正是这些鼓舞我们风雨无阻地走好每一步。

在我们的报告成稿之际，恰逢中央电视台《新闻调查》栏目播出关注盲人出行的《障碍*无障碍》专题节目，我们欣喜于越来越多的人开始关注无障碍建设，因为无障碍建设不仅是政府的职责，更需要全社会的努力。真正的无障碍，最终建设在人们心中！

最后，感谢残联的工作人员和许多残疾人朋友尤其是吕健师傅的大力支持与帮助，我们的报告才得以顺利完成，本报告征得他的同意后刊登他的个人资料和照片。

参考文献

《中国残疾人事业年鉴 1949-1993》，中国残疾人联合会编；　北京；　华夏出版社, 1996.
《中国残疾人分类标准》，中国残疾人联合会编制；
《城市道路和建筑物无障碍设计规范》，　中华人民共和国建设部、中华人民共和国民政部、中国残疾人联合会联合颁布；2001.8.1 实施
《方便残疾人使用的城市道路和建筑物设计规范》，1989 年 4 月 1 日起施行（已废止，参考）
《无障碍建筑设计手册》，[日] 高桥仪平　著；陶新中　译；牛清山　校；北京；中国建筑工业出版社；2003
《中华人民共和国残疾人权益保障法》，全国人大常委会颁布；1999.12.28 实施
《中国残疾人联合会网站》，www.cdpf.org.cn
《山东残疾人网站》，sdcjr.beelink.com.cn/default.asp
《我的兄弟姐妹》，www.jinandpf.org/index.asp

附录：

盲人出行概况及需求调查问卷

时间：_____月_____日___（时）　　调查员：_____________

您好，我们是城市规划专业的学生，为更好地了解盲人朋友在出行时遇到的具体困难和不便，以期能够改善将来的出行条件，我们进行本次调查。

此次调查所有问卷均为匿名，调查结果将用于更好的进行城市规划以及管理。感谢您的大力支持和配合。（*本资料“属于私人单项调查资料，非经本人同意不得泄漏。”《统计法》第三章14条*）

1. 您外出的频率：
A 每天　B 一周二到三次　C 一周一次　D 一个月一到两次
E 两个月以上一次

2. 您日常活动的范围：
A 一公里以内　B 一至三公里　C 三至五公里　D 五公里以上

3. 您的工作状况：A　有固定工作　　B　暂无工作
1）若有工作，您工作之余：a 经常外出　　b 偶尔
c 能不出门就不出门
2）若暂无工作，您的出行状况：a 经常外出　b 偶尔
c 能不出门就不出门

4. 您日常出行需要人陪护吗
A 需要全程陪护　　B 部分路段需要　　C 基本不需要

5. 阻碍您出行的主要原因：（可多选，请由主到次排序做答）
A 乘车不便　　B 路上障碍太多　　C 机动车干扰大
D 马路缺少盲文指示牌等引导设施　　E 其他____________

6. 您对盲道的使用情况是：
A 不用　　B 偶尔用　　C 常用

7. 你认为盲道的面砖凸起
A 突起明显，很容易感觉到　　B 不很明显
C 几乎感觉不到　　D 凸起过高

8. 您认为现在的盲道：（可多选）
A 比较好用,基本没问题　　B 盲道上有障碍物　　C 盲道时有时无,不连贯
D 盲道铺设不平整　　E 不清楚　　F 其他____________

9. 对于远距离出行，您倾向的交通方式：
A 步行　　B 公交车　　C 出租车　　D 其它____________

10．您乘坐公交车方便吗
A 方便　　B 有时会遇到困难,但问题不大
C 困难很多,基本无法使用　　D 没坐过,不清楚

11. 您乘车时遇到的困难有：（可多选）
A 车站位置无明确指示　B 车站无盲道　C 车来时无及时清晰的语音提示　D 不清楚　E 其他____________

12. 您过交叉路口时：
A 多数情况下较顺畅　B 主要靠判断周围人的行为
C 主要依赖别人帮助
D 主要依赖司机的主动避让　　E 其他____________

13. 您对改善当前出行环境有何建议（可多选）
A 交叉口红绿灯设置语音提示　　B 交叉口设置过街天桥或地下通道
C 在车站设置盲人专用候车点　　D 其他____________

被调查人基本情况
性别_______年龄________ 工作状况_________
收入状况__________受教育程度_____

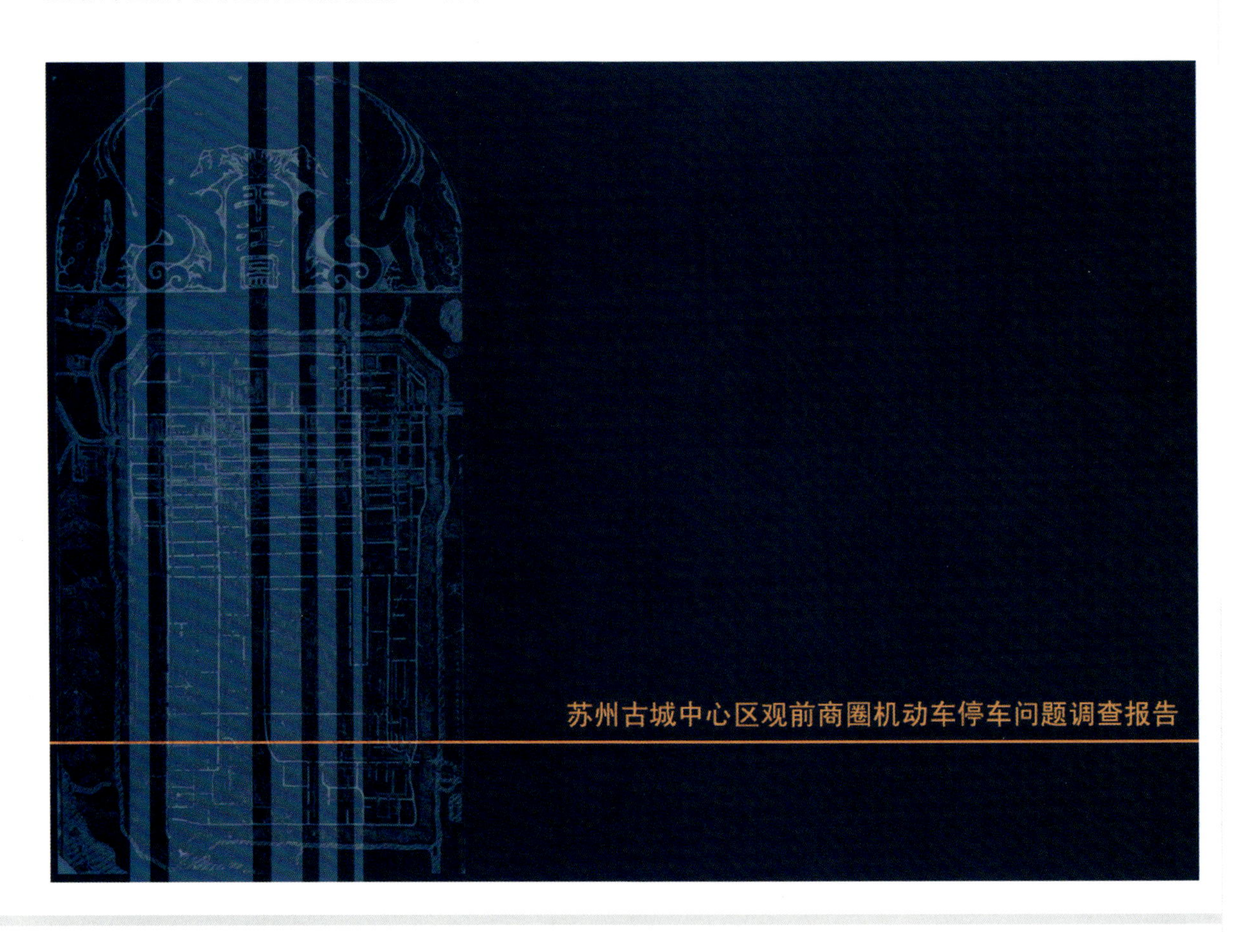

目录

院校：苏州科技学院建筑系　　指导教师：范凌云、蒋灵德、金英红、曹恒德　　学生：何颖、许洁莉、蒋华、陈彪

观前商圈停车问题调查

【摘要】：随着小汽车产业的发展，机动化不可遏制的趋势使得我国大部分城市均面临着较大的交通压力。拥有数千年历史的苏州古城因其特有的棋盘式路网格局，交通问题尤为突出，特别是商业中心区的停车问题。本文从观前商圈着手、以停车需求作为切入点，对观前的停车设施和停车诱导系统等进行了深入调查，探讨了观前商圈停车问题存在的深层原因，提出了相应对策与建议，为今后的城市规划建设和交通提供依据和参考。

【关键词】：机动化　观前商圈　停车设施和停车诱导系统　原因　对策与建议

【Abstract】 With the development of automobile industry, flexible trend which can't be prevented make most cities of our country to have to face greater traffic pressures . Suzhou ancient city ,with a history of thousand years has more serious traffic problem because of its peculiar chessboard road network pattern, especially the parking question of the shopping centre. This text commercial circles set about, with park demand regard breakthrough point as , parking facility in Guanqian it lead system ,etc. investigate further to park from Guanqian, probe into Guanqian commercial circles park deep reason that issue exist , propose corresponding countermeasure and suggestion, offer the basis for urban planning construction and traffic in the future and consult .

1

观前商圈停车问题调查

前言

现象一:停车难!观前停车何其难!

停车何其难！

http://www.951059.com 顺驰置业网 2004-08-02 12:09:31

从有关部门了解到，今年上半年，我市新上牌照的车辆继续快速增加，每天达到三五百辆，市交警支队的最新统计报表也表明，市区机动车辆共有36万多辆，其中汽车达到14万多辆，由此，停车问题更加突出。

在观前街碧凤坊地上停车场，记者邂逅了私家车车主陆小姐，她告诉记者，她已经好久不开车来观前街了，这天天热，估计来观前街的车不会太多，她才敢开车过来。同样，兜了好几个圈子才找到人民商场地下停车场的外地司机郭先生向记者大喊观前停车难，郭先行抱怨说，人多，标志不明显，给行车带来很大的不便。

图 1　观前商圈停车难

现象二:打的难!观前打的实在难!

“透视苏州打的难 ”：观前 打个的，要等20分钟！

发布日期：2004-11-2 12:36:51

透视苏州打的难”：打个的，要等20分钟！
名城苏州 www.2500sz.com (04-4-22 10:59)

前不久，来苏出席苏州国际旅游节国际著名旅游城市市长论坛的一位美国市长在发言中说，苏州的两个影响让他感受很深刻，一个是园林美，另一个竟然是“打的难”！而在苏州新闻热线65206200接到的市民投诉中，反映市区打的难的电话也是接连不断。在苏州打个的究竟难到什么程度？为什么会这么难？打的难造成了哪些后果？4月21日起，苏州新闻推出系列报道《透视苏州打的难》，先来看记者的体验报道。

我们的记者在竹辉路打的去观前，好不容易拦到一辆车。这时已经过去20分钟了。

20分钟等辆车，而且还是在市区，这事听来有点不可思议，不过随后的街头采访告诉我们，这样的现象并不是偶然。很多市民都同记者一样，对“打的难”有着切身的体验。

苏州打的为什么这么难，记者从市客运管理处了解到的一组数字揭开了谜底。苏州市区共有2403辆出租车，这与三年前的总量基本持平，但市区出租车的客运量却从2000年的每天2.22万人次，增加到目前的5.97万人次，市场需求增加了一倍多，车辆供应却基本停滞。统计数据表明，目前，全国出租车万人拥有量为31辆，苏州仅是20.4辆，远低于全国水平，甚至连徐州等苏北地区都赶不上，苏州出租车的数量与其经济状况、市民需求已经严重不适应，难怪有这么多市民异口同声说“打的难”。

发布单位：苏州万联商业信息咨询有限公司

图 2　观前商圈打的难

2

观前商圈停车问题调查

现象三:行车难!乱停乱放车行难!

图3 观前商圈道路拥挤

上述三个现象，反映了苏州市中心——观前商圈存在的交通问题的严重性，尤其是机动车停车问题。于是，我们从城市规划专业角度出发，针对观前商圈的停车问题展开了一系列调查。

3

观前商圈停车问题调查

1. 绪论

1. 1 调查背景及意义

拥有2500多年历史的苏州古城，虽历经沧桑，但古城形址至今未变，这在世界上十分罕见。但随着城市化进程的速度加快、城市用地的逐渐扩张、机动车的迅猛增长，由此带来的巨大交通量对古城的道路及停车空间造成了前所未有的压力。

位于古城中心的观前商圈，由于其地理位置优越、商业网点集中、交通可达性好，成为市民的首选购物区，交通问题尤其突出，集中表现为停车问题。目前观前地区日均人流量为20万人次，节假日更是高达30—40万人次，车流量平均在1万辆左右，现有的停车位已经难以满足需求。

因此，我们选择观前商圈为调查对象，希望通过这次调查找出观前停车问题的症结所在，分析其深层原因，并尝试提出有益建议，为城市规划及交通管理部门提供借鉴，为城市其他商业中心的停车问题提供有益的参考。同时，这次调查也是我们利用书本知识解决实际问题的一个积极探索，以便为今后的学习和工作积累一定的经验。

1.2 调查范围及现状

观前商圈东起临顿路，西至人民路，南临干将路，北靠旧学前、因果巷，东西长800米，南北长700米，占地58.3公顷，位于苏州古城地理中心， 也是苏州传统商业文化中心。

观前街商业历史悠久，街上老店名店云集，名声远播。由于商业的繁华，观前街早在1982年就定位为步行街，是全国最早的商业区步行街之一。1999年，苏州市对观前商圈进行改造，新建和改造了部分停车场，但是由于近年来机动车辆的迅猛增长，对现有的停车设施造成了巨大的压力。

图4 调研范围

图5 调研地段

4

观前商圈停车问题调查

1．3　调查思路与方法

我们从平时生活经历与报纸网络信息发现了问题，结合所学的知识对观前商圈的停车问题进行调研，将实地勘察与问卷调查的结果紧密结合，努力以科学的态度、严密的推理得出有意义的结论。表二是此次调查与分析的基本过程。

我们共发放了 120 份问卷，其中调查了私家车司机 30 人，出租车司机 30 人，停车场管理员 30 人，此外还有单位用车司机 10 人、大客车司机 10 人、和行人 10 人，回收 109 份，回收率 90.83%。

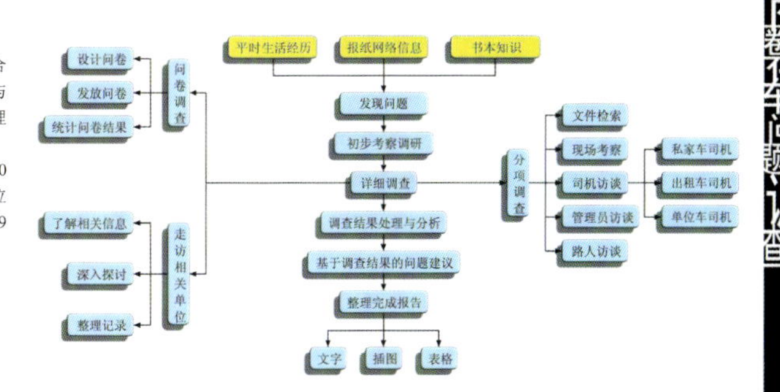

表 1　调查思路

2．现状调查与分析

2．1　观前停车场调查

2.1.1 观前商圈停车场基本情况

经过现场调查和有关部门提供的资料得知，观前商圈共有各类机动车停车场 20 个，泊车位共 1465 个。具体见表 2 和图 6：

观前商圈停车问题调查

表 2　苏州观前地区机动车停车场基本情况

编号	停放地点	停车类型	数量	收费	停放时间	诱导系统
P1	碧凤坊地面停车场	小型车为主	40	6 元/小时或 10 元/次	0：00-24：00	有
P2	敬业公司地面停车场	小型车为主	60	5 元/小时	7：30-22：00	无
P3	牛角浜地面停车场	小型车、大客车	40	6 元/小时	0：00-24：00	无
P4	大成坊地面停车场	小型车为主	40	8 元/次	0：00-24：00	有
P5	的士大楼机动车停车场	小型车为主	15	内部停车	0：00-24：00	有
P6	粤海广场路面停车场	小型车为主	60	5 元/小时	0：00-24：00	有
P7	大客车停车场	小型车、大客车	25（小）或 10（大）	10 元/次	9：00-22：00	无
P8	休闲浴场停车场	小型车为主	140	5 元/小时	0：00-24：00	无
P9	碧凤坊地下停车场	小型车为主	60	6 元/小时或 10 元/次	0：00-24：00	有
P10	锦地星座地下停车场（北）	小型车为主	60	内部停车	0：00-24：00	有
P11	锦地星座地下停车场（南）	小型车为主	28	内部停车	0：00-24：00	有
P12	人民商场地下停车场	小型车为主	30	5 元/小时	8：00-24：00	有
P13	观前公园地下停车场	小型车为主	85	6 元/小时	7：30-22：00	有
P14	乐乡饭店地下停车	小型车为主	20	5 元/小时	0：00-24：00	有
P15	雅戈尔地下停车场	小型车为主	30	内部停车	0：00-24：00	有
P16	粤海广场地下停车场	小型车为主	95	5 元/小时	0：00-24：00	有
P17	贵宾楼地下停车场	小型车为主	50	5 元/小时	8：00-23：00	有
P18	富仁坊地下停车场	小型车为主	30	5 元/小时	8：00-22：30	有
P19	吴商会馆地下停车场	小型车为主	20	内部停车	0：00-24：00	无
P20	蔡汇河头地下停车场	小型车为主	30	5 元/小时	节假日	有

图 6 苏州市观前地区机动车停车场分布图

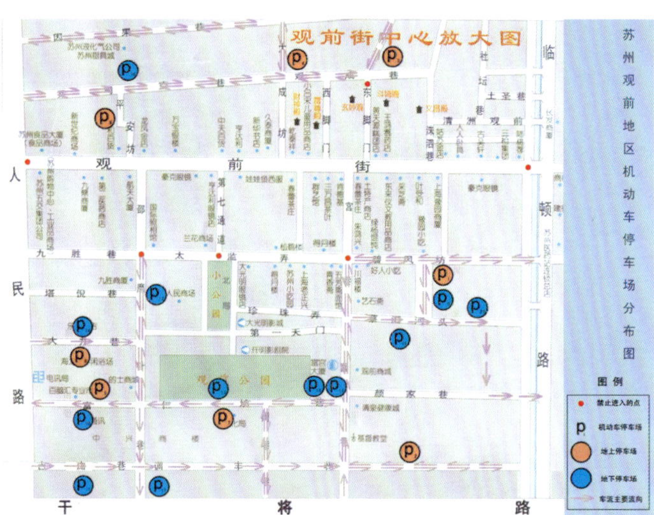

2.1.2 观前商圈停车场空间分布特点

从图 6 上可以看出，观前商圈的停车场分布不均，南多北少，西多东少，西南面停车场密度较高。这种情况是否会给停车带来不便呢？

（1） 问题：您从哪里来观前?（私家车、单位车问卷第 1 题）

A.吴中区 B.相城区 C.金阊区 D.沧浪区 E.平江区 F.园区 G.新区 H.外地

图 7 苏州各区区位图（一）

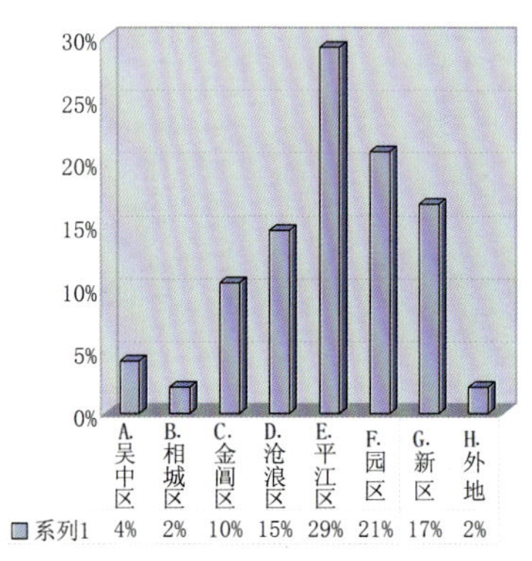

图 7 苏州市各区区位图（二）

从表 3 可以看出，来观前的车流比例最多的是平江区（29%）和园区（21%）

由图 7 可知，平江区在观前商圈的北面，园区在观前商圈的东面，即从观前北面、东面来的车流较多。可见，停车场的空间分布特点不能很好的为主要车流服务。

（2）问题：　您从哪条路进入观前？（私家车与出租车汇总）

A、干将路　　B、人民路　C、因果巷　　D、临顿路

结合上题，我们将第一题答 E、平江区的问卷抽出来，统计第二题的结果，如表 4 ，从人民路进入观前车辆的最多，占总量的 39%，其次是因果巷和临顿路，各占总量的 23%，最少的是干将路 15%。平江区在观前以北偏东的位置，但是还是有 54%的人选择从南面的干将路和西面的人民路进入观前。

表 4

我们还将第一题答 F、园区的问卷抽出来，统计第二题的结果，如表 5，从干将路进入观前的车辆最多，占总量的 58%，其次是临顿路和人民路各占总量的 17%，因果巷最少，占总量的 8%。园区前来观前的车辆最近可从临顿路进入观前，但从调查结果看来，从干将路进入观前的车辆数是从临顿路进入观前的车辆数的三倍多。

经过大量访谈得知：车流绕道从干将路、人民路进入观前商圈的主要原因是北部和东部停车场的数量不足。车主为了停车迫不得已从干将路、人民路进入观前西南的停车场。

干将路和人民路是苏州市主要城市干道，交通繁忙，上述绕道行为又加重了其交通压力。

表 5

结论：观前商圈的停车场空间分布不均，给主要车流的停车带来不便，也给城市主干道带来不必要的交通压力。

2.2 对观前商圈停车存在问题的调查

2.2.1 对停车难问题的调查及分析

为了全面解析停车难问题，我们在对私家车司机、单位用车司机和旅游客车司机的问卷调查中，统一设置了下题：

问题：您认为造成停车难问题的主要原因是什么？

A．停车位数量不足　　B. 停车诱导系统不够完善

C.其他因素（例如：机动车数量多等）

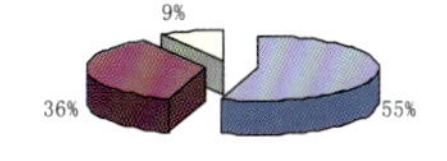

表 6

2.2.1.1 停车位数量不足（55%）。

停车位数量不足是司机反映停车难的最主要原因，比例高达 55%。为了校核该结果，我们又对停车场管理人员进行了问卷调查，如下

问题：该停车场的利用效率？

A.50%　 B.80%　 C.100%　 D.不够用

根据对管理员的调查，观前商圈停车场利用率较高，从侧面说明观前的停车位数量比较缺乏。在所有调查的停车场中，高达 20%的停车场不够用，车辆在停车场外排起长队。69%的停车场利用率 100%，只有 11%的停车场还有剩余车位。总体来说，停车位数量比较匮乏，其中有多余车位的 11%停车场，据我们调查，诱导系统不够完善是造成其停不满的主要原因。

停车场利用率

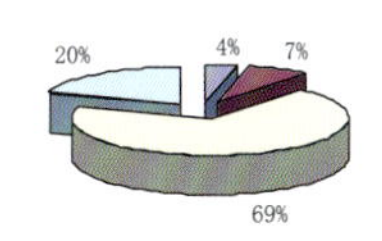

表 7

图 8 观前地区诱导系统分布图

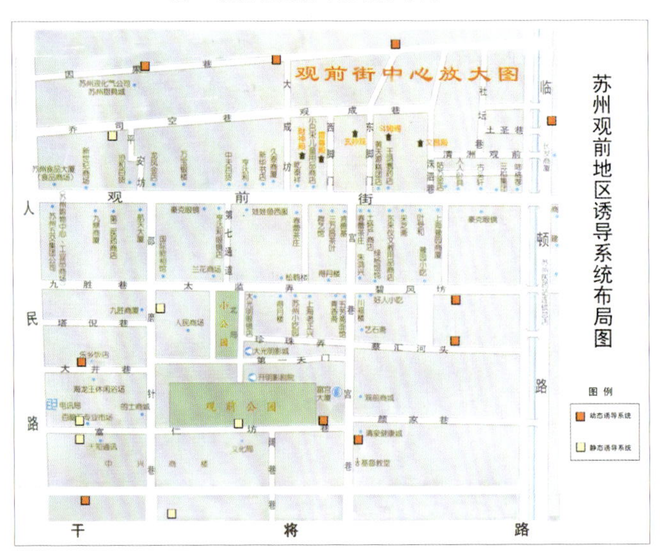

2.2.1.2 停车诱导系统不够完善。（**36%**）

不少司机反映，停车诱导系统存在很多问题，我们做了一些现场调查，结合问卷第十六至十八题，又发现以下问题：

我们调查发现，观前地区共 16 个指示牌，静态指示牌 6 个，动态指示牌 10 个。

不过我们也发现，观前地区的诱导系统除了因果巷、临顿路的在观前外围交通上，其他的指示牌都在观前街区内部的街巷上，很多司机反映，要进入了街巷后才能了解到停车场的信息，经常碰到附近的停车场满位了，就要转出来到别的地方找停车位，使本来就很拥挤的街道，更加的混乱。

图 9

图 10

静态诱导系统方面：

1、高度设置上存在一定程度的缺陷。

很多静态标志设置的高度、位置不合理，不是有路灯挡住，就是有广告牌遮挡，这样不仅不能引起注意，甚至司机们可能想看都看不到。（如图 9）

2、指示牌太小，难以辨清。

据调查，现在使用的静态指示牌尺寸较小，指示牌上的内容更小，要走近才能看清楚，而司机在车辆行进中要看清楚就更困难了。（如图 10）

3、静态指示牌只能显示停车场的位置，停车位总数，显示的信息量实在是有限。

动态诱导系统方面：

1、部分动态停车诱导系统指示牌有时没有开启。

我们调查发现，观前的动态诱导系统指示牌只在节假日是开放，平时一般不开放，我们从观前街管理部门了解到，不开放的原因是为了节约用电，并且管理部门认为经常使用对系统的维护比较麻烦。但是我们通过对一些司机的调查了解，发现诱导指示系统正常开放还是有必要的，因为很多停车场即使在平时也比较繁忙，比如人民商场地下停车场，由于这个停车场位置较好，很多司机喜欢把车停在这里，但是由于平时的诱导系统没有开放，所以司机对这个主要停车场的车位情况缺乏了解.（如图 11）

图 11

2、停车诱导系统指示牌的位置不太合理，容易被遮挡。

指示牌位置不太合理，有些指示牌设置的时候没有考虑变化的因素，到了春夏季树叶茂盛，显示屏就隐蔽在树叶丛中了，让司机很着急。(如图 12)

3、动态诱导系统信息的反映也具有一定程度的滞后性。

我们调查，只有少量停车场有电子管理系统，不少停车场都是人工管理，所以有些停车场反映的数据有一定的误差，导致停车场的资源配置得不到充分利用。

4、显示牌的信息量不够。

现有的诱导系统只反映剩余多少车位，缺乏车位类型的信息，针对这种现象我们询问了部分外地来的旅游客车司机，他们反映不清楚停车场是否可停大客车，经常在观前盲目的寻找停车位。

2.2.1.3 其他因素（9%）

1、机动车尤其是私家车数量迅猛增长导致停车位数量不能满足需求（如表 8）。近年来苏州经济发展迅猛，人民消费水平也日益增高，汽车消费成为时尚的标志，这也是停车难的一个重要原因。

2、苏州城区商业中心主要集中在古城区，又因观前商业网点多、特色鲜明成为市民购物休闲的首选。故而，观前商圈吸引了大量远距离车流，这是停车困难的深层原因。

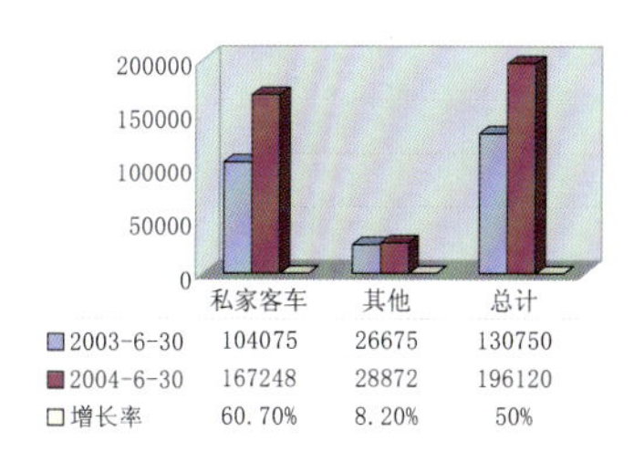

	私家客车	其他	总计
2003-6-30	104075	26675	130750
2004-6-30	167248	28872	196120
增长率	60.70%	8.20%	50%

表 8

结论：停车位数量的缺乏是观前停车难的主要原因，苏州城区商业中心布局不合理是停车难的深层原因，停车诱导系统的不完善、机动车增长迅猛、服务范围过大加剧了观前停车难的程度。

2.2.2 对打的难问题的调查及分析

问题：您愿意开到观前来载客吗？(出租车问卷第 1 题)

A.愿意　　B.不愿意

从表 9 可以看出，86%的出租车司机不愿意来观前载客，只有 14%的出租车司机愿意来观前载客。

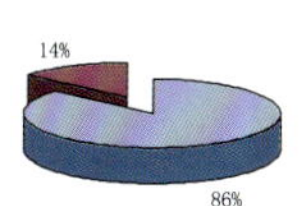

表 9

问题：若不愿意，您不愿意来观前的主要原因是(可多选)（出租车问卷第 2 题）

A.无固定停靠点　B.无回车场地　C.交通复杂　D.道路太窄　E.道路状况不佳

从表 10 可以看出，出租车无固定停靠点是主要原因，部分司机反映，由于缺乏固定停靠点，在观前都有过被罚款的经历，所以不太愿意来观前载客；其次是无回车场地，交通复杂也是一项重要原因。观前缺少出租车固定停靠点给出租车带来极大的不便，也使游客不能很方便地乘到出租车。

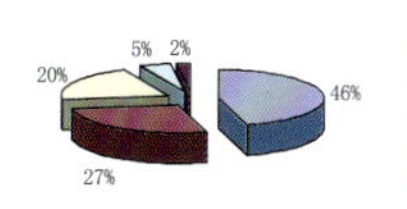

表 10

问题：您一般在哪个位置下客？

根据问卷统计人民商场旁边下客的占总人数的 41%，从川福楼下客的占总人数的 47%，其他地方下客的只占 12%（如表 11）。

问题：为什么选择这个下客点？（出租车问卷第 3 题）

调查统计 88%司机反映顾客选择人民商场和川福楼下车，分析其主要原因是距离步行街比较近，顾客方便进入观前，其次就是这两个地方都有比较集中的商业。这说明人们对这两个点停靠较满意，可作为设置出租车固定停靠点依据。

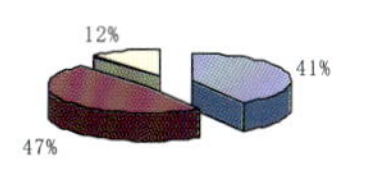

表 11

结论：应在现状常下客的地点设置出租车固定停靠点，距离步行街较近的地方增设出租车停靠点。

观前商圈停车问题调查

2.2.3 对行车难问题的调查及分析

问题：在观前地区开车交通顺畅吗？（私家车、出租车、单位车汇总）

A、顺畅　　B、不顺畅

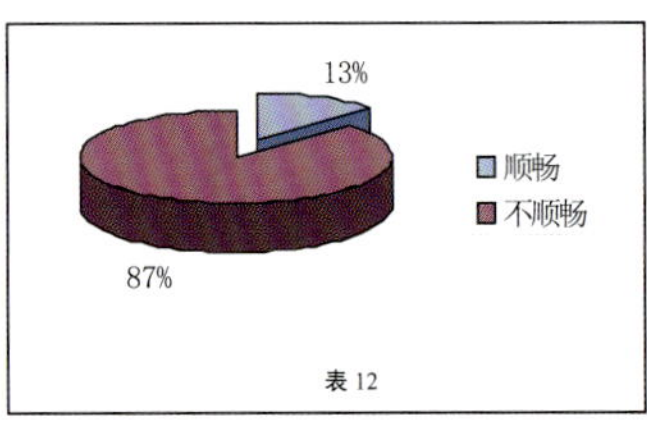

表 12

87%司机反映在观前行车不顺畅，我们针对原因又做了如下调查：

问题：观前地区开车交通不顺畅的原因是？

A.机动车太多　B 道路宽度不够　C.道路状况不佳　D.市民交通意识差　E.交通管理不够　F.停车场缺乏　G.机动车违章占道停车现象严重　H、观前内部交通混乱

很多道路不顺畅，主要原因是机动车违章占道现象比较严重，使原本就狭窄的道路显的更加的拥挤，停车场缺乏是导致这种现象的根本原因；车辆在观前路段盲目的寻找停车位是造成交通混乱的主要原因。

苏州观前道路的宽度不够有其历史原因，机动车的增长对苏州古城道路的冲击在此表现地特别明显，结果造成车流行驶速度变缓，行车困难。

17%　12%　15%　29%　8%　11%　5%　3%

A. 机动车太多
B. 道路宽度不够
C. 道路状况不佳
D. 市民交通意识差
E. 交通管理不够
F. 停车场缺乏
G. 机动车违章占道停车现象严重
H. 观前内部交通混乱

表 13

结论：行车难的根源是停车难，由于停车场缺乏、指示系统不完善，很多司机盲目地寻找停车场，甚至违章占道停车，致使原本就不宽敞的道路显得更加拥挤，给其他车辆的行驶造成影响。

观前商圈停车问题调查

3. 建议

1、完善苏州市商业中心布局。

观前交通的一系列问题，缘于多方面的原因，单从交通方面来解决是不全面的。调查显示园区和新区这两个离观前较远的地区也有大量车流去观前消费，分析原因，园区和新区建设比较晚，很多功能不够完善，购物中心缺乏，迫使人们涌向观前消费。要解决这种问题，要从完善苏州市商业中心布局的角度出发从城市的土地使用入手，增设园区、新区购物中心等商业设施，满足常住居民的购物需求，达到分流消费人群、缓解观前交通压力的目的。

2、调整观前停车场空间布局。

通过我们的调查发现，北面和东面来的车辆数量相对较多，现状不能够满足主要车流的停车需求，我们建议根据实际情况，在北部和东部增设停车场。

3、完善、改进停车场诱导系统。

改进现有诱导系统使用中出现的问题，更好的引导司机，发挥它的作用。例如：动态诱导系统应该提供更多信息，为广大的车辆服务；加强管理停车场的管理，让停车场的信息跟诱导系统同步；现有的静态诱导系统，反映的信息比较少，没有动态系统的效果好，要在远期中全面实现动态诱导系统；正确处理好电子显示屏的大小、高度、位置，减少环境对显示屏的影响。

4、设置出租车固定停靠点。

利用观前现状存在的几个惯用的出租车下客点，设置停靠带，此外，在距离步行街较近的地方增设出租车停靠点。

5、加强对车辆的管理。

我们调查发现，目前观前的机动车违章停车占道现象严重，对各类车辆进行规范化管理是也是解决问题行之有效的措施。

6、对私家车进入观前街进行适当限制。

在节假日可以适当提高停车场收费，让更多的游客选择公共交通，缓解观前的停车压力。

停车收费价格越低，具有这一层次消费能力的人就越多；反之就越少。所以，停车收费提升到一定价位时，综合考虑各种因素（观前行车难、停车难、价格又偏高），人们可能会更多考虑选用其他交通方式去观前，而放弃自驾车去观前。价格杠杆的调整可以优化停车资源的使用。

还可在观前商圈周边建立一定数目的停车场，收费比观前商圈内停车场低，从而鼓励区外停车，减轻观前的交通压力。

观前商圈停车问题调查

4. 结语

随着小汽车产业的发展，我国大中城市机动化将成为不可遏制的趋势。停车问题尤其是城市商业中心区的停车问题将愈演愈烈。如何对停车设施进行合理地规划，对车辆停放进行有效地管理，切实地组织好车辆的动、静态交通问题，成为我国大中城市亟需解决的问题。我们希望，通过这次调查能为我国城市特别是古城的中心商业区停车问题的解决，提供有力的依据。我们也相信通过这次特殊的调查，对我们今后商业中心区规划设计大有裨益，我们会更全面考虑到停车及相关问题，从真正的实际需求出发，合理组织交通。

参考文献：

《城市规划原理》　李德华

《城市道路与交通》　中国建筑工业出版社

《城市道路交通规划设计规范》

17

观前商圈停车问题调查

18

调查：针对出租车司机的调查问卷

时间：______月______日____（时）

调查员：________________

尊敬的市民:

您好，我们是城市规划专业的学生，为了使我们观前的车辆停放更加井然有序，您的消费活动更加顺畅，我们此次对观前的停车场进行现状调查。

此次调查所有问卷均为匿名，调查结果将用于更好的进行城市规划以及管理。感谢您的大力支持和配合。（*本资料“属于私人单项调查资料，非经本人同意不得泄漏。”《统计法》第三章14条*）

1、您愿意开到观前来载客吗?

A.愿意　　B.不愿意

2、若不愿意，您不愿意来观前的主要原因是(可多选)

A.无固定停靠点　　B.无回车场地　　C.交通复杂

D.道路太窄　　E.道路状况不佳

3、您从哪条路进入观前？

A.干将路　　B.人民路　　C.因果巷　　D.临顿路

4、您认为观前的交通状况怎样?

A.很好　　B.较好　　C.一般　　D.较差　　E.很差

5、在观前地区开车交通顺畅吗？

A.顺畅　　B.不顺畅

6、如选B，原因是？

A.机动车太多　　B.道路宽度不够　　C.道路状况不佳

D.市民交通意识差　　E.交通管理不够　　F.停车场缺乏

G.机动车违章占道停车现象严重　　H.观前内部交通混乱

7、您是否认为应设置出租车停车带或停靠点?

A.应该　　B.不应该　　C.无所谓

8、一般在哪下客?________________________

9、为什么选择这个下客点？________________________

10、若设停靠点，建议在哪设置？______________________________

11、您认为观前的机动车占道停车、违章停车是否严重,应加强管制?

A.是　　B.否

12、如果是，应如何加强管制?

A.进观前所有车辆收费　　B.停车高收费

C.限制私家车　　D.高峰时段控制

谢谢合作!

调查：针对机动车（私家车、单位用车）司机的调查问卷

时间：______月______日____（时）　　　　调查员：________________

尊敬的市民:

您好，我们是城市规划专业的学生，为了使我们观前的车辆更加井然有序，您的消费活动更加顺畅，我们此次对观前的停车场进行现状调查。

此次调查所有问卷均为匿名，调查结果将用于更好的进行城市规划以及管理。感谢您的大力支持和配合。（*本资料“属于私人单项调查资料，非经本人同意不得泄漏。”《统计法》第三章14条*）

1、您从哪里来观前?

A.吴中区　B.相城区　C.金阊区　D.沧浪区　E.平江区　F.园区　G.新区　H.外地

2、您从哪条路进入观前?

A.干将路　B.人民路　C.因果巷　D.临顿路

3、您为什么选择来观前?

A.交通可达性好　B.商业网点集中　C.住地附近缺少购物点　D.其他

4、您愿意开车来观前吗?

A.愿意　B.不愿意

5、若不愿意，原因?

A.机动车太多　B.道路太窄　C.道路状况不佳　D.市民交通意识差　E.交通管理不够　F.停车场缺乏　G.机动车违规现象严重　H.无回车场地　I.观前内部交通混乱

6、在观前地区开车交通顺畅吗?

A.顺畅　B.不顺畅

7、如选B，原因是?

A.机动车太多　B.道路宽度不够　C.道路状况不佳　D.市民交通意识差　E.交通管理不够　F.停车场缺乏　G.机动车违章占道停车现象严重　H.观前内部交通混乱

8、您开车来观前的频率?

A.一周几次　B.一周一次　C.一月一次　D.几月一次　E.更久

9、您觉得开车来观前找停车位方便吗?

A.方便　B.不方便

10、您认为造成停车难问题的主要原因是什么?

A.停车位数量不足　B.停车诱导系统不够完善　C.其他因素（例如：机动车数量多等）

11、您开车来观前选择停车场一般会怎样?

A. 固定选择一个停车场　B.经常变换

12、您认为目前观前停车场收费合理吗?

A.合理　B.不合理

13、停车场收费多高时，您会放弃私家车，选择其他方式来观前?

A.5元/小时　B.8元/小时　C.10元/小时

14、您认为是否应该增加停车位?

A.应该　B.不应该

15、您是否认为观前的机动车占道、违章严重,应加强管制?

A.是　B.否　C.无所谓

16、如果是,应如何加强管制?

A.进观前所有车辆收费　B.停车高收费　C. 高峰时段控制

17、您认为观前的交通状况怎样?

A.很好　　B.较好　　C.一般　　D.较差　　E.很差

18、您是否认为观前的停车诱导系统起到了一定的作用？

A.有　　B.没有　　C.无所谓

19、您对停车诱导系统电子显示屏的高度有何意见？

A. 太高　　B.太低　　C.正好

20、您对停车诱导系统电子显示屏的大小有何意见？

A. 太小　　B.正好

谢谢合作!

调查：针对停车场管理员的调查问卷

时间：______月______日____（时）

调查员：________________

尊敬的管理员：

您好，我们是城市规划专业的学生，为了使我们观前的车辆更加井然有序，您的消费活动更加顺畅，我们此次对观前的停车场进行现状调查。

此次调查所有问卷均为匿名，调查结果将用于更好的进行城市规划以及管理。感谢您的大力支持和配合。（*本资料“属于私人单项调查资料，非经本人同意不得泄漏。”《统计法》第三章14条*）

1、 您在此管理停车场多久？

A.半年　　B.一年　　C.两年　　D.更久(请注明)________________

2、您认为观前的交通状况怎样?

A.很好　　B.较好　　C.一般　　D.较差　　E.很差

3、如果您认为观前交通状况不好,那么主要原因是(可多选)?

A.机动车太多　　B.道路太窄　　C.道路状况不佳　　D.市民交通意识差

E.交通管理不够　　F.停车场缺乏　　G.机动车违规现象严重

4、节假日内停车位是否不够？

A.够　　B.不够

5、该停车场是否使用了停车诱导系统？

A.知道　　B.不知道

6、您认为停车诱导系统使用后对该停车场问题有改善吗?

A.没有　　B.改善很小　　C.改善很大

7、上题如选 A、B 请注明原因？

A.诱导系统不醒目　　B.司机不注意

8、该停车场的利用效率？

A.30%　B.50%　C.80%　D.100%　E.不够用

9、调价前后的利用率有什么变化？

A.流量变大　B.流量变小　C.无明显变化

谢谢合作!

愿与光明同行

北京市盲人使用公交车情况调查

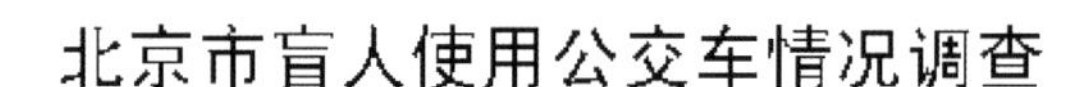

北京市盲人使用公交车情况调查

摘要：

本文从社会学的视角出发，研究社会弱势群体之一——盲人使用公共交通的现状与问题。在搜集已有研究的基础上，通过访谈、调查问卷以及跟踪调查等方式获取一手资料，了解北京市盲人出行使用公交车时的主要困难，并归纳为等车时、上车时、下车后以及换乘4个部分。通过对北京市公交公司的调查与现场勘查，进一步理解这些困难产生的原因。并在此基础上，从城市规划的角度提出城市建设方面的相关对策与建议。

关键词：

盲人　　公共交通　　城市规划

院校：北京大学环境学院城市与区域规划系　　指导教师：汪芳、吕斌　　学生：黄珏、于璐、刘谡

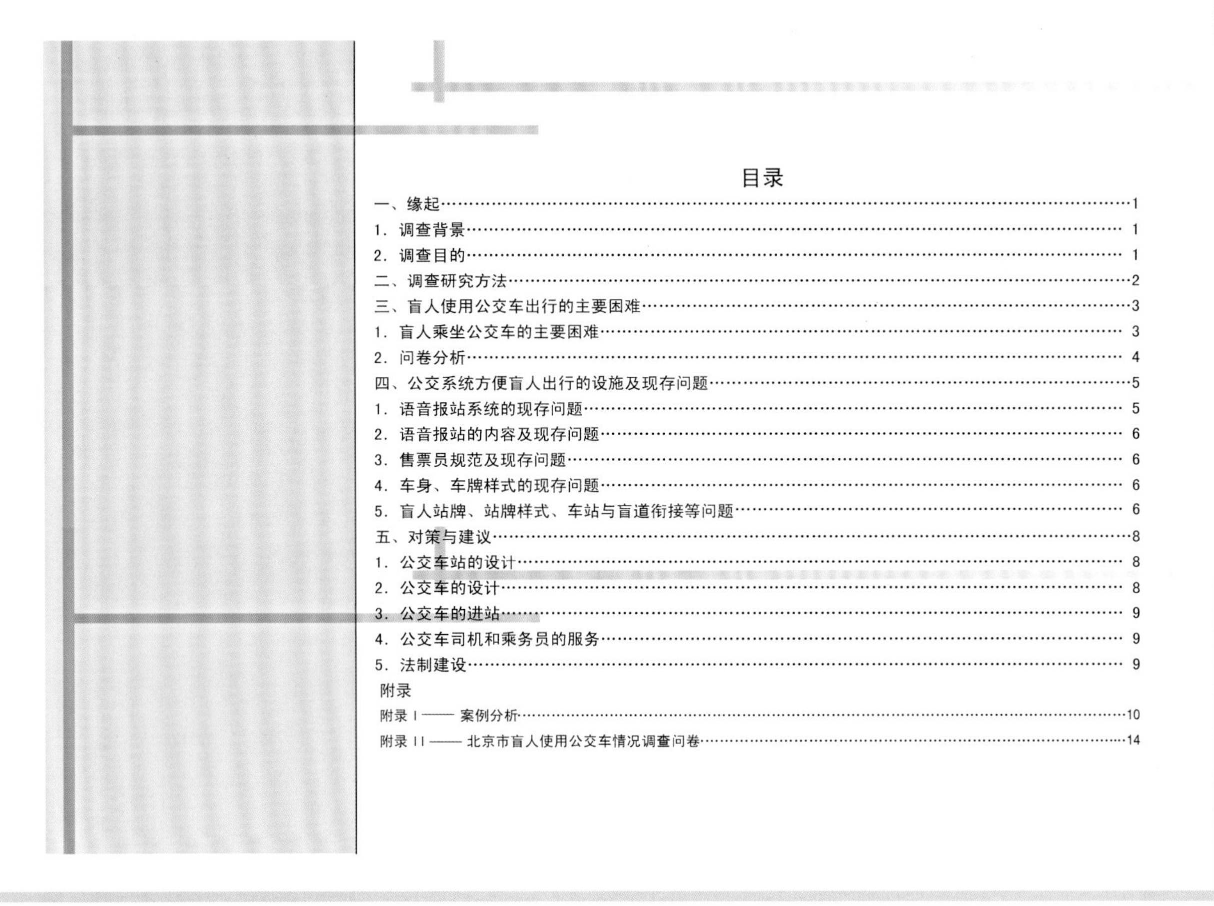

目录

一、缘起

“一个人虽然生活在黑暗或沉寂中，可是他仍像常人一样可以回忆、可以想象，过着属于自己的快乐生活。”

——海伦•凯勒

1. 调查背景

上面是美国著名的盲人学者海伦•凯勒在其自传《假如给我三天光明》中写下的一句话。作为正常人却很难体会盲人在生活中遇到的种种不便：他们怎样出行？是否也像我们一样上街购物？是否能够方便地使用城市公共设施……

据统计，截至 2004 年，北京市已有公交车 24153 辆公交车，累计 750 条线路。仅 2004 年一年，北京市所有公交车总行驶旅程达 144771 万公里，客运量累计 436016 万人次，相当于所有北京的常住人口在一年中每人乘坐 300 次左右。

我国视力残疾人出行主要靠公共交通。然而相关的城市建设法规中所涉及的无障碍设施一般集中在建筑物的无障碍设施和停车场等城市公共地带的无障碍设施，对于公交车的相关内容则很少提及。

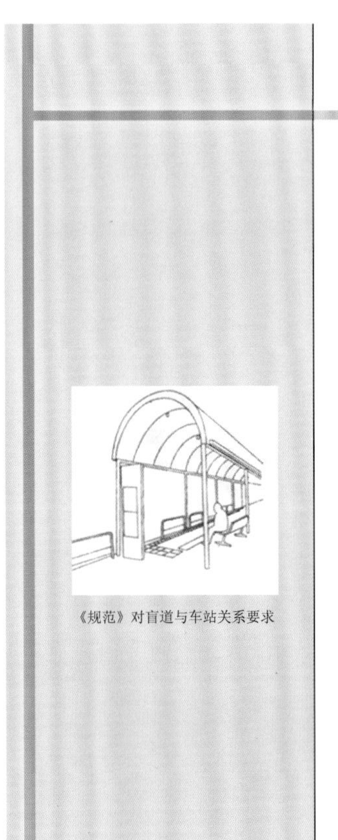

《规范》对盲道与车站关系要求

2. 调查目的

视力残疾者对于公交车的依赖是因其特性造成的，作为规划者和普通市民，却通常对他们的感受和需要不了解，以至于北京市盲人使用公交车的过程中存在一些问题。理解源于沟通，本次调查研究以在城市中独自乘坐公交车的盲人（包括弱视和盲视两种）为主要调查对象，着重于他们的定位方式、乘坐公交车的习惯、公交车建设现状对他们的影响等，从盲人的角度出发看待北京城市中的公交系统建设情况。并结合现状给出自己的分析和建议，力求让北京公交的导盲系统更加完善。

1

附注：调查对象

本次访谈对象以北京盲校师生、北京健桥按摩中心和北京相关公交车服务人员等为主，问卷集中在北京盲校和北京健桥按摩中心发放，将重点锁定在曾经有过独自乘坐公交车经验的盲人上。调查问卷的发放在两周的时间内完成，以调查人员口述问题和选项，被调查者回答的形式进行，共完成问卷 72 份，全部有效。调查问卷内容见附录Ⅱ。

二、调查研究方法

本次调查研究以访谈、调查问卷、跟踪调查等为主要调查方式。限于盲人群体在城市中的分布较散，难以收集大样本普查式的问卷内容，我们将重点放在了访谈和跟踪调查上。以盲人个体的个案分析找出普适性的规律和问题，并且在问卷部分加以验证。

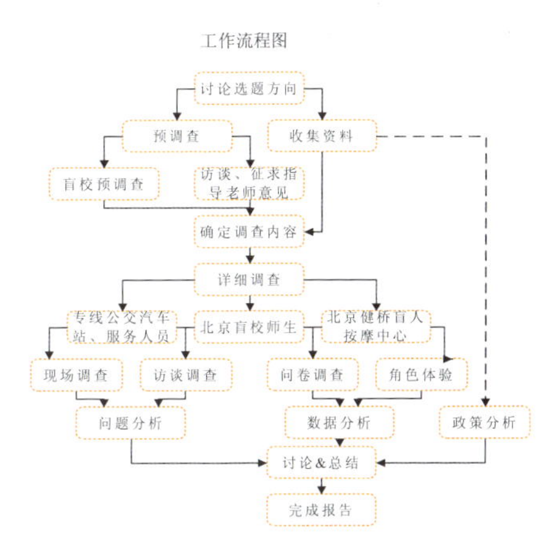

2

附注：盲人倾向使用公交车的原因调查

访谈中发现：在公交车、地铁、城铁、出租车等交通工具中，盲人在城市中活动更倾向于乘坐公交车。这首先是因为公交车站点可达性强（对比地铁的上下楼梯和难找到的地铁入口）。其次，公交车上有售票员，可以给予帮助，如报站名，提醒是否到站等等，而地铁上则没有专人可以帮忙。第三，公交车停靠站点固定，路线走熟悉后就可以记得上车、下车的具体地点，下车后的行走方向等等。而出租车停靠地点不定，使下车后容易迷失方向。

盲人孩子在等车

三、盲人使用公交车出行的主要困难

我们对北京市盲人学校的个别学生及北京健桥盲人按摩中心的医师分别进行了访谈。通过访谈，我们了解到盲人在出行时遇到的主要困难，进而在盲校和按摩中心进行问卷调查。并通过跟踪调查，获得对盲人出行困难的切实体验。

1. 盲人乘坐公交车的主要困难

我们主要通过访谈的形式了解了盲人乘坐公交车的主要困难，访谈对象包括了北京市盲人学校的学生及北京健桥盲人按摩中心等盲人就业机构的工作人员。

在乘坐公交车过程的各个阶段中，盲人会遇到各种不同的问题，通过访谈调查总结如下：

（1）等车难

低视者只能看见大型物体的轮廓，看不清站牌上和车身上的字，全盲者更不必说。因此，若没有其它人帮助，低视者大多是凭借车的颜色、样式，以及语音报站系统辨别来车是几路，全盲者则只能依靠语音报站系统。然而，北京市几百路数万辆公交车中，实行语音报站的并不多。许多车可谓“悄悄”地进站，再“悄悄”地开走。盲人在站台上等车时经常会因为不知道车来了而错过车，有时要等到一个多小时才能上车，给出行造成很多不便。

（2）上车难

北京市有许多公交大站，一个站上有十几个甚至二十几路公交车。经常看见许多公交车一起涌来，排着长长的队进站的壮观场面，甚至还有超车进站、不停车的现象。对盲人来讲，这种许多车一起进站，车辆不准确的在站台上停车的情况为上车造成了非常大的麻烦。众多车的声音混在一起，要等的车停在站前面或后面，根本无法辨认。即使发现了自己要等的车来了，因为盲人移动缓慢，还没走到车门车就开走了的现象也时有发生。

（3）下车难

正常人对于较熟悉的线路多凭窗外的景物确认已经到哪，是否到站下车，而盲人则无法做到这一点。有时候盲人靠一些标志物来确认到哪，如刘医师提到，“从按摩中心到白塔寺要拐一个弯，拐了弯过一两站就该下车了”。而

3

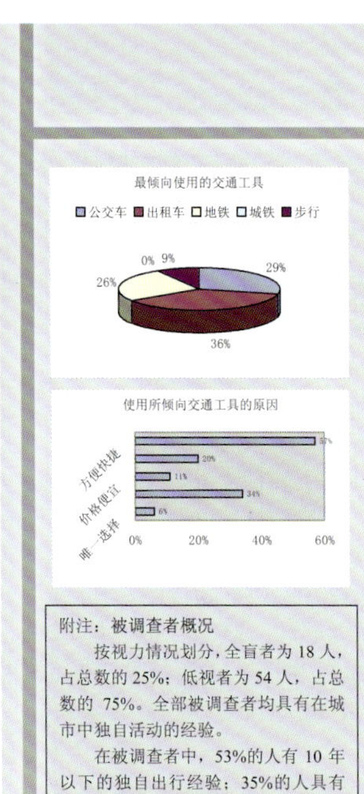

附注：被调查者概况

按视力情况划分，全盲者为 18 人，占总数的 25%；低视者为 54 人，占总数的 75%。全部被调查者均具有在城市中独自活动的经验。

在被调查者中，53%的人有 10 年以下的独自出行经验；35%的人具有 10~20 年的独自出行经验。

大部分被调查者的活动范围比一般人想象的要大，51%的人在日常出行中要换乘公交车；31%的人乘车距离在 10 站以上；中短程乘车的人相对较少。

帮助盲人确认是否该下车的最有效的方法是车上的售票员或者语音系统报站。而北京市有些公交车既没有语音报站也没有售票员报站，使盲人无法确认是否到站，导致坐过站。

（4）换乘难

对于盲人来说，地点固定是最重要的。盲人在城市中的大部分活动是在熟悉的路线和环境中进行的，记忆在很大程度上取代了视觉作为定向与定位的手段。然而北京市的公交车站存在一个现象，即在一个地方附近的几处相隔不远的公交车站均为一个名字。如健桥盲人按摩中心附近就有几个“新街口豁口站”。这种情况给盲人换乘带来困难，例如事先打听好在哪个站下车就可以换乘另一路，而下车后发现要换乘的车在叫做同一个名字的另一个车站上，盲人再要找到这个车站就很难了。因此，站点名称的混乱和不规范是使盲人换乘公交车的一大障碍。

2．问卷分析

针对盲人的问卷调查结果的分析也充分支持了访谈的结论。

在无人陪伴的情况下，搭乘过公交车的比例达到 100%，搭乘过出租车的人数比例降低为 53%，72%的人使用过地铁，44%的人使用过城铁。

超过半数的被调查者在乘坐从未搭乘过的公交线路之前，需要打听清楚这趟车的情况。获取线路的相关信息是他们出行的基础。

（1）上车前

被调查者遇到的困难主要集中在这个阶段。34%的被调查者都曾有过一小时以上的等车经历；大部分人的最长等车时间在 30~60 分钟之内，占总数的 54%。对于乘车过程中的困难，67%的人选择“缺乏语音报站，无法判断来车的路线和目的地”，选择“无法看清车牌，不知道该乘坐哪辆车”和“进站车辆多，要乘坐的车辆停得太靠前或太靠后，来不及赶到车就走了”两项的人均为 61%。这三项集中反映出盲人在乘坐公交车时遇到的困难。

（2）乘车时

被调查者遇到的主要困难是“上车后没有人让座，尤其在车辆拥挤的时候，容易跌倒”，占 28%；其次是“上车后找不到售票员，不报站时就无法判断车辆到哪站了，导致坐错站”，占 22%。

4

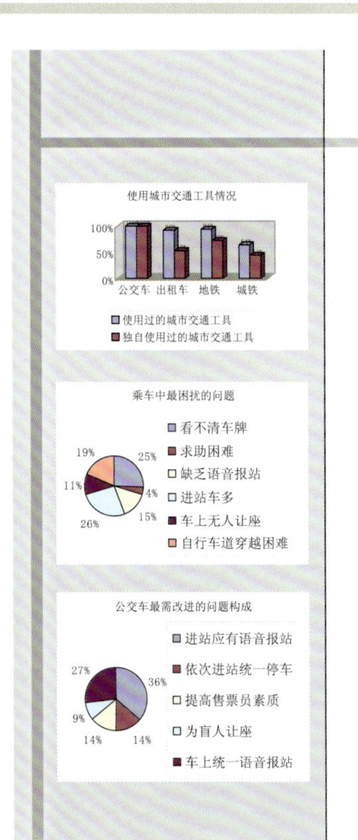

（3）下车后

被调查者遇到的主要困难是“从公交站到人行道间有自行车道，穿越时有困难”，占 33%。

通过上述分析，可发现被调查者在外出乘坐公交车的过程中遇到的困难主要集中在“上车前”这个阶段。进而对被调查者在乘车中最困扰的问题进行调查。结果显示，26%的人认为进站车多而停车过于靠前或靠后导致赶不上车最为困扰；25%的人认为最为困扰的是看不清车（站）牌；排在第三位的是“从公交站到人行道间有自行车道，穿越时有困难”，占 19%；15%的人选择缺乏语音报站。

（4）换乘

25%的被调查者认为，“公交车路线和停靠点不固定，造成下车后无法判断方向或换乘时有困难”是在独自乘坐公交车时遇到的主要困难之一，在各种困难中，选择这一项的百分比居第二位。由此可见，“换乘难”也是盲人出行的一大障碍。

对北京市公交车需要改进的地方，70%的被调查者认为进站时应有语音报站，56%的人认为车上应统一语音报站。认为“公交大站应依次进站，统一停车点”、“售票员素质有待提高”和“站点名称应统一”人分别为 42%、39%和 36%。对公交车最需改进的地方，36%的人认为进站应有语音报站；其次，27%的人认为车上应统一语音报站；认为“售票员素质有待提高”和“依次进站，统一停车”的人均占 14%，并列第三。

四、公交系统方便盲人出行的设施及现存问题

（以下分析基于对北京市公共交通控股（集团）有限公司服务部的调查和实地调查）

1．语音报站系统的现存问题

目前，北京市安装了报站机的线路有 170 多条，占公司总线路的 33%；车辆有 6000 多部，占总运营车辆的 35%。

问题： 仅三成公交车有自动报站，覆盖率低，改造还需要一些时日；现行的语音报站在一般情况下能较好地发挥作用，但在嘈杂的车厢内可能会显得含混，不易听清。

5

电子显示屏报站（同时语音报站）

附注：语音报站发展历程

最早安装报站机在1989年。报站系统几经更新，20世纪60年代末70年代初采用磁带录音，后改为小麦克风带按钮；80年代末出现电子报站机（语音合成）；90年代以后研制出电脑报站机。报站机体积越来越小，功能则逐渐增加。新产品只对新线路安装，不对老线路做更新。旧式为便携式的，新式报站机与车身一体，在车辆制造时留有位置。现在又出现电子显示屏报站。

2. 语音报站的内容及现存问题

在语音报站方面，公司规定一定要完成“三报”：第一，报路别和行车方向（如：1路，开往四惠）；第二，预报站名（即起步后报下一站）；第三，到达后，报到达站。

问题：有安装报站机的公交车报站率受限于司机操作，无法达到100%，事实上在城市中很多公交车都存在有报站机而不报站或者报站不规范（如有些路段不报站，之后连续报站）的情况。

3. 售票员规范及现存问题

新出的巴士因为没有固定票台，要求售票员下车服务。在服务规范上明确规定，对老幼病残孕等弱势群体，包括抱小孩的乘客要重点照顾，主要表现为找座位，情况允许要搀扶。规定宣传让座，有声有行。

问题：在拥挤的公交车上，售票员可能疏忽了对盲人的照顾；由于盲人乘坐公交车时一般在下车前才出示盲人乘车证，因此售票员可能无法及时辨认没有明显盲态的盲人。

4. 车身、车牌样式的现存问题

对车牌颜色较难控制，原本按市区是白底红字，郊区是蓝底白字，新车型是灯箱式车牌。车牌位置的安排上，巴士只有前后有，三门车在前后及侧面都有。

问题：现行的一些公交车车牌字体难以辨认；而言，由于车辆行进过快且视力受限，侧面的车牌对弱视盲人通常作用更大，而巴士却没有侧面车牌；夜晚灯箱车牌有些采用红色，且亮度不够，辨认困难；侧面车牌的位置不固定，对于弱视盲人而言会增加其寻找车牌的难度，也同样会造成困扰。（见下页图）

5. 盲人站牌、站牌样式、车站与盲道衔接等问题

2005年5月16日开始实施的《北京市无障碍设施建设和管理条例》中规定了在公共交通停靠站设置盲文站牌。北京市现共有22路公交车设置了盲人站牌，采用圆底盘可移动式，盲文采用卷铆式（见左图）。

北京市现在采用的新型站牌是竖向叠加式，站名白底黑字，路名绿底红字；另外还存有许多未改造的老样式，路名有红底白字、深蓝底白字、绿底白字等形式。

6

附注：车牌样式的对比

右边的照片列举了一些北京交通车的车牌。这些车牌不仅颜色样式各异，而且书写方式、悬挂位置也各不相同。一些车牌没有灯箱，造成弱视盲人在夜晚时识别公交车比白天困难得多。通过比较，不难发现：*深色底、白色字的车牌较容易识别。*

在一些道路上车站与人行道间隔有非机动车道，人行道的盲道与车站没有衔接。

问题：盲人站牌的普及率太低，现阶段无法达到使用效果；盲人站牌可移，易被破坏，与人行道的衔接不佳；新样式的站牌路名对比度低，难以辨认（见左图）；盲人下车后穿越非机动车道到达人行道有困难。

侧面车牌的几种形式：

样式1：车门左上方

样式2：紧靠车门左上方

样式3：车门左侧

样式4：紧靠车门右上方

车牌颜色的几种形式：

样式1：浅蓝底白字

样式2：白底浅蓝字

样式3：白底红字

样式4：蓝底黄字

样式5：深绿底黄字

样式6：深绿底白字

样式7：深蓝底白字

样式8：深蓝底白字

7

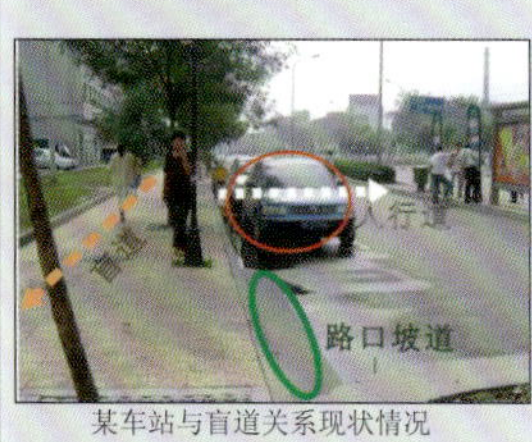

某车站与盲道关系现状情况

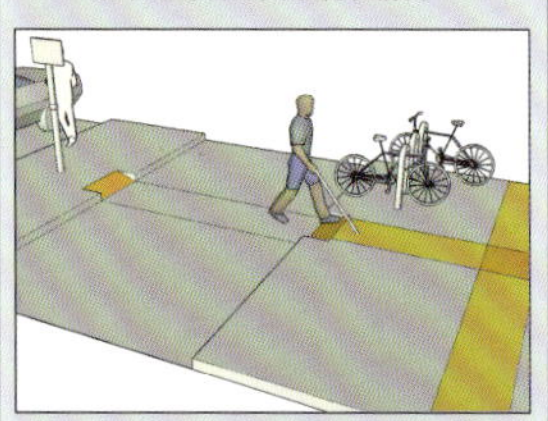
建议车站与人行道盲道关系示意图

附注：车站与人行道盲道关系
盲文站牌应在站台的固定位置，有盲道指引，方便盲人找到。建议结合上文提到的通向公交车站的盲道设计，使从人行路的盲道一直到站台上的盲文站牌由盲道串联成一条“无障碍线”。

五、对策与建议

最后，基于我们的调查和相关的资料数据，特提出以下关于北京市公交车和公交车站的一些建议：

1. 公交车站的设计

1）通向公交车站的盲道设计

在公交车站和人行道相隔一个自行车道的情况下，由于盲道上没有专门的标志来提示盲人已经到达公交车站，应在此转弯并穿越自行车道，因此我们建议：*在人行道对应公交车站的位置设置专门提示的转弯盲道*，通向自行车道，并在相应两侧路缘石位置设置坡道，方便盲人穿越自行车道，走上公交车站站台。建议先在一些盲人利用较频繁的站台（盲校、盲人医院等附近）做试点以观其效。

2）公交车站的站牌设计

改进公交车站的站牌设计可以帮助弱视者看清站牌上的字。建议北京市公交车站的*站牌采用大号字体，字的颜色和底的颜色对比度强烈一些，深色浅字的效果优于浅底深字的效果*。不仅对于弱视者是障碍，对部分色盲患者也同样如此。

建议北京市普及盲文站牌的建设，以利于盲视者使用，见左下图。

另外，为了方便换乘，北京市一站多路线的现象比较普遍，站牌的安排集中且较规范化，站牌堆放也不少见，但这就给视力残疾人认站带来困难。因此，盲文站牌应该集中安放。

3）公交车站的站名安排

由于城市中针对盲人的工作单位、学习单位较少，因此很多盲人需要乘坐较长途的公交车，且换乘公交车的频率很高。盲人在城市中出行是由一段一段公交车路程组成的，而非正常人的坐车与走路穿插结合的方式。站名不统一为盲人换乘车带来麻烦。因此建议北京市修改站名安排，做到“一名一点”，清晰便于确认，方便盲人换乘。

2. 公交车的设计

8

建议采用的车牌颜色与位置

1）公交车线路牌的设计

与公交车站的站牌设计相似，宜采用大字体，对比度强烈的颜色也会方便弱视者辨认来车路线，避免错过车或者坐错车。建议在车头、车身（侧面）、车尾都悬挂线路牌，侧面的车牌尤其重要。固定悬挂车牌的位置有利于弱视者较快地看清车牌，如车身紧靠车门右手边的位置，方便弱视者寻找。

2）公交车的语音报站系统

语音报站系统是盲人在车上的“眼睛”，为盲人乘坐公交车提供了巨大的帮助。针对北京目前语音报站系统仍不普及的现状，我们建议为每一辆公交车安装语音报站系统。语音报站清晰准确，确保盲人在嘈杂的环境中也能听清。

3. 公交车的进站

在有许多条公交车线路的站上，经常出现同一时间多条线路的公交车进站的情况。建议各个车辆依次进站，每辆车在自己的站牌前停靠，开车门，乘客上下车，再关门开走，下一辆车再进站，重复这个过程。这样依次进站可能在一定程度上降低公交大站上停站的效率，但可以使停靠点固定，便于盲人找到并辨认出自己要乘坐的车辆，顺利上车，同时也对缓解北京市公交车站混乱的局面有所帮助。

4. 公交车司机和乘务员的服务

公交车司机和乘务员应提高服务意识，热心帮助和照顾盲人乘坐公交车。司机一定要按时、准确地播放语音报站，售票员也要特别关注盲人，呼吁乘客为盲人让座，主动询问盲人欲到的站点，并提醒盲人下车。

5. 法制建设

对于以上可行的方案应该列入有关的城市规划、城市设计规范条例，并且建立监督检查制度。

9

附录 I——案例分析

[案例一]

调查对象： 盲校实习生 A，全盲，女性，21 岁，有三个月独立行走经历，在调查线路上有约三个月独立行走经历

调查时间： 2005 年 5 月 13 日（星期五）下午 15：46-16：07

跟踪路径： 从北京市按摩医院（保福寺附近）出发至北京市健桥盲人按摩中心，乘坐 47 路公交车，共 5 站。从 A 到达车站开始跟踪，至抵达按摩中心，历时 21 分钟。

过程描述： 15：46　护国寺车站

15：48　公交车 47 路进站，经人提醒后中门上车，同时上车的人较多车辆拥挤，无座，上车后一直站在中门边靠近售票员的地方

15：52、15：54、15：56 中途停站，上下客多，人流流动大，被跟踪者略微移动位置

15：57　到达师大站，下客较多，车厢内空一些，被跟踪者向售票员出示证件，移至门边

15：59　到达铁狮子坟站，下车，有一位上车乘客提醒不要撞到迎面的广告牌，此后一直沿车站边的路缘石向前走，路面情况较差

16：03　到达人寿保险附近，转身欲过自行车道（道上行驶着很多机动车），有人帮忙此后一直沿人行道盲道行走，其间有 2-3 位行人指引

16：06　到达，顺墙边进入胡同，收盲杆，一直沿盲道行走行走约 20m 后伸左手试探，碰到不锈钢扶手时顺其进入室内

16：07　最终到达

A 绕开停在盲道上的机动车

到达后的补充访谈：

- 如果有空座，一般上车后就有人帮忙坐下
- 记住下车后沿路缘石过 4 个“路口”，再走 10 多步就到人寿保险了，在那里过自行车道
- 今天的路途和平时没有太大差别，平时也会沿路有热心人帮忙

10

- 今天特地和按摩医院请假早走了一会儿，如果再晚的话车子会更乱

案例分析：

1）上车后的位置选择较固定

由于车辆拥挤，A 从上车后就一直固定在中门边靠近售票员的位置，手扶的扶手位置也没有发生很大的改变。A 固定站立位置是为了防止进入车厢内部后下车造成困难。A 站立的位置是上下客的拥堵区，乘客流动性很强，加上售票员不时的“向里走走”的引导，A 的位置受冲击的可能很大，但获得信息便利。

2）穿行非机动车道时的焦虑情绪

A 认为在乘坐公交车过程中面临的最大问题是下车后穿越车站与人行道间的非机动车道。被调查地段的非经动车道混乱，行人和自行车众多，且常有机动车行驶。A 没有选择下车就在车站的位置过非机动车道，而是向前行走了一段固定的距离，穿行前有较长时间的犹豫并表现出一定的焦虑情绪。

A 从车站下到非机动车道和从非机动车道上到人行道过程中，都被路缘石绊到，其高差已经造成障碍。

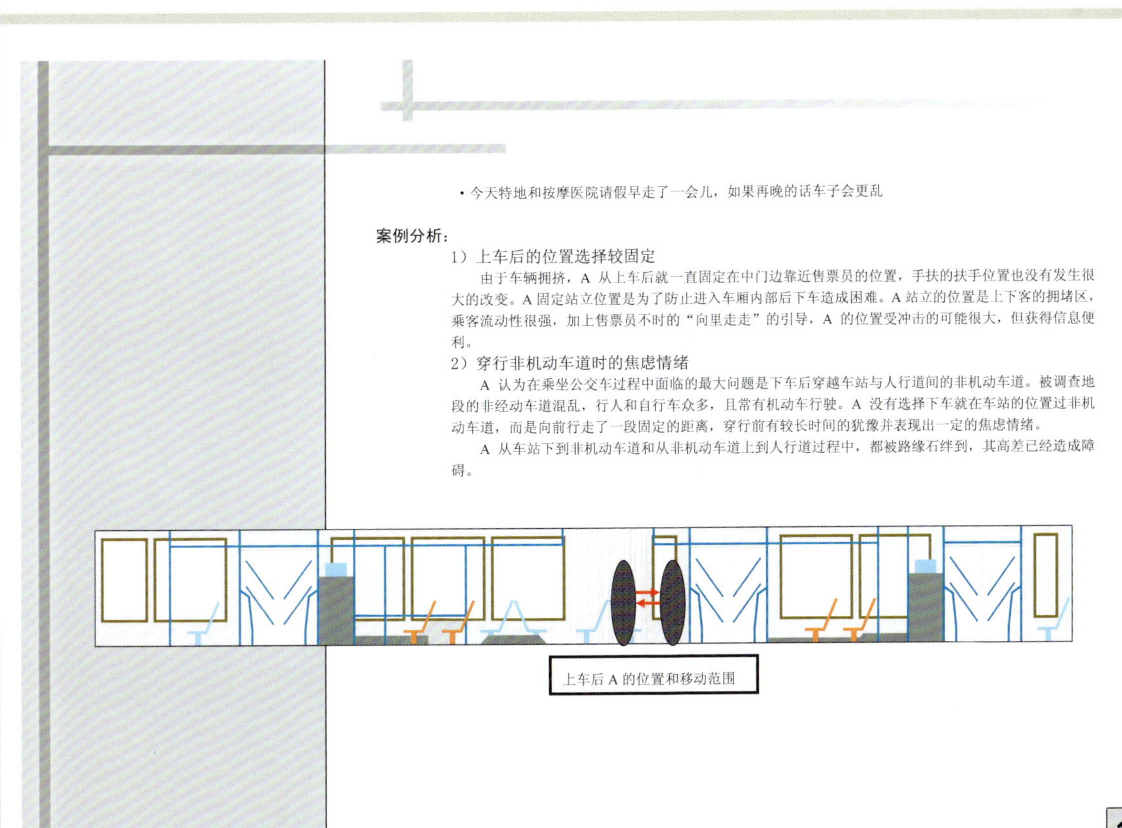

上车后 A 的位置和移动范围

11

[案例二]

调查对象：盲校学生B，低视，矫正视力3.6，18岁，有十二年独立行走能力，在调查线路上有约三年独立行走能力

调查时间：2005年5月20日（星期五）12:30-13:00

跟踪路径：从北京市盲人学校（海淀区五路居）出发至阜成路公交车站，乘坐941路公交车，共2站，八里庄下车，步行至阜成路公交车站，B换乘968路离开。历时半个小时。

过程描述：12:30　北京市盲人学校校门口，出发，步行去公交车站，B看不清路面状况，偶尔会被路面的坑洼或石子绊到。但由于对该路线非常熟悉，走路速度很快。

12:36　到达公交车站，等车。该公交车站为941路和414路总站，此时等车的人多为盲校放学的学生。

12:40　941路公交车进站，中门上车，车上有座位，人不多，B坐在正对中门的座位上。

12:50　到达八里庄站，上下客人流不大，B从中门下车。步行去阜成路公交车站。两公交车站之间距离大约300米，中间无需穿过马路。人行路上人很多，有盲道，B行走速度很快，不依赖盲道行走。

12:55　到达阜成路公交车站，车站等车的人很多。开始等车。

13:00　968路进站，B凭借车型和颜色以及车牌大致辨认出来车，向司机确认后从前门上车。跟踪结束。

跟踪过程中的访谈：

- B家住大兴，每周末放学从盲校回家，乘公交车，需要倒车5-6次。没有十分固定的路线，视实际情况而定。
- B在步行过程中无法看清路面状况，如是否平坦，是否有石子，是否有坡面。无法在人行道上凭颜色分辨出盲道。
- B凭借公交车的颜色、形状判别来车的线路。看不清楚车牌上的字。
- B平时经常乘坐的公交车中大部分没有语音报站。

12

案例分析：

- 本次跟踪的线路较短，且为跟踪对象十分熟悉的路线，因此整个步行、乘车、换乘的过程比较顺利，所用时间较短。
- 从跟踪对象的步行状况来看，低视者可以看清大的物体，例如对面是否有人，有障碍物，但看不清更远更细的东西，如路面状况是否平坦。因此只要路面足够平坦，没有严重的坑洼或者大石头之类的障碍物，则不影响低视者行走。另外，低视者不需要借助盲道行走。
- 低视者辨认公交车的主要方式为凭借车的形状和颜色，根据以往的经验大致确定是否为要乘坐的公交车，再通过向司机或售票员询问确认然后上车。公交车上的车牌字体不够大，对比度不明确，车牌悬挂位置不固定，公交车缺乏语音报站系统，都给低视者辨认来车造成麻烦。

13

附录 II——北京市盲人使用公交车情况调查问卷

姓名：________　年龄：________　视力情况：________

1. 您何时有在城市中独立行走的经历？________________

2. 您曾经使用过以下哪些城市交通工具？
A.公交车　B.出租车　C.地铁　D.城铁

3. 在无人陪伴的情况下您曾使用过以下哪些城市交通工具？
A.公交车　B.出租车　C.地铁　D.城铁

4. 在日常生活中，有选择的情况下，您更倾向于使用哪种交通工具？
A.公交车　B.出租车　C.地铁　D.城铁　E.步行

5. 您更倾向于使用这种交通工具的原因是什么？（可多选）
A.常走的路线只有这种交通工具可选择　B. 有固定的停靠点，走习惯了
C. 价格便宜　D. 遇到困难时找人询问较容易　E.其他____________

6. 您曾经尝试过独自乘坐从未乘坐过的公交车吗？
A.坐过，但事先打听清楚了这趟车的情况　B.坐过，且事先不知道这趟车的任何情况
C.从未独自乘坐过公交车　D.从未独自乘坐过陌生的公交车

7. 您最常乘坐的公交车线路是：________________________________

8. 您外出乘坐公交车时一般坐多远？
A.五站以内　B.五站到十站　C.十站以上　D. 需要换乘公交车
E. 需要倒换其他交通工具　F.其他________________

9. 您乘坐公交车时等车时间一般多久？最长的一次等了多久？
A.<10 分钟以内　B.10 ~20 分钟　C.20~30 分钟　D.30~60 分钟　E.>60 分钟

14

10. 您在独自乘坐公交车时曾经遇到过哪些困难？哪一项让你觉得最为困扰？
A.无法看清车牌，不知道该乘坐哪辆车
B.在车站等车遇到困难时找不到路人帮忙或求助遭到拒绝
C.缺乏语音报站，无法判断来车的路线和目的地
D.进站车辆多，要乘坐的车辆停得太靠前或太靠后，来不及赶到车就走了
E.上车时有困难（台阶过高、找不到车门等）
F.上车后没有人让座，尤其在车辆拥挤的时候，容易跌倒
G.上车后找不到售票员，不报站时就无法判断车辆到哪站了，导致坐错站
H.车辆拥挤时找到下车门困难，导致坐过站等情况
I.公交车路线和停靠点不固定，造成下车后无法判断方向或换乘时有困难
J.从公交站到人行道间有自行车道，穿越时有困难
K.其他：____

11. 您认为北京的公交车最需要改进的地方在哪里？
A.进站时应有语音报站　B.站点名称应统一　C.公交大站应依次进站，统一停车点
D.售票员素质有待提高　E.应主动为盲人让座　F.在车上应统一语音报站
G.其他____

12. 独自乘公交车时，如果完全不紧张为 **0** 分，特别紧张为 **10** 分，你的心理状态是____分。

15

2005全国大学生城市规划社会调查获奖作品名单

奖项	获奖题目	学生	指导教师	院校
一等奖	知然后行——四平街道东部政务公告栏使用情况调查暨改进建议	曾悦	孙施文	同济大学建筑与城市规划学院城市规划系
	商业化背景下的住区变迁——以珠江路科技街的兴起为例	吴靖梅、张佳、张强、宋若蔚	吴晓	东南大学建筑学院城市规划系
二等奖	“流行”碰撞“传统”——酒吧进入什刹海历史街区影响的调查报告	姜珊、宋楠、胡莹	汪芳、吕斌	北京大学环境学院城市与区域规划系
	无障碍·障碍·无障碍 苏州市无障碍建设调查报告	薛艳蓉、孙菲、朱恩琪、高俊	范凌云、蒋灵德、金英红、曹恒德	苏州科技学院建筑系
	公园真是“公有”吗？——南京市玄武湖、莫愁湖公园豪宅现象调查报告	蔡玮玮、崔丽丽、陈韶龄、储旭	刘晓惠	南京工业大学建筑与城市规划学院
	自行车王国的尴尬——南京市非机动车道侵占状况调查	李明烨、常有、汤培源、范小妮	芮富宏、黄春晓	南京大学城市与资源学系城市规划专业
	“粮草”之于“兵马”——上海近郊区生活服务设施调研，以莘庄为例	焦姣、沈丹凤、宋雯君	张尚武、张剑涛	同济大学建筑与城市规划学院城市规划系
	一个方向的困惑——南京市主城区单向交通现状调研	王淋、毛玮、杨洁、于晓淦	孙世界	东南大学建筑学院城市规划系
	徐家汇商业圈公共交通利用现状调研报告	薛松、刘律	潘海啸	同济大学建筑与城市规划学院城市规划系
	济南市泺源大街盲人出行环境调查	陈志端、梁晓燕、尹逸娴、孙大伟	齐慧峰、陈有川、程亮	山东建筑大学建筑城规学院
	苏州古城中心区观前商圈机动车停车问题调查报告	何颖、许洁莉、蒋华、陈彪	范凌云、蒋灵德、金英红、曹恒德	苏州科技学院建筑系
	愿与光明同行 北京市盲人使用公交车情况调查	黄珏、于璐、刘谡	汪芳、吕斌	北京大学环境学院城市与区域规划系

后 记

2005年高等学校城市规划专业指导委员会第一届七次暨第二届一次会议在天津大学隆重召开，天津大学建筑学院城市规划系受专业指导委员会的委托，主编完成了全国大学生城市规划（规划设计、社会调查）获奖作品集。城市规划系的陈天、许熙巍、蹇庆鸣、侯鑫等老师以及何俊乔、李君、张昕欣、赵庆楠、李婧、刘婷、秦维、翟朵朵、廖琦、石崧、张璐、窦晓璐、孙爱庐、许思扬、赵彦超等同学为本书的编辑做了大量的工作，在此表示衷心的感谢。

天津大学建筑学院城市规划系系主任
高等学校城市规划专业指导委员会委员
2006年10月